16-17 Version

한국STATA학회
The Korean Association of STATA

2nd Edition

# 고급 통계 분석

민인식 · 최필선 공저

# STATA
## Advanced Statistical Analysis

# 고급 통계 분석 2nd Edition

# STATA

## Advanced Statistical Analysis

민인식 · 최필선 공저

16-17 Version

MEDIA JIPHIL
(주)지필미디어

## 머리말

2014년 『Stata 시계열데이터 분석』 출간 이후 새로운 Stata 관련 저서를 쓸 계획을 세우지 않았다. 저자의 기존 저서 뿐 아니라 최근 출간된 다양한 Stata 서적들이 사회과학 연구자의 수요를 충족하고 있다고 생각했기 때문이다. 그러나 Stata S/W는 2년마다 새롭게 출시되고 새로운 Stata 버전은 다양한 최신 연구방법론을 소개하고 있다. S/W은 지속적으로 업데이트가 진행되는데 반해 관련 서적 내용은 여전히 과거 버전에만 초점을 맞추어져 있다는 것에 아쉬움을 가지고 있었다. 최근 출시된 Stata 16/17 버전에서 실행할 수 있는 명령어와 최근 사회과학 연구에서 활용되는 심화된 연구방법론을 연구자들에게 소개하는 것을 목표로 저술을 시작하게 되었다.

『Stata 고급통계분석』 제목에서 짐작할 수 있듯이 본서는 심화된 연구방법론을 활용해서 실증분석 논문을 쓰고자 하는 연구자를 위한 책이다. 17개 Chapters가 하나의 주제로 연결되기 보다는 세부 주제로 나누어져 있다. 1장~4장은 정책평가 방법론으로 최근 자주 사용되는 처리효과(treatment effects) 추정에 관한 내용이다. 5장~7장은 패널 회귀모형의 기본개념을 정리하고 기존 저서에서 다루지 못했던 확장된 패널 선형회귀모형 이론과 실습을 포함한다. 8장~10장은 거시 패널데이터를 다루는 국제경제학 전공자들에게 필요한 분석 방법론을 자세히 정리한다. 11장~15장에서는 Stata 16/17버전에서 중점적으로 업데이트 된 Limited Dependent Variable Model과 Choice Model에 관한 내용을 독자들에게 소개하고 싶었다. 이러한 방법론은 사회학, 사회복지학, 정치학, 행정학 분야 연구자들에게 유용할 내용이 될 것으로 예상한다. 16장~17장은 잠재성장 모형과 잠재계층 모형을 다룬다. 이를 위해 구조방정식 모형 개념을 설명하고 Stata의 sem과 gsem 명령어를 소개한다. 본서에 제시된 Stata 실습을 위한 데이터 파일은 Stata학회 홈페이지(http://kastata.org/html/sub02-04.asp)에서 다운로드 받을 수 있다.

2019년 1월 책을 쓰기 시작하면서 수많은 고민의 시간이 있었다. 조교에게 들은 유머에 따르면 책을 완성하는데 걸린 시간의 80%는 "책을 써야 해서 괴로워하는 시간"과 "책을 쓴다고 결심한 자신을 원망한 시간"이 차지한다고 한다. 지난 10개월 동안 저자는 이 말이 "유머"가 아니라는 것을 깨닫게 되었다. 호기롭게 시작한 것에 비하면 한없이 부족한 책이지만 그 동안 인연을 맺어왔던 다양한 학문분야 선생님들의 관심과 응원이 없었다면 윈도우즈 탐색기의 폴더 밖으로 나오지 못했을 것이다.

직장업무와 학업의 부담에도 불구하고 거친 초고를 섬세하게 읽고 교정해준 유혜림 박사님(건강보험심사평가원)에게 진심을 담아 감사드린다. 어려운 출판환경 하에서도 Stata 저서에 꾸준한 관심을 가져주신 ㈜지필미디어 김성남 사장님 이하 임직원과 편집진의 노고도 잊지 않겠습니다. Stata S/W 보급을 위해 힘써 주시고 Stata학회가 유지되도록 후원해 주신 한국 Stata판매지사(제이슨티지) 박정권 대표님에게도 고마움을 전합니다.

2021년 11월

저 자

목차

## 제1장 | DID 추정



## 제2장 | PSM-DID 추정



## 제3장 | Regression Discontinuity Design



## 제4장 | 도구변수와 처리효과

## 제12장 | Heckman 선택 모형



## 제13장 | Zero-inflated 모형



## 제14장 | 선택 모형 (1)



## 제15장 | 선택 모형 (2)

## 제16장 | 잠재성장 모형



## 제17장 | 잠재계층 분석

# CHAPTER 01 DID 추정

## 1.1 평균 처리효과

사회과학에서 정책 프로그램의 효과를 사후적(ex-post)으로 평가하는 방법론을 사후 영향평가(impact evaluation)라고 부른다. 사후 영향평가의 주요 목적은 정책 프로그램이 정책성과(policy outcome)에 어떤 영향을 미치는지 인과관계(causality)를 추정하는 것이다. 사후 영향평가에서 처리(treatment)와 성과(outcome) 간의 인과관계를 처리효과(treatment effect: TE)라고 부른다.

개인 $i$의 처리효과($TE_i$)를 식 1.1과 같이 정의하자.

$$TE_i = Y_{1i} - Y_{0i} \tag{1.1}$$

위 식에서 $Y_{1i}$는 개인 $i$가 프로그램 적용을 받았을 때의 성과이고, $Y_{0i}$는 개인 $i$가 프로그램 적용을 받지 않았을 때의 성과이다. 동일한 사람에 대해 처리를 받았을 때와 그렇지 않았을 때의 성과 차이를 처리효과로 정의한다. 동일한 사람에 대해 식 1.1을 계산하기 때문에 개인의 다른 특성(covariates)은 고려할 필요가 없다.

식 1.1은 개인의 처리효과이고, 이제 일반화된 처리효과를 구하기 위해 평균 처리효과(average treatment effect: ATE)를 정의하자.

$$ATE = E(Y_{1i} - Y_{0i}) = E(Y_{1i}) - E(Y_{0i}) \tag{1.2}$$

ATE는 프로그램이 적용된 사람의 처리효과와 프로그램이 적용되지 않은 사람의 처리효과의 차이에 대해 가중평균(weighted mean)을 취한 것으로 이해할 수 있다.

처리그룹의 평균 처리효과(ATE on the treated: ATET)와 비처리그룹의 평균 처리효과(ATE on the non-treated 또는 ATE on the control: ATENT)는 식 1.3과 식 1.4로 정의된다. 여기에서 $T_i$는 처리그룹 여부를 의미하는 더미변수이다.

$$ATET = E(Y_{1i} - Y_{0i} \mid T_i = 1) \tag{1.3}$$

$$ATENT = E(Y_{1i} - Y_{0i} \mid T_i = 0) \tag{1.4}$$

사회과학에서는 자연과학과 달리 정책 프로그램을 실행함에 있어 실험(experiment)이 불

가능하다. 개인이 프로그램에 참여하면서 동시에 참여하지 않을 수는 없기 때문이다. 처리그룹에 이미 속해 있는 개인의 처리효과를 계산하려면 그 개인이 참여하지 않았을 때 얻었을 가상 성과(counterfactual outcome)를 알아야 한다. 가상 성과의 추정은 개인에 대해 적절한 비교그룹(comparison group)을 찾아, 그 비교그룹의 성과를 가상 성과로 간주할 수 있다.

그림 1.1에서는 특정 개인의 처리효과 추정을 보여주고 있다. 프로그램 적용을 받은 후 ($t=1$ 시점), 처리그룹은 $Y_2$의 성과를 얻었다. 또한 처리그룹과 매우 유사한 비교그룹에 속한 개인들이 프로그램 적용을 받지 않았을 때, $t=1$시점에 $Y_1$의 성과(counterfactual outcome)를 얻었다. 따라서 그림 1.1의 경우 처리효과는 $TE_i = (Y_2 - Y_1)$ 으로 추정할 수 있다. 다만 현실적인 어려움은 처리그룹과 매칭되는 이상적인 비교그룹을 어떻게 찾을 것인가의 문제이다.

**그림 1.1 처리효과 추정**

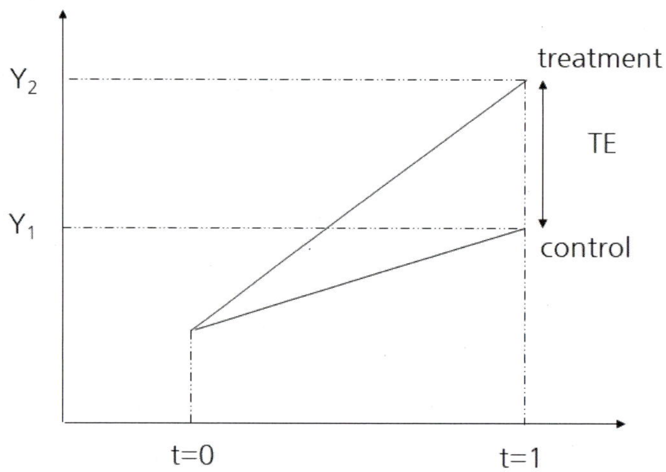


## 1.2 패널데이터에서 ATE 추정

횡단면 데이터에서는 처리그룹과 비처리그룹(대조그룹) 표본을 하나의 시점에서만 관찰한다. 따라서 처리그룹과 유사한 대조그룹을 찾아서 처리그룹과 성과를 비교하는 방식으로 ATE를 추정할 수 있다. 반면 패널데이터에서는 프로그램 적용 전(before program)과 프로그램 적용 후(after program)의 표본을 모두 활용하여 ATE를 추정할 수 있는 장점이 있다.

ATE를 추정할 때 고려해야 할 점은 선택편의(selection bias) 문제이다. 횡단면 데이터에서 처리그룹과 대조그룹의 차이를 기댓값으로 표현하면 다음과 같다.

$$\begin{aligned}
&E(Y_{1i}|T_i=1)-E(Y_{0i}|T_i=0)\\
&\quad=E(Y_{1i}|T_i=1)-E(Y_{0i}|T_i=1)+E(Y_{0i}|T_i=1)-E(Y_{0i}|T_i=0)\\
&\quad=E[(Y_{1i}-Y_{0i})|T_i=1]+\{E(Y_{0i}|T_i=1)-E(Y_{0i}|T_i=0)\}\\
&\quad=ATET+selection\ bias
\end{aligned}\tag{1.5}$$

식 1.5에서 $\{E(Y_{0i}|T_i=1)-E(Y_{0i}|T_i=0)\}$을 선택편의로 정의한다. 처리그룹에 속한 사람이 프로그램 적용을 받지 않았을 때의 성과(관찰되지 않음)와 대조그룹에 속한 사람이 프로그램 적용을 받지 않았을 때의 성과(관찰됨) 간의 차이에 해당한다. 처리그룹에 속한 사람이 설사 처리를 받지 않았더라도 그 성과가 대조그룹 성과보다 크다면 선택편의가 발생하게 된다. 이 경우 처리그룹과 대조그룹의 차이로 추정된 값은 ATE 또는 ATET와 차이가 발생하게 된다.

선택편의를 해결하는 한 가지 방법은 패널데이터를 이용하여 DID(Difference-in-Differences) 추정량을 얻는 것이다. 주어진 패널데이터를 프로그램(처리) 시행 전(before)과 후(after)로 구분할 수 있고, 또한 처리그룹과 대조그룹으로 구분할 수 있다고 하자. 표 1.1에서 $Y_0^T$와 $Y_1^T$는 $t=1$ 시점에 프로그램 적용을 받은 그룹의 $t=0$와 $t=1$ 시점의 성과이다. 또한 $Y_0^C$와 $Y_1^C$는 $t=1$ 시점에 프로그램 적용을 받지 않은 그룹의 $t=0$와 $t=1$ 시점의 성과이다.

**표 1.1 DID 추정을 위한 패널데이터 구조**

| | 처리전(pre-treatment) | 처리후(post-treatment) |
|---|---|---|
| 처리그룹 | $Y_0^T$ | $Y_1^T$ |
| 대조그룹 | $Y_0^C$ | $Y_1^C$ |

표 1.1의 구조에서 DID 추정량에 의해 정의된 ATE는 식 1.6에 나와 있다. $t=1$ 시점에서 처리그룹과 대조그룹 차이와 $t=0$ 시점에서 처리그룹과 대조그룹 차이를 다시 차분하여 얻는다. 식 1.6에서 $(Y_0^T-Y_0^C)$는 식 1.5의 $selection\ bias$를 대신한다.*

$$\begin{aligned}
ATE_{DID}&=(Y_1^T-Y_1^C)-(Y_0^T-Y_0^C)\\
&=(Y_1^T-Y_0^T)-(Y_1^C-Y_0^C)
\end{aligned}\tag{1.6}$$

* 선택편의는 처리그룹이 처리를 받지 않았을 때와 대조그룹이 처리를 받지 않을 때의 성과 차이로 정의된다. 그런데 패널데이터의 $t=0$ 시점에서는 처리그룹과 대조그룹 모두 프로그램 적용 전이기 때문에 두 그룹의 성과 차이는 선택편의 정의와 일치한다.

이를 그림으로 설명한 것이 그림 1.2이다. 이 그림에서 $t=1$ 시점 두 그룹의 차이 $(Y_{1,C}^{T}-Y_{1}^{C})$ 는 $t=0$ 시점 두 그룹의 차이 $(Y_{0}^{T}-Y_{0}^{C})$ 와 같다고 가정한다. 여기서 $Y_{1,C}^{T}$는 처리그룹이 처리를 받지 않았을 때의 성과이다. 이러한 가정을 parallel-trend 가정이라고 부른다. 이러한 가정 하에서 식 1.6의 DID 추정량은 정확히 처리효과(TE)에 해당한다는 것을 그림 1.2를 통해 확인할 수 있다. DID 추정량은 $t=1$ 시점에서 처리그룹과 대조그룹의 차이$(Y_{1}^{T}-Y_{1}^{C})$와 $t=0$ 시점에서 처리그룹과 대조그룹의 차이$(Y_{0}^{T}-Y_{0}^{C})$를 빼준 것이다. 그림 1.2에서 그 값은 정확히 $(Y_{1}^{T}-Y_{1,C}^{T})$와 같다. 이 값, 즉 $TE=(Y_{1}^{T}-Y_{1,C}^{T})$는 처리그룹에 속한 개인의 프로그램 전과 후의 성과 차이이기 때문에 정확히 식 1.1에 해당한다.

**그림 1.2 DID 추정량의 시각적 표현**

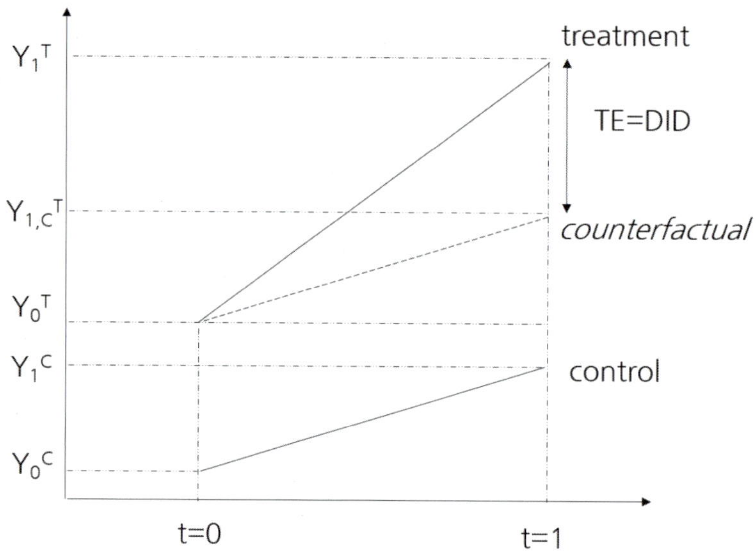


DID 추정량은 선택편의의 원인을 두 그룹의 관찰되지 않은 요인(unobserved factors) 또는 개인 이질성(individual heterogeneity) 때문으로 가정한다. 그런데 패널데이터에서는 이러한 처리그룹과 대조그룹의 관찰되지 않은 이질성, 즉 모든 시간불변(time-invariant) 요인(선택편의)을 통제한 상태에서 ATE를 추정하게 된다. 횡단면 데이터 구조에서는 선택편의를 통제하려면 관찰가능하면서 적절한 설명변수($X$)를 사용해야 하지만, DID 추정에서는 관찰되지 않은 이질성 때문에 발생하는 선택편의를 통제할 수 있다. 결과적으로 DID 추정에서는 횡단면 데이터에 비해 선택편의 문제가 완화된다. 반면 DID 추정의 단점은 $t=0$ 시점에서의 선택편의 크기가 $t=1$ 시점에서도 여전히 유지되어야 한다는 것을 전제로 한다. 즉 parallel-trend 가정이 성립해야 한다.

$t=1$ 시점의 선택편의가 시간불변 요인에 의존한다고 보기 어려운 경우도 있다. 앞의 그림 1.2에서 $t=0$ 시점의 $\overline{Y_0^C Y_0^T}$ 크기가 $t=1$ 시점의 $\overline{Y_1^C Y_{1,C}^T}$와 서로 다른 경우에 parallel-trend 가정이 위반된다.

선형회귀모형을 통해 DID 추정량을 얻기 위해서는 다음과 같이 두 시점(two-period) 패널데이터에 대해 통합회귀모형(pooling regression model)을 설정할 수 있다.

$$y_i = \alpha + \beta t + \gamma T_i + \theta (t \times T_i) + e_i \tag{1.7}$$

여기에서 $t$ 변수는 시점 더미변수이다. 프로그램 적용 이전이면 $t=0$ 이고, 프로그램 적용 이후이면 $t=1$이다. $T_i$는 처리그룹 여부에 대한 더미변수이다. 처리그룹에 속하면 $T_i=1$이고, 대조그룹에 속하면 $T_i=0$의 값을 갖는다 또한 두 변수의 상호작용항(interaction term)을 추가적으로 포함된다.

식 1.6에 의해 $ATE_{DID}$의 기댓값의 각 항을 계산하면 다음과 같다.

$$E(Y_1^T) = \alpha + \beta + \gamma + \theta$$
$$E(Y_0^T) = \alpha + \gamma$$
$$E(Y_1^C) = \alpha + \beta$$
$$E(Y_0^C) = \alpha$$

결과적으로 DID 추정량$= (\beta + \theta) - (\beta) = \theta$ 이 된다. 따라서 식 1.7의 회귀모형을 OLS로 추정한 후 얻은 $\hat{\theta}$이 DID 추정결과가 된다.*

DID 추정량은 패널 고정효과 추정을 이용해도 같은 결과를 얻을 수 있다. 아래 식 1.8과 같이 그룹 이질성(group heterogeneity)을 포함한 모형을 설정하자. 주의해야 할 점은 식 1.8의 $T_{it}$ 변수는 식 1.7의 $T_i$ 변수와 코딩이 다르다. 즉, 식 1.8의 $T_{it}$ 변수는 각 시점에서 처리를 받았을 때 1이고, 받지 않았다면 0인 더미변수이다. 따라서 $t=1$ 시점 처리그룹에 대해서만 $T_{it}=1$이고, 그 외 모든 경우 $T_{it}=0$으로 코딩되어 있다. 한편 식 1.8의 $t$ 변수는 식 1.7과 마찬가지로 $t=1$ 시점이면 1이고, $t=0$ 시점이면 0인 더미변수이다.

$$Y_{it} = \alpha + \beta T_{it} + \gamma t + u_i + e_{it} \tag{1.8}$$

* 이에 대한 자세한 증명은 민인식 · 최필선(2019c) 9장을 참고하라.

식 1.8에 대해 고정효과(within estimator) 추정량인 $\hat{\beta}_{FE}$이 DID 추정치가 된다.* 식 1.8의 $\hat{\beta}$이 식 1.6에서 정의한 DID 추정량이 되는 이유는 다음과 같다. 두 시점 패널데이터 경우, within 추정량은 1차 차분 추정량과 정확히 일치한다.** 즉, 식 1.8은 다음의 식 1.9에 나와 있는 1차 차분 모형으로 쓸 수 있으며, 여기에서 얻은 $\hat{\beta}$은 식 1.8에서 얻은 $\hat{\beta}$과 서로 같다.

$$\Delta Y_i = \beta \Delta T_i + \gamma + \Delta e_i \tag{1.9}$$

위 식에서 $\Delta T_i = T_{i1} - T_{i0}$ 으로 정의하며, 처리그룹에 대해서 $\Delta T_i = 1$ 이고, 대조그룹에 대해서는 $\Delta T_i = 0$ 이 됨을 쉽게 이해할 수 있다. 식 1.9는 (상수항을 포함하고) 설명변수가 더미변수 1개인 선형 회귀모형이 된다. 식 1.9에서 $\hat{\beta}_{OLS}$는 다음의 식 1.10에서 확인할 수 있듯이 식 1.6의 DID 추정량과 일치한다.

$$\hat{\beta}_{OLS} = \overline{\Delta Y}^{T} - \overline{\Delta Y}^{C} = (\overline{Y}_1^T - \overline{Y}_0^T) - (\overline{Y}_1^C - \overline{Y}_0^C) \tag{1.10}$$

## 1.3 Parallel-trend 가정 검정

그림 1.2에서 설명하였듯이 DID 추정에서 선택편의를 통제하기 위해서는 parallel-trend 가정이 필요하다. 본 소절에서는 이 가정의 성립 유무를 판단하는 검정을 소개한다.

그림 1.3의 예제에서는 $t=1$ 부터 $t=8$까지 8년의 패널데이터를 예로 들었다. $t=4$ 시점에서 처리그룹에 프로그램을 적용하기 시작한 것으로 가정하였다. parallel-trend가 성립한다면, $t=4$부터 $t=8$까지 시점에서 처리그룹이 프로그램의 적용을 받지 않았을 때, 점선을 따라 $Y$(성과)가 증가했을 것이다.

* 패널 회귀모형에서 고정효과 추정은 민인식 · 최필선(2019c) 8장을 참고하라.

** 민인식 · 최필선(2019c) 9장 참고

**그림 1.3 Parallel-trend 가정**

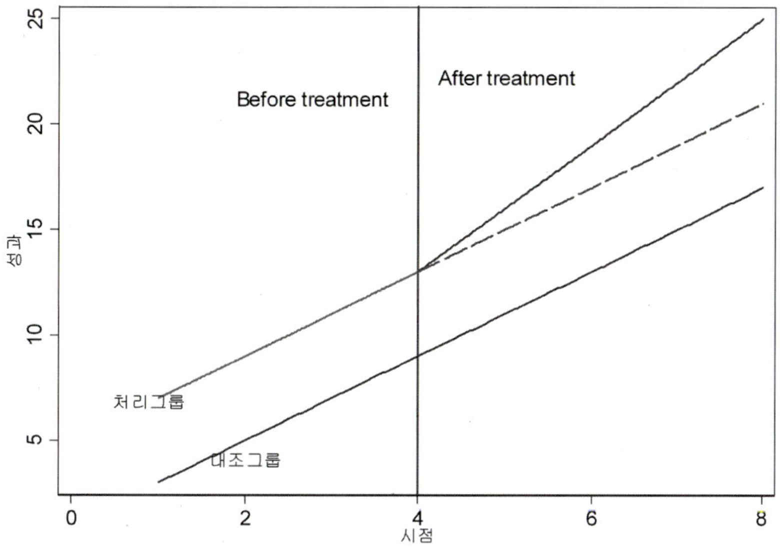


앞의 식 1.7의 통합 회귀모형을 확장하면 parallel-trend 가정 성립을 검정할 수 있다. $t=1$부터 $t=3$까지 시점은 처리전(before treatment)에 해당하고, $t=4$부터 $t=8$까지 시점은 처리후(after treatment) 시점에 해당한다. 가설검정을 위해 다음과 같이 회귀모형을 설정하였다(Autor 2003).

$$
\begin{aligned}
y_{it} &= \alpha + \beta_2(t_2 \times T_i) + \beta_3(t_3 \times T_i) + \beta_4(t_4 \times T_i) + \beta_5(t_5 \times T_i) \\
&\quad + \beta_6(t_6 \times T_i) + \beta_7(t_7 \times T_i) + \beta_8(t_8 \times T_i) + t + u_i + e_{it} \qquad (1.11)
\end{aligned}
$$

위 식에서 $(t_2 \times T_i)$부터 $(t_8 \times T_i)$까지는 시점 더미변수와 처리그룹 더미변수의 상호작용 항이다.* 그 다음 $t$는 시간 고정효과이고, $u_i$는 그룹 이질성에 대한 고정효과에 해당한다.

parallel-trend 검정을 위해서는 위의 식 1.11의 고정효과 모형을 추정한 후 다음과 같은 귀무가설을 검정한다.

$$H_0: \beta_2 = \beta_3 = 0$$

식 1.11 모형에서 $t=1$ 시점이 제외되어 있기 때문에 $\beta_2$와 $\beta_3$는 $t=1$ 시점과 비교하였을 때의 DID 추정량이다. 그러나 $t=1$부터 $t=3$까지 기간은 프로그램 적용 전이기 때

* $T_i$(처리그룹 여부 더미변수)는 처리그룹에 속하면 1이고, 대조그룹에 속하면 0이다. 식 1.7에서 사용한 $T_i$와 같은 유형의 변수이다.

문에 DID 추정량이 0이어야 한다. 따라서 위 귀무가설이 성립하면 parallel-trend 가정이 성립한다고 판단할 수 있다.

식 1.11에서 $\beta_4$부터 $\beta_8$까지의 추정치 역시 중요한 정보를 포함하고 있다. $\beta_4$는 $t=1$ 시점과 비교하였을 때의 DID 추정치이다. 즉 프로그램 적용 전인 $t=1$ 시점과 비교하였을 때 프로그램 적용 후 첫 번째 시점인 $t=4$에 프로그램 성과가 어느 정도인지를 알려준다. $\hat{\beta}_4$이 0과 유의하게 다르다면 ATE가 유의하게 존재한다고 해석할 수 있다. 만약 $\beta_4$ 부터 $\beta_8$까지의 추정치가 꾸준히 증가하면 프로그램 적용 이후 ($t=1$ 시점과 비교한) ATE가 시간이 흐름에 따라 증가한다고 해석한다.*

## 1.4 Stata 예제

**데이터 파일:** S_data1_1.dta**

첫 번째 예제에서는 최저임금 인상 정책이 고용에 미치는 효과를 추정하기 위해 DID 모델링을 활용한다. 최저임금 인상은 뉴저지 주에서만 실행되었고, 대조그룹인 펜실베이니아 주에서는 최저임금 인상이 없었다. 1992년 4월에 최저임금이 인상되었기 때문에 처리전(before treatment) 시점은 1992년 2월이고, 처리후(after treatment) 시점은 1992년 11월이다. 종속변수는 패스트푸드 영업점의 고용량($fte$)이다.

$$fte_i = \alpha + \beta T_i + \gamma t + \theta\,(t \times T_i) + e \tag{1.12}$$

식 1.12에서 뉴저지 주에 위치한 영업점이면 $T_i = 1$(처리그룹)이고, 펜실베이니아 주에 위치한 영업점이면 $T_i = 0$(대조그룹)이다. 1992년 2월 시점이면 $t=0$이고, 1992년 11월 시점이면 $t=1$이다. 식 1.12에 대한 추정결과가 그림 1.4에 나와 있다.

**그림 1.4 식 1.12 추정결과**

```
. reg fte i.t i.treated i.t#i.treated

      Source |       SS           df       MS      Number of obs   =       780
-------------+----------------------------------   F(3, 776)       =      2.42
       Model |  596.322011         3  198.774004   Prob > F        =    0.0649
    Residual |  63753.5558       776  82.1566441   R-squared       =    0.0093
```

* 다시점(multi-period) DID 추정의 경우 프로그램 시행 직전인 $t=3$과 처리 이후 시점을 비교하는 것이 적절한 것으로 보인다.

** Card and Krueger(1994)의 데이터를 인용하였으나, 본서의 연구목적을 위해 적절하게 변형한 구조로 사용한다.

```
-------------+----------------------------------   Adj R-squared   =    0.0054
       Total |  64349.8778       779  82.6057481   Root MSE        =     9.064

------------------------------------------------------------------------------
         fte |      Coef.   Std. Err.      t    P>|t|     [95% Conf. Interval]
-------------+----------------------------------------------------------------
         1.t |  -2.523333    1.48015    -1.70   0.089    -5.428906    .3822391
             |
     treated |
         NJ  |  -3.126508   1.164576    -2.68   0.007      -5.4126   -.8404158
             |
   t#treated |
        1#NJ |   2.975714   1.646959     1.81   0.071    -.2573082    6.208737
             |
       _cons |   20.17333   1.046624    19.27   0.000     18.11878    22.22788
------------------------------------------------------------------------------
```

DID 추정치는 $\ddot{\theta}=2.975$로 10% 수준에서 유의하다. 최저임금 인상이 고용을 감소시킨다는 실증적 근거를 찾기 어렵다는 결론을 얻었다. 식 1.12의 회귀모형에서 추가적인 통제변수를 사용하는 경우를 고려하자. 해당 패스트푸드 영업점이 버거킹이면 $bk=1$인 더미변수, 그리고 KFC이면 $kfc=1$인 더미변수를 추가적인 설명변수로 사용하였다. 그 결과가 그림 1.5에 나와 있다. DID 추정치는 2.975로 그림 1.4에서와 동일하다. $bk$와 $kfc$ 변수가 시간불변 변수이기 때문에 DID 추정결과에 영향을 미치지 않는 것이다.

**그림 1.5 추가적인 통제변수 모형**

```
. reg fte i.t i.treated i.t#i.treated i.bk i.kfc

      Source |       SS           df       MS      Number of obs   =       780
-------------+----------------------------------   F(5, 774)       =     35.59
       Model |  12029.8333         5  2405.96666   Prob > F        =    0.0000
    Residual |  52320.0445       774  67.5969568   R-squared       =    0.1869
-------------+----------------------------------   Adj R-squared   =    0.1817
       Total |  64349.8778       779  82.6057481   Root MSE        =    8.2217

------------------------------------------------------------------------------
         fte |      Coef.   Std. Err.      t    P>|t|     [95% Conf. Interval]
-------------+----------------------------------------------------------------
         1.t |  -2.523333   1.342604    -1.88   0.061     -5.15891    .1122435
             |
     treated |
         NJ  |  -2.465064   1.057588    -2.33   0.020    -4.541145   -.3889826
             |
   t#treated |
        1#NJ |   2.975714   1.493912     1.99   0.047     .0431151    5.908313
             |
```

```
     1.bk |   1.58292   .6601062     2.40   0.017     .2871094    2.878731
    1.kfc |  -8.555533  .8114521   -10.54   0.000    -10.14844   -6.962625
    _cons |  20.71055   1.01752     20.35   0.000     18.71313    22.70798
------------------------------------------------------------------------------
```

Stata 17버전에서는 **didregress** 명령어를 이용하여 DID 추정치를 얻을 수 있다. 먼저 (식 1.8)에서 사용한 $T_{it}$ 변수를 treated1 변수로 생성한다. **didregress** 명령문 다음에 첫 번째 괄호에서는 종속변수인 fte를 선택한다. 첫 번째 괄호 내에 추가적인 $X$ 변수를 쓸 수 있다. 두 번째 괄호에서는 $T_{it}$(treated1) 변수를 입력한다. group( )은 필수 옵션이고 각 영업점 id 변수에 해당한다. time( ) 옵션에서는 시간변수를 지정한다. ATET 추정치가 그림 1.5의 DID 추정치와 일치함을 확인한다. 다만 표준오차는 cluster-robust SE가 주어지기 때문에 그림 1.5와 차이가 있다.

```
. * 17버전 : didregress 명령어
. gen treated1=(treated==1 & t==1)

. didregress (fte i.bk i.kfc ) (treated1) , time(t) group(id)
Number of groups and treatment time
Time variable: t
Control:      treated1 = 0
Treatment:    treated1 = 1
-----------------------------------
             |   Control  Treatment
-------------+---------------------
Group        |
          id |        75        315
-------------+---------------------
Time         |
     Minimum |         0          1
     Maximum |         0          1
-----------------------------------

Difference-in-differences regression                    Number of obs = 780
Data type: Repeated cross-sectional

                                   (Std. err. adjusted for 390 clusters in id)
------------------------------------------------------------------------------
             |               Robust
         fte | Coefficient  std. err.      t    P>|t|     [95% conf. interval]
-------------+----------------------------------------------------------------
ATET         |
    treated1 |
   (1 vs 0)  |   2.975714   1.886685     1.58   0.116    -.7336621    6.685091
------------------------------------------------------------------------------
Note: ATET estimate adjusted for covariates, group effects, and time effects.
```

이번에는 식 1.8과 9에서 논의한 패널 선형회귀모형에 기초한 DID 추정결과를 얻는 Stata 명령문에 대해 알아보자. 패널 선형회귀모형을 추정하기 위해서는 $T_{it}$ 변수에 해당하는 $treated1$ 변수를 생성시킨다. $treated1$ 변수는 뉴저지 주이면서 $t=1$ 시점에만 1이고, 그 외에서는 모두 0인 더미변수이다.

$$fte_{it} = \alpha + \beta T_{it} + \gamma t + u_i + e_{it} \tag{1.13}$$

$$\Delta fte_i = \beta \Delta T_i + \gamma + \Delta e_i \tag{1.14}$$

**그림 1.6 패널 선형회귀모형**

```
. tsset id t

. gen treated1=0
. replace treated1=1 if treated==1 & t==1
(315 real changes made)

. xtreg fte i.treated1 i.t , fe
Fixed-effects (within) regression               Number of obs      =       780
Group variable: id                              Number of groups   =       390

R-sq:                                           Obs per group:
     within  = 0.0177                                         min =          2
     between = 0.0066                                         avg =        2.0
     overall = 0.0000                                         max =          2

                                                F(2,388)           =      3.50
corr(u_i, Xb)  = -0.1086                        Prob > F           =    0.0311

------------------------------------------------------------------------------
         fte |      Coef.   Std. Err.      t    P>|t|     [95% Conf. Interval]
-------------+----------------------------------------------------------------
  1.treated1 |   2.975714   1.130033     2.63   0.009     .7539602    5.197468
         1.t |  -2.523333    1.01558    -2.48   0.013    -4.520062   -.5266051
       _cons |   17.64808   .3149179    56.04   0.000     17.02892    18.26724
-------------+----------------------------------------------------------------
     sigma_u |  8.0111536
     sigma_e |  6.2191307
         rho |  .62396435   (fraction of variance due to u_i)
------------------------------------------------------------------------------
F test that all u_i=0: F(389, 388) = 3.28                    Prob > F = 0.0000

. reg D.fte D.treated1

      Source |       SS           df       MS      Number of obs   =       390
-------------+----------------------------------   F(1, 388)       =      6.93
       Model |  536.401113         1  536.401113   Prob > F        =    0.0088
    Residual |  30013.8074       388  77.3551737   R-squared       =    0.0176
```

```
-------------+----------------------------------   Adj R-squared     =    0.0150
       Total |  30550.2085        389  78.5352403   Root MSE          =    8.7952

------------------------------------------------------------------------------
       D.fte |      Coef.   Std. Err.      t    P>|t|     [95% Conf. Interval]
-------------+----------------------------------------------------------------
    treated1 |
         D1. |   2.975714   1.130033     2.63   0.009      .7539602    5.197468
             |
       _cons |  -2.523333    1.01558    -2.48   0.013     -4.520062   -.5266051
------------------------------------------------------------------------------
```

그림 1.6의 추정결과를 보면, DID 추정치가 앞에서와 마찬가지로 2.975이고 5% 수준에서 유의하다. 해당 수치는 그림 1.4의 통합회귀(pooling regression) 방식으로 추정한 결과와 정확히 일치한다. 한 가지 추가적으로 살펴보면, 차분모형(식 1.14)에서 상수항 추정치 -2.523은 식 1.13의 within 추정에서 $t$ 변수(연도 변수) 추정계수인 -2.523과 동일하다.*

**데이터 파일: S_data1_2.dta****

여기에서는 1.3절에서 설명한 parallel-trend 가정을 검정하기 위한 Stata 명령문에 대해 논의한다. 예제 데이터는 연구목적에 맞게 임의로 변형된 데이터이기 때문에 추정결과에 대해서는 학술적 의미를 부여하지 않기로 한다. 예제 데이터에서는 $t=1\sim 7$ 의 7개년도 패널 데이터이다. 모형에서 처리 여부는 직업훈련 여부이다. 직업훈련을 받은 사람은 $T_i=1$ 이고, 받지 않는 사람은 $T_i=0$ 의 값을 갖는다. $t=1\sim 3$ 은 모두 처리전(before treatment) 시점에 해당하고, 처리그룹은 $t=4\sim 7$ 의 처리후(after treatment) 시점에 직업훈련을 받았다.

DID 추정을 위한 회귀모형으로 식 1.15를 설정한다.

$$lwage_{it} = \alpha + \gamma t + \sum_{k=2}^{7} \beta_k (t_k \times T_i) + u_i + e_{it} \tag{1.15}$$

여기에서 $t$는 각 년도에 해당하는 더미변수이다. 상호작용 변수인 $(t_k \times T_i)$는 $t=1$을 기준 범주(base category)로 정하고, $t=2\sim 7$과 처리그룹 여부 $T_i$ 변수를 곱한 변수이다. 마지막으로 $u_i$는 그룹 이질성에 해당하는 고정효과이다. 성과변수는 조사대상 개인의 각 시점 임금에 로그를 취한 것이다. 식 1.15에 대한 추정결과가 그림 1.7에 나와 있다.

---

* 이에 대한 자세한 논의는 민인식 · 최필선(2019c) 9장을 참고하라.

** 예제 데이터는 Baltagi and Khanti-Akom(1990) 연구에 사용된 예제 데이터를 본서의 분석 목적에 맞게 변형하여 사용한다.

### 그림 1.7 parallel-trend 검정

```
. gen t2_job=i2.t#job_train
. gen t3_job=i3.t#job_train
. gen t4_job=i4.t#job_train
. gen t5_job=i5.t#job_train
. gen t6_job=i6.t#job_train
. gen t7_job=i7.t#job_train

. areg lwage i.t t*_job, absorb(id)
Linear regression, absorbing indicators         Number of obs     =      4,165
Absorbed variable: id                           No. of categories =        595
                                                F(  12,    3558)  =     679.65
                                                Prob > F          =     0.0000
                                                R-squared         =     0.8286
                                                Adj R-squared     =     0.7994
                                                Root MSE          =     0.3531

------------------------------------------------------------------------------
       lwage |      Coef.   Std. Err.      t    P>|t|     [95% Conf. Interval]
-------------+----------------------------------------------------------------
           t |
          2  |   .0955351   .0289263     3.30   0.001     .0388213    .1522489
          3  |   .2090388   .0289263     7.23   0.000      .152325    .2657526
          4  |   .3120411   .0289263    10.79   0.000     .2553273    .3687549
          5  |   .3993271   .0289263    13.80   0.000     .3426133    .4560409
          6  |   .4802474   .0289263    16.60   0.000     .4235337    .5369612
          7  |   .5727023   .0289263    19.80   0.000     .5159885    .6294161
             |
      t2_job |  -.0110111   .0409424    -0.27   0.788     -.091284    .0692617
      t3_job |    .025052   .0409424     0.61   0.541    -.0552209    .1053249
      t4_job |   1.010224   .0409424    24.67   0.000     .9299514    1.090497
      t5_job |   1.000295   .0409424    24.43   0.000      .920022    1.080568
      t6_job |   .9883246   .0409424    24.14   0.000     .9080517    1.068597
      t7_job |   1.035149   .0409424    25.28   0.000     .9548761    1.115422
       _cons |   6.375173   .0144753   440.42   0.000     6.346793    6.403554
------------------------------------------------------------------------------
F test of absorbed indicators: F(594, 3558) = 9.608          Prob > F = 0.000

. test t2_job t3_job

 ( 1)  t2_job = 0
 ( 2)  t3_job = 0
       F(  2,  3558) =    0.41
            Prob > F =    0.6653
```

그림 1.7을 보면, 식 1.15의 상호작용에 해당하는 변수가 t2_job~t7_job 형태의 더미변수로 들어가 있다. 그림에서 마지막에 나와 있는 *F* 검정 결과를 보면, 처리전 시점에 해당하는 t2_job 및 t3_job 변수의 추정계수가 0과 유의하게 다르다고 할 수 없다. *F* 검정을 통해 귀무가설을 기각하지 못한다면 parallel-trend가 성립한다고 판단할 수 있다. 가설검정 결과 *p*-값이 0.05보다

크기 때문에 5% 수준에서 다음과 같은 귀무가설을 기각할 수 없다.

$$H_0 : \beta_2 = \beta_3 = 0$$

그림 1.7에서 t4_job~t7_job 변수의 추정계수가 직업훈련 이후의 DID 추정치이다. 0과 유의하기 다르기 때문에 ($t = 1$ 시점과 비교한) 처리효과가 유의하다고 판단할 수 있다. 그림 1.8에 $t = 2 \sim 7$ 시점의 ATE 추정치가 그래프로 표현되어 있다.* 앞의 추정결과에서 예상할 수 있듯이 프로그램 적용 이후 시점($t = 4$)부터 ATE가 크게 증가한다. 즉 직업훈련 프로그램을 이수하는 것이 임금상승과 유의한 관계가 있다고 통계적으로 판단할 수 있다.

**그림 1.8 시점별 ATE 추정치**

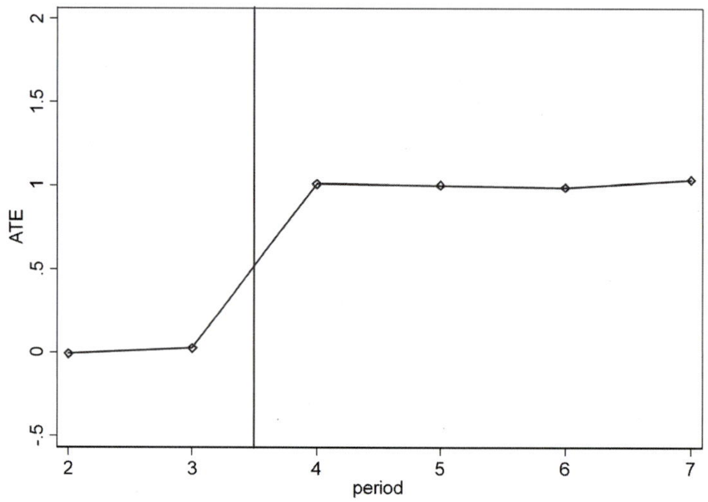


## 1.5 Stata do file

```
use S_data1_1, clear

reg fte i.t i.treated i.t#i.treated
reg fte i.t i.treated i.t#i.treated i.bk i.kfc

* 17버전 : didregress 명령어
gen treated1=(treated==1 & t==1)
didregress (fte i.bk i.kfc ) (treated1) , time(t) group(id)

* 패널 선형회귀모형
```

* 그래프 작성을 위한 Stata 코드는 1.5절을 참고하라.

```
tsset id t
gen treated1=0
replace treated1=1 if treated==1 & t==1
xtreg fte i.treated1 i.t , fe
reg D.fte D.treated1

* parallel-trend assumption
use S_data1_2, clear

gen t2_job=i2.t#job_train
gen t3_job=i3.t#job_train
gen t4_job=i4.t#job_train
gen t5_job=i5.t#job_train
gen t6_job=i6.t#job_train
gen t7_job=i7.t#job_train

areg lwage i.t t*_job, absorb(id)
test t2_job t3_job

* 그림 1.8 작성
mat def did=e(b)
mat def did=did[1,8..13]'
mat list did
svmat did, name(did)
gen period=_n+1 in 1/6

twoway (connected did1 period, msymbol(dh)), ///
xtitle("period") ytitle("ATE") ///
xline(3.5) ylabel(-0.5(0.5)2.0)
```

# CHAPTER 02 PSM-DID 추정

## 2.1 필요성과 추정방법

1장에서 설명한 DID 모형에서 불편추정량(unbiased estimator)을 얻기 위해서는 프로그램 참여 여부(selection)가 내생적(endogenous)이지만 이러한 내생성(endogeneity)은 시간불변 요인(time-invariant factors)에 의해 통제될 수 있어야 한다. 즉 parallel-trend 가정이 성립해야 한다. 그러나 이러한 가정이 성립하지 않는다면 여전히 선택편의(selection bias)가 남아있을 수 있다. parallel-trend에 대한 가설검정이 가능하지만, 처리전(before treatment) 시점 데이터의 제약으로 인해 가설검정이 어려운 경우도 있다.

이런 경우 PSM-DID 추정이 유용하다. 정책 프로그램 참여 여부는 $t=0$ 시점에서 두 그룹(처리그룹과 대조그룹)의 체계적 차이(systematic differences)에 의해 결정된다고 가정할 수 있다. 체계적 차이는 시간가변(time-varying) 또는 시간불변(time-invariant) 요인에 의해 발생할 수 있다. 처리그룹 선택이 무작위적이지 않고 $t=0$ 시점의 관찰된 $X$ 변수에 의해 결정되는 경우, 성향점수(propensity score)를 계산할 수 있다. 성향점수에 기초한 매칭(matching)을 이용하면 처리그룹과 대조그룹의 $X$ 변수 불균형(imbalance)과 선택편의(selection bias)를 통제할 수 있다.* 먼저 처리그룹과 대조그룹 간 서로 유사한 표본을 추출하기 위해서 성향점수 매칭(propensity score matching: PSM) 방법을 사용한다. 그렇게 매칭된 표본만을 대상으로 DID 추정량을 얻는 것이 PSM-DID 추정이다.**

PSM-DID 추정과정은 다음과 같다. 1단계로 프로그램 참여(treatment) 여부가 무작위적이지 않고 (관찰된) 외생적인 변수에 의해 결정된다고 가정한다. 1단계 과정에 의해 계산된 성향점수를 이용하여 두 그룹의 체계적 차이를 통제하고자 한다. 1단계에서 매칭된 표본만 이용하여 DID 추정모형을 통해 관찰되지 않는 시간불변 요인에 의해 발생할 수 있는 선택편의를 통제한다. 이러한 과정을 거쳐 최종적인 평균 처리효과(average treatment effects: ATE)에 해당하는 DID 추정치를 얻는다.

---

* 성향점수 매칭방법의 장점은 관찰된 $x$ 변수와 성과변수 $y$의 관계에 대해 선형관계를 가정하지 않는다.

** 본 장에서는 PSM 방법론 자체에 대해 자세히 논의하기보다는 PSM-DID의 1단계로서 PSM을 설명하는 것에 초점을 맞춘다.

PSM은 Rubin(1974)과 Rosennbaum and Rubin(1983)이 제시한 이후 사회과학 분야의 다양한 주제에서 처리효과 추정에 사용되고 있다. PSM은 각 개인이 처리그룹에 속하느냐 대조그룹에 속하느냐의 멤버십(membership)을 결정하는 처리 방정식(treatment equation)을 설정한 후 처리그룹에 속할 확률을 예측함으로써 처리그룹에 속한 각 개인에 매칭되는 가상 그룹(counterfactual)을 만든다.

성향점수는 다음과 같이 처리 여부를 결정하는 $X$ 변수가 주어졌을 때 처리그룹에 속할 확률로 정의된다.

$$\text{성향점수(Propensity score)} = \Pr(T_i = 1 \mid X_i) \tag{2.1}$$

여기에서 $X$는 처리 여부를 결정하는 관찰된 외생변수이다. 식 2.1의 확률은 일반적으로 로짓모형(logit model)에 의해 추정할 수 있다. 로짓모형을 이용할 경우, 식 2.1의 확률에 기초한 로그 승산은 다음과 같다. 식 2.2에서 $\hat{\alpha}$와 $\hat{\beta}$는 로짓모형 추정치이다.

$$\log\left[\frac{\Pr(T_i = 1|X_i)}{1-\Pr(T_i = 1|X_i)}\right] = \hat{\alpha} + \hat{\beta}X_i \tag{2.2}$$

성향점수를 이용하여 처리그룹과 대조그룹을 매칭하는 데는 다양한 아이디어가 활용되고 있다. 전통적 매칭은 일대일 매칭 또는 K-nearest neighbor 매칭이다. 처리그룹의 개인 $i$와 성향점수가 가장 가까운 대조그룹 1명을 선택하면 일대일 매칭이고, $k$명을 선택하면 K-nearest neighbor 매칭이다. 이와 달리 Caliper 매칭은 처리그룹 개인 $i$의 성향점수와 일정한 차이($\delta$) 이내에 있는 모든 대조그룹 $j$를 매칭시킨다. 만약 처리그룹 $i$에 대해 $\delta$ 이내에 매칭 표본이 없다면 매칭이 없는 상태로 두게 된다. 그런 다음 매칭되지 않는 표본은 모두 삭제하여 매칭된 표본만 남긴다. 매칭된 표본을 대상으로 두 그룹의 균형성(balance)을 검정하기 위해서 $X$ 변수에 대해 평균 동일성(mean equality) 검정을 실행한다. 두 그룹 간 모평균이 서로 같다는 귀무가설을 기각할 수 없다면, 두 그룹 간 체계적 차이가 존재하지 않는 것으로 해석한다.

1단계에서 매칭된 표본의 $t=0$(처리전) 및 $t=1$(처리후) 시점 패널데이터를 이용하여 2단계 DID 추정을 위한 선형회귀모형을 설정한다. 1장에서 논의한 통합회귀(pooling regression) 모형을 설정한다.

$$y_i = \alpha + \beta T_i + \gamma t + \delta(T_i \times t) + \theta Z_i + e_i \tag{2.3}$$

위 식에서 $Z_i$는 성과변수($Y_i$)에 영향을 미치는 공변량(covariates)으로 통제변수 역할을

한다. 1장 4절에서 살펴보았듯이 $Z_i$가 시간불변 변수이면 DID 추정량 $\hat{\delta}$에는 영향을 미치지 않는다. 성과방정식(outcome equation)에 해당하는 식 2.3에서 $Z_i$, 그리고 앞의 식 2.2(처리방정식)에서 $X_i$는 서로 겹치는 변수를 허용한다. 식 2.3에서 $\delta$에 대한 OLS 추정치를 얻으면 DID 추정치가 된다. $\hat{\delta}$ 추정치가 0과 유의하게 다르다면 처리그룹과 대조그룹의 체계적 차이와 선택편의를 통제하더라도 여전히 정책 프로그램(처리) 효과가 유의하다고 해석할 수 있다.

## 2.2 Stata 예제: 성향점수 매칭

**데이터 파일: S_data2_1.dta**

본 소절에서는 Stata에서 성향점수를 추정한 후 처리그룹에 매칭되는 대조그룹 표본을 찾는 코딩에 대해 설명한다. PSM 결과는 Stata 14 버전 이상에서 사용할 수 있는 teffects psmatch 명령어를 통해 얻는다. 처리여부 방정식은 다음과 같이 로짓모형으로 설정한다. 처리여부 변수는 $jobtrain$(직업훈련 여부)이고 성과 변수는 $lwage$(로그 임금)변수이다.

$$\ln\left[\frac{\Pr(T_i=1|X)}{1-\Pr(T_i=1|X)}\right]=\beta_0+\beta_1 exp_i+\beta_2 south_i+\beta_3 fem_i+\beta_4 ed_i+\beta_5 blk_i \qquad (2.4)$$

프로그램 시행 전(before program) $t=1$ 시점만 이용하여 성향점수를 추정하고, 그 점수에 근거하여 K-nearest 매칭($k=1$) 결과를 얻고자 한다. 이에 대한 Stata 코드와 결과는 그림 2.1에서 보여준다.

### 그림 2.1 teffects psmatch 명령어

```
. use S_data2_1, clear

. gen obs=_n

. teffects psmatch (lwage) (jobtrain exp south fem ed blk ) if t==1, gen(match) nn(1)

Treatment-effects estimation                   Number of obs      =        595
Estimator      : propensity-score matching     Matches: requested =          1
Outcome model  : matching                                     min =          1
Treatment model: logit                                        max =          7
------------------------------------------------------------------------------
             |              AI Robust
       lwage |      Coef.   Std. Err.      z    P>|z|     [95% Conf. Interval]
-------------+----------------------------------------------------------------
ATE          |
```

```
   jobtrain |
   (1 vs 0)  |  -.0174669   .0302786    -0.58   0.564    -.076812    .0418781
------------------------------------------------------------------------------

. predict pscore, ps
```

teffects psmatch 명령문의 옵션으로 gen(match)는 처리그룹 각 표본에 매칭되는 대조그룹에 속한 id를 변수로 저장한다. 주의할 점은 teffects psmatch 실행 이전에 obs 변수를 생성하는 것이다. 각 표본에 1부터 순서대로 번호를 매긴 변수이다. nn(1) 옵션은 성향 점수가 가장 가까운 1명을 매칭하는 것이다. 그러나 명령문 실행결과를 보면 Matches: max=7로 최대 7명이 매칭된 경우가 있다. 매칭된 7명의 성향점수가 모두 같기 때문에 이와 같은 상황이 발생할 수 있다. predict 명령문에서 ps 옵션은 각 표본의 성향 점수 추정치를 계산해서 pscore 변수로 저장한다.

그림 2.2에서는 처리그룹(jobtrian=1)에 매칭된 대조그룹(jobtrain=0) 표본만 남기는 코딩을 제시한다. 처리그룹에 매칭되는 대조그룹 표본은 최대 7개이지만 본 예제에서는 맨 처음 매칭되는 match1 변수만 사용한다.[*] 처리그룹 표본($i$)과 대조그룹 표본($j$)에 대해 $k=1$ 개체를 동일하게 매칭할 수 있다. 즉 중복되는 대조그룹 번호 중 1개만 남긴다. **snapshot save**로 저장해 둔 파일과 1대 1 결합(merge)을 실행한다. 마지막으로 한 번도 매칭되지 않은 대조그룹 표본은 모두 삭제한다.

### 그림 2.2 매칭된 표본만 남기는 코드

```
snapshot save
global snum1=r(snapshot)

keep if t==1 & jobtrain==1
keep match1
ren match1 obs
by obs, sort: keep if _n==1   // 중복되는 번호는 1개만 남긴다.
tempfile file1
save `file1', replace

snapshot restore $snum1
merge 1:1 obs using `file1'
recode _merge (1=0) (3=1)
by id (t), sort: egen ind1=total(_merge)
drop if ind1==0 & jobtrain==0  // 매칭에 사용되지 않는 대조그룹 표본은 삭제한다.

drop obs match* _merge ind1
```

[*] 매칭된 모든 표본을 사용하기 위한 코드는 Tip 2.1에서 제시한다.

```
sort id t

save did_matched, replace // 매칭된 표본 데이터를 저장한다.
```

그림 2.2에 의해 표본의 크기가 변화하는지 확인해보자. 프로그램 시행전(before program) $t=1$ 시점에서 처리그룹에 속한 표본은 297명이고, 대조그룹에 속한 표본은 141명이다. 프로그램 시행 후(after program) $t=2$ 시점에서 같은 수의 표본 개체가 남기 때문에 빈도수는 $t=1$ 시점과 동일하다.

```
. use did_matched, clear

. tab jobtrain if t==1

  jobtrain |      Freq.     Percent        Cum.
------------+-----------------------------------
          0 |        141       32.19       32.19
          1 |        297       67.81      100.00
------------+-----------------------------------
      Total |        438      100.00

. tab jobtrain if t==2

  jobtrain |      Freq.     Percent        Cum.
------------+-----------------------------------
          0 |        141       32.19       32.19
          1 |        297       67.81      100.00
------------+-----------------------------------
      Total |        438      100.00
```

매칭된 표본의 $t=1$ 시점에서 균형성(balance)은 다음과 같이 평균에 대한 $t$ 검정을 통해 확인할 수 있다. 처리여부 방정식에 포함된 외생변수 5개에 대해 $t$ 검정 명령문을 실행한다. $exp$ 변수의 평균은 처리그룹과 대조그룹 간 차이가 없다는 것을 알 수 있다. 즉 평균이 같다는 귀무가설을 기각하지 못한다. 나머지 변수들 역시 두 그룹 간 평균 차이가 없다는 것을 확인할 수 있다.

```
. foreach v in exp south fem ed blk {
  2.        ttest `v' if t==1 , by(jobtrain) unpaired
  3. }

Two-sample t test with equal variances
------------------------------------------------------------------------------
```

```
    Group |     Obs        Mean    Std. Err.   Std. Dev.   [95% Conf. Interval]
----------+--------------------------------------------------------------------
        0 |     141    17.07092    .9432556    11.20054    15.20606    18.93579
        1 |     297    17.78114    .6023883    10.38137    16.59564    18.96665
----------+--------------------------------------------------------------------
combined |     438    17.55251    .5086028    10.64427     16.5529    18.55212
----------+--------------------------------------------------------------------
     diff |           -.7102228    1.089309               -2.851172    1.430726
-------------------------------------------------------------------------------
    diff = mean(0) - mean(1)                                      t =  -0.6520
Ho: diff = 0                                     degrees of freedom =      436

    Ha: diff < 0                 Ha: diff != 0                 Ha: diff > 0
 Pr(T < t) = 0.2574         Pr(|T| > |t|) = 0.5147          Pr(T > t) = 0.7426

        ========================== 결과 생략 ============================
```

## 2.3 Stata 예제: PSM-DID 추정

그림 2.2.에서 생성한 **did_matched.dta** 파일을 이용하여 처리($jobtrain$) 여부에 따른 ATE 추정치를 얻는 과정을 설명한다. 다음과 같이 세 가지 통합회귀(pooling regression) 모형을 설정한다.

$$lwage_i = \alpha + \beta t + \gamma\, jobtrain_i + \theta(t \times jobtrain_i) + e_i \tag{2.5}$$

$$lwage_i = \alpha + \beta t + \gamma\, jobtrain_i + \theta(t \times jobtrain_i) + \theta\, ed_i + e_i \tag{2.6}$$

$$lwage_i = \alpha + \beta t + \gamma\, jobtrain_i + \theta(t \times jobtrain_i) + \theta\, ed_i + \lambda Z_i + e_i \tag{2.7}$$

식 2.5에서는 다른 통제변수는 포함하지 않고 시간 더미변수, 처리그룹 더미변수, 그리고 DID 추정치를 얻기 위한 상호작용 항만 포함한다. 식 2.6에서는 통제변수로 $ed$(교육수준) 변수를 추가한다. 교육수준 변수는 예제 데이터에서 시간불변 변수이다. 1장에서 설명하였듯이 DID 추정모형에서 시간불변 변수는 DID 추정치 $\hat{\theta}$에 영향을 주지 않는다. 식 2.5에서 추정한 $\hat{\theta}$과 식 2.6의 $\hat{\theta}$은 서로 같은 값으로 예상된다. 식 2.7 모형에서는 시간불변 변수 $ed$ 뿐 아니라 시간가변 변수인 $Z_i = [exp,\ exp2,\ union]$ 변수를 통제변수로 포함한다. 시간가변 변수가 포함되어 있기 때문에 $\hat{\theta}$ 추정치가 식 2.5와 차이가 있을 것으로 예상된다.

그림 2.3에서는 매칭된 표본을 이용하여 식 2.5~2.7을 추정한 것뿐만 아니라 매칭 이전 원 데이터(S_data2_1.dta)에서 DID 추정치를 얻어 서로 비교하고자 한다.

## 그림 2.3 DID 추정결과

```
* 원 데이터를 이용한 DID 추정
. use  S_data2_1, clear

. reg lwage i.t##i.jobtrain
      Source |       SS           df       MS      Number of obs   =     1,190
-------------+----------------------------------   F(3, 1186)      =      7.40
       Model |  3.12742587         3  1.04247529   Prob > F        =    0.0001
    Residual |  167.046301     1,186  .140848483   R-squared       =    0.0184
-------------+----------------------------------   Adj R-squared   =    0.0159
       Total |  170.173727     1,189  .143123404   Root MSE        =     .3753

------------------------------------------------------------------------------
       lwage |      Coef.   Std. Err.      t    P>|t|     [95% Conf. Interval]
-------------+----------------------------------------------------------------
         2.t |   .0955351   .0307456     3.11   0.002     .0352133    .1558569
  1.jobtrain |   .0542402   .0307715     1.76   0.078    -.0061324    .1146128
             |
  t#jobtrain |
        2 1  |  -.0110111   .0435174    -0.25   0.800    -.0963909    .0743686
             |
       _cons |   6.348099   .0217404   292.00   0.000     6.305445    6.390753
------------------------------------------------------------------------------

* 매칭된 데이터를 이용한 DID 추정 : 식 2.5
. use did_matched, clear

. reg lwage i.t##i.jobtrain

      Source |       SS           df       MS      Number of obs   =       876
-------------+----------------------------------   F(3, 872)       =      3.78
       Model |  1.61257055         3  .537523518   Prob > F        =    0.0103
    Residual |  123.999804       872   .14220161   R-squared       =    0.0128
-------------+----------------------------------   Adj R-squared   =    0.0094
       Total |  125.612375       875  .143556999   Root MSE        =     .3771

------------------------------------------------------------------------------
       lwage |      Coef.   Std. Err.      t    P>|t|     [95% Conf. Interval]
-------------+----------------------------------------------------------------
         2.t |   .0847072   .0449115     1.89   0.060    -.0034401    .1728545
  1.jobtrain |   .0155649   .0385657     0.40   0.687    -.0601276    .0912574
             |
  t#jobtrain |
        2 1  |  -.0001832   .0545402    -0.00   0.997    -.1072286    .1068621
             |
       _cons |   6.386774   .0317572   201.11   0.000     6.324445    6.449104
------------------------------------------------------------------------------

* 식 2.6
. reg lwage i.t##i.jobtrain ed
      Source |       SS           df       MS      Number of obs   =       876
-------------+----------------------------------   F(4, 871)       =     59.49
```

```
       Model |  26.9555626         4  6.73889065   Prob > F        =    0.0000
    Residual |   98.656812       871  .113268441   R-squared       =    0.2146
-------------+----------------------------------   Adj R-squared   =    0.2110
       Total |  125.612375       875  .143556999   Root MSE        =    .33655

------------------------------------------------------------------------------
       lwage |      Coef.   Std. Err.      t    P>|t|     [95% Conf. Interval]
-------------+----------------------------------------------------------------
         2.t |   .0847072    .040083     2.11   0.035     .0060367    .1633777
  1.jobtrain |   .0208009   .0344212     0.60   0.546    -.0467573    .0883591
             |
 t#jobtrain |
        2 1  |  -.0001832   .0486764    -0.00   0.997    -.0957201    .0953536
             |
          ed |   .0592298   .0039597    14.96   0.000     .0514581    .0670016
       _cons |   5.619727   .0585914    95.91   0.000      5.50473    5.734724
------------------------------------------------------------------------------
```

```
* 식 2.7
. reg lwage i.t##i.jobtrain exp exp2 union ed
      Source |       SS           df       MS      Number of obs   =       876
-------------+----------------------------------   F(7, 868)       =     70.86
       Model |  45.6777784         7  6.52539691   Prob > F        =    0.0000
    Residual |  79.9345962       868  .092090549   R-squared       =    0.3636
-------------+----------------------------------   Adj R-squared   =    0.3585
       Total |  125.612375       875  .143556999   Root MSE        =    .30346

------------------------------------------------------------------------------
       lwage |      Coef.   Std. Err.      t    P>|t|     [95% Conf. Interval]
-------------+----------------------------------------------------------------
         2.t |   .0692401   .0361587     1.91   0.056    -.0017287    .1402089
  1.jobtrain |   .0055951    .031139     0.18   0.857    -.0555214    .0667115
             |
 t#jobtrain |
        2 1  |   .0041293   .0438976     0.09   0.925    -.0820286    .0902872
             |
         exp |   .0367434   .0039726     9.25   0.000     .0289463    .0445405
        exp2 |  -.0006453   .0000976    -6.61   0.000    -.0008368   -.0004538
       union |   .0987586   .0227033     4.35   0.000     .0541989    .1433184
          ed |   .0714773   .0038115    18.75   0.000     .0639965    .0789581
       _cons |   5.064483   .0664576    76.21   0.000     4.934047    5.194919
------------------------------------------------------------------------------
```

원 데이터를 이용한 DID 추정치는 $\hat{\theta}=$ -0.0110111이고, 매칭된 데이터에서는 $\hat{\theta}=$ -0.0001832임을 알 수 있다. (유의성에 대한 해석은 잠시 논외로 하였을 때) 매칭된 표본의 DID 추정치가 훨씬 작다는 것을 알 수 있다. 관찰된 외생변수에 의한 선택편의를 통제하고, 관찰되지 않는 시간불변 요인까지 통제하면, 정책 프로그램 효과가 훨씬 작아지는 것을 예상할 수 있다. 식 2.6 모형에서는 관찰된 시간불변 변수인 $ed$ 변수만 포함하고 있기 때문에 $\hat{\theta}=$ -0.0001832으로서 식 2.5의 추정결과와 같다. 마지막으로 식 2.7 모형에서는 임금에 영향을 미치는 관찰된 시간가변 요인까지 포함하고 있다. (유의성에 대한 해석은 논외로 하면) 직업훈련 처리효과는 오히려 임금에 긍정적으로 나타난다. 즉 직업훈련 프로그램에 참여하면 임금이 0.41% 더 높아진다고 해석할 수 있다.*

## 2.4 Stata do file

```
use S_data2_1, clear
gen obs=_n
teffects psmatch (lwage) (jobtrain exp south fem ed blk ) if t==1, ///
gen(match)  nn(1)
predict pscore, ps

snapshot save
global snum1=r(snapshot)

keep if t==1 & jobtrain==1
keep match1
ren match1 obs
by obs, sort: keep if _n==1
tempfile file1
save `file1', replace

snapshot restore $snum1
merge 1:1 obs using `file1'
recode _merge (1=0) (3=1)
by id (t), sort: egen ind1=total(_merge)
drop if ind1==0 & jobtrain==0

drop obs match* _merge ind1
sort id t

save did_matched, replace

tab jobtrain if t==1
tab jobtrain if t==2

foreach v in exp south fem ed blk {
        ttest `v' if t==1 , by(jobtrain) unpaired
}

use  S_data2_1, clear
reg lwage i.t##i.jobtrain

use did_matched, clear
reg lwage i.t##i.jobtrain
```

* 예제 데이터는 실습을 위해 임의로 만든 데이터이기 때문에 추정결과에 대한 학술적 의미는 두지 않는다.

```
reg lwage i.t##i.jobtrain ed
reg lwage i.t##i.jobtrain exp exp2 union ed
```

### Tip 2.1 ● Multiple 매칭인 경우 데이터 세트 만들기

그림 2.2에서는 match1 변수만 이용하여 매칭된 표본을 찾았다. 그러나 매칭된 표본 정보는 match1~match7 변수에 담겨져 있다. 이를 모두 사용하여 매칭된 표본을 찾는 코드를 다음과 같이 제시한다. 그림 2.2와 대부분 같은 코드이지만 이테릭체로 표시된 부분만 차이가 있다는 것을 확인할 수 있다.

```
use S_data2_1, clear
gen obs=_n
teffects psmatch (lwage) (jobtrain exp south fem ed blk ) if t==1, ///
gen(match) nn(1)
predict pscore, ps

snapshot save
global snum1=r(snapshot)

keep if t==1 & jobtrain==1
keep match*
stack match*, into(match) clear
drop if match==.
ren match obs
by obs, sort: keep if _n==1
tempfile file1
save `file1', replace

snapshot restore $snum1
merge 1:1 obs using `file1'
recode _merge (1=0) (3=1)
by id (t), sort: egen ind1=total(_merge)
drop if ind1==0 & jobtrain==0

drop obs match* _merge ind1
sort id t
```

실행 결과를 보면, 프로그램 시행전인 $t=1$ 시점에서 처리그룹과 대조그룹에 속한 표본 수는 다음과 같다.

```
. tab jobtrain if t==1
```

```
   jobtrain |      Freq.     Percent        Cum.
------------+-----------------------------------
          0 |        207       41.07       41.07
          1 |        297       58.93      100.00
------------+-----------------------------------
      Total |        504      100.00
```

앞에서 match1 변수만 사용한 경우에는 대조그룹 표본 수가 141명이었는데, match 1~match7 변수를 모두 사용한 경우, 대조그룹 표본 수가 207명으로 증가했다는 것을 알 수 있다. match 변수를 모두 사용한 경우 DID 추정 회귀모형에서 자유도가 증가하는 장점이 있다.

# CHAPTER 03 Regression Discontinuity Design

## 3.1 RDD 기본 개념

어떤 정책 프로그램의 적용 여부는 외생적인 기준(소득 또는 점수)에 의해서 결정될 수 있다. 2014년부터 시행된 기초연금은 65세 이상이면서 소득 인정액이 70%인 어르신으로 한정하여 지급하고 있다. 즉 소득 기준에 따라 기초연금 프로그램의 대상여부가 결정된다. 이와 같이 외생적인 기준에 의해 프로그램의 적용이 결정되는 프로그램 디자인을 사용하여 처리효과를 식별하는 것이 RDD(Regression Discontinuity Design)이다. 즉, 외생적인 프로그램 적용 룰을 이용하여 처리그룹과 대조그룹을 나누고 적용 기준점(cut-off point) 주위에서 처리효과를 계산한다. RDD에서 처리효과는 실험적(experiment) 설계는 아니지만 그와 유사한 준실험적(quasi-experiment) 설계 하에서 처리효과를 추정하는 것과 같다.

처리여부 $T_i$는 다음과 같이 외생적인 변수 $s_i$에 의해서 결정된다고 가정하자.

$$\begin{aligned} &T_i = 1 \quad \text{if } s_i \geq s^* \ : \text{처리그룹} \\ &T_i = 0 \quad \text{if } s_i < s^* \ : \text{대조그룹} \end{aligned} \tag{3.1}$$

여기에서 $s_i$를 가령 개인 $i$의 소득이라고 가정하면 소득이 일정 수준($s^*$) 이상이어야 프로그램 대상이 되고, 그 이하이면 대상이 아니게 된다. 이러한 프로그램 배정을 sharp design이라고 부른다. 처리 여부를 결정하는 $s^*$값을 분계점(threshold 또는 cut-off point)이라고 부른다. $s^*$는 알려져 있다고 가정하자. 처리 여부를 결정하는 $s_i$ 변수를 forcing variable 또는 running variable이라고 부른다.

RDD의 또 다른 예제로는 일정 학점 이상이면 장학금을 받는 경우, 학급당 학생 수가 일정 이상인 경우에만 보조교사 1명이 더 투입되는 학교 프로그램, 일정 나이 이상이면 범죄 형량이 높아지는 경우, 거주기간이 5년 이상이면 출산보조금 혜택을 받는 경우 등을 들 수 있다.

RDD에서 프로그램 적용(treatment)과 running variable $s_i$의 관계에 대해 다음과 같이 가정한다. 첫째, 처리 여부는 $s_i$ 변수에 의해 외생적으로 결정되고 무작위 배정이 아니다. 둘째, 분계점인 $s^*$에서 성과변수 $Y_i$의 불연속성(discontinuity)이 존재한다. 그림 3.1에서는

$Y_i$와 $s_i$가 선형관계(linear relationship)이면서 $s_i$에서 불연속성을 보여주는 경우를 보여주고 있다. 이 그림에서 분계점은 $s^* = 4$이다.

**그림 3.1 분계점(cut-off point)에서 불연속적인 성과**

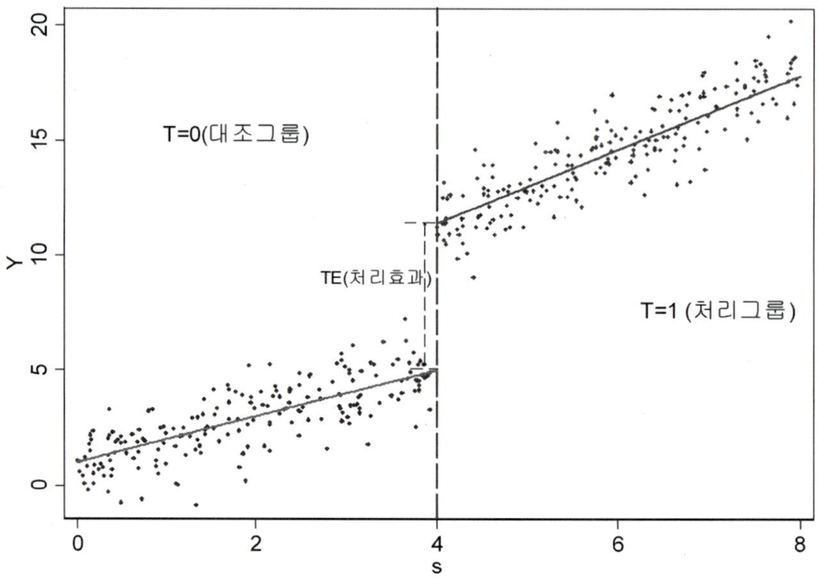


그림 3.1에서 처리효과는 다음과 같이 식별할 수 있다. 다음의 식 3.2에서 $\delta$가 처리효과이고, 식 3.3에서는 평균 처리효과(ATE)가 정의되어 있다.

$$Y_{1i} = Y_{0i} + \delta \tag{3.2}$$

$$ATE = E(Y_{1i} - Y_{0i} | s = s^*) \tag{3.3}$$

RDD에서 정책프로그램 적용 이전(pre-treatment period)의 평균 성과 $E(Y_{0i} | s)$가 $s^*$에서 연속적 함수라고 가정하면 $\delta = Y^+ - Y^-$로 계산할 수 있다. 여기에서 $Y^+$와 $Y^-$는 다음과 같이 $s^*$ 주위에서 우측과 좌측 극한값으로 정의된다.

$$Y^+ = \lim_{s \downarrow s^*} E(Y_i | s_i) \quad \text{그리고} \quad Y^- = \lim_{s \uparrow s^*} E(Y_i | s_i)$$

$$TE = \lim_{s \downarrow s^*} E(Y_i | s_i) - \lim_{s \uparrow s} E(Y_i | s_i) = Y^+ - Y^- \tag{3.4}$$

결과적으로 그림 3.1에서 $s^* = 4$ 근방(neighborhood) 오른쪽과 왼쪽의 평균 차이로 처리효과가 식별된다. 식 3.4에 대한 증명은 부록 3.1에 설명한다.

위와 같은 처리효과 식별전략은 구체적으로 다음과 같다. 프로그램이 적용되면 $s^*$보다 바로 위에 있는 개인들의 평균 성과는 $s^*$보다 바로 아래에 있는 개인들의 평균 성과보다 더 높아진다. 처리 이전 상황에서는 $s$와 $Y$가 연속적이라는 가정이 성립한다면 프로그램 적용 이후 $s^*$에서 $Y$ 변수의 불연속성 발생은 단지 프로그램 적용 여부에 의해서만 설명될 수 있다. 분계점 주위(바로 위와 바로 아래)에 있는 개인들은 서로 유사한 특성(characteristics)을 가지고 있기 때문에 프로그램이 적용된 이후 두 그룹의 평균 차이가 처리효과에 대한 적절한 추정치가 된다.

## 3.2 ATE 추정: Sharp Design

sharp design에서 ATE는 앞 절에서 설명하였듯이 다음과 같이 추정할 수 있다.

$$ATE = Y^+ - Y^- = E(Y_i|s^* < s_i < s^* + \epsilon) - E(Y_i|s^* - \epsilon < s_i \le s^*) \tag{3.5}$$

식 3.4에서 $\epsilon \to 0$이면 ATE는 분계점인 $s^*$에서 $T=1$ 그룹과 $T=0$ 그룹의 기댓값의 차이와 같아진다. 여기에서 $g_1(s) = E(Y_i \mid T=1, s)$와 $g_0(s) = E(Y_i \mid T=0, s)$으로 정의하면 다음이 성립한다.

$$ATE = g_1(s^*) - g_0(s^*) \tag{3.6}$$

식 3.6의 ATE 추정에서 고려해야 할 사항을 생각해보자. 첫째, $\epsilon$의 범위를 어느 정도로 할 것인가의 문제이다. $\epsilon$의 범위가 너무 작다면 일치추정량을 얻을 수 있지만 신뢰성(reliability) 문제가 있을 수 있다. $\epsilon$의 범위가 너무 크다면 $s^*$ 주위에서 훨씬 떨어진 표본까지 포함하기 때문에 가성적인 처리효과(spurious treatment effect)가 추정될 가능성이 있다.

둘째, $g() = E(Y|s)$ 함수를 어떻게 추정할 것인가의 문제이다. 가장 단순하게 생각할 수 있는 방법은 대상이 되는 표본에 동일한 가중치(equal weight)를 주고 평균을 계산하는 것이다. 아래 식 3.7과 3.8에서는 $s^*$에서 떨어진 거리와 상관없이 동일한 가중치를 주고 있기 때문에 ATE가 과대추정(overestimate)될 가능성이 크다. 즉 $E(Y_{0i} \mid s_i)$가 $s^*$ 주위에서 증가함수 또는 감소함수일 가능성을 고려하지 않는다.

$$E(Y_i \mid s^* < s_i \le s^* + \epsilon) = \frac{\sum_{i=1}^{n} Y_i I(s_i \in [s^*, s^* + \epsilon]}{\sum_{i=1}^{n} I(s_i \in [s^*, s^* + \epsilon]} \tag{3.7}$$

$$E(Y_i| s^* - \epsilon < s_i \le s^*) = \frac{\sum_{i=1}^{n} Y_i I(s_i \in [s^* - \epsilon, s^*]}{\sum_{i=1}^{n} I(s_i \in [s^* - \epsilon, s^*]} \tag{3.8}$$

단순 평균 대신 선형함수(linear function) 또는 이차함수(quadratic function) 형태를 가정할 수도 있지만 여전히 가중치의 문제를 해결하지 못한다. $s^*$에 가까운 표본에 더 많은 가중치를 주는 local linear regression 또는 local polynomial regression의 아이디어를 활용할 수 있다. 이는 $s_i$의 특정한 값 $s$의 주위에 있는 표본에 많은 가중치를 주고 선형함수인 $g()$ 함수를 추정하는 방식이다.

$$g(s) = E(Y_i| s_i = s) = a(s) + b(s)s_i \tag{3.9}$$

위 식에서 $a(s)$와 $b(s)$를 추정하기 위해서 다음과 같은 목적함수를 최소화한다.

$$\min_{a(s),b(s)} \sum_{i=1}^{n} (Y_i - a(s) - b(s)S_i)^2 K\left(\frac{S_i - s}{h}\right) \tag{3.10}$$

여기에서 $K()$은 특정한 값 $s$ 주위에 속할수록 더 많은 가중치를 주는 커널함수(kernel function)이다. 일반적으로 Gaussian 커널함수를 사용한다. $h > 0$는 $s$ 주위 범위를 결정하는 역할을 한다. $h$가 클수록 $s$의 넓은 범위 표본에 대해 선형함수로 가정하게 된다. 식 3.10을 최소화 하는 $\hat{a}(s)$과 $\hat{b}(s)$을 $s$ 값에서 얻을 수 있다. 식 3.9의 $g(s)$ 함수를 선형함수보다 더 일반화된 형태인 다항함수(polynomial function)로 가정하고 식 3.10를 최소화하는 것을 local polynomial regression으로 이해할 수 있다.*

RDD는 분계점 $s^*$ 주위(좌측과 우측)에 있는 성과 평균 차이를 계산하는 것이다. 따라서 $s^*$에서 멀리 떨어진 지점의 처리효과에 대해서는 논의하지 않는다. 이러한 특징으로 인해 RDD에서 구한 ATE를 LATE(Local ATE)라고 부른다.

* local polynomial regression에 대해서는 Fan and Gijbels(1996)을 참고하라.

## 3.3 ATE 추정: Fuzzy Design

sharp design에서는 forcing variable인 $s^*$를 기준으로 처리그룹에 속한 모든 개체는 반드시 프로그램에 참여한다. 그러나 처리그룹에 속하지만(eligible) 정책 프로그램에 참여 또는 신청하지 않는 사람이 있을 수 있다. 또는 처리그룹 자격이 없지만 프로그램에 참여하고 있는 개인도 있을 수 있다. 가구소득이 90% 이하면 아동수당을 받을 자격이 되지만 주민센터에 신청해야만 지급대상이 된다. 이와 같이 처리그룹에 속할 자격(eligibility)과 실제 프로그램 참여(participation) 여부에 차이가 있는 경우를 fuzzy design이라고 부른다.

fuzzy RDD는 RDD에서 도구변수(instrumental variable)를 사용하는 것과 유사한 버전이다. 처리효과 추정과정에서 도구변수를 이용하는 것에 대해서는 본서의 4장에서 자세히 다룬다. 분계점 $s^*$ 좌측과 우측에서 처리를 받을 가능성이 불연속적이라고 가정한다. 처리를 받을 가능성(potential treatment) 변수를 $z_i$라고 가정하자. 이러한 가능성은 다음과 같이 forcing variable $s_i$에 의해 1과 0의 값을 갖는다.

$$z_i = 1 \ \text{ if } \ s_i \geq s^* \text{ 이고 } z_i = 0 \ \text{ if } \ s_i < s^*$$

실제 처리여부(observed compliance) $T$는 $z_i$에 의해서 결정되며 $s^*$ 주위에서 $E(T(z_i)|s^*)$는 연속적이라고 가정한다. $s = s^*$에서 실제로 처리그룹에 속한 표본과 대조그룹에 속한 표본에 대한 처리효과는 다음과 같이 식별될 수 있다.

$$LATE = \frac{\lim\limits_{s \downarrow s^*} E(Y|s = s^*) - \lim\limits_{s \uparrow s^*} E(Y|s = s^*)}{\lim\limits_{s \downarrow s^*} E(T|s = s^*) - \lim\limits_{s \uparrow s^*} E(T|s = s^*)} \tag{3.11}$$

fuzzy design 하에서는 sharp design에서 ATE를 추정하는 과정과 유사하지만 배정된 그룹의 룰을 따르지 않는 개인의 비율로 수정된 처리효과를 계산해야 한다. 식 3.11에 대해 다음 식 3.12과 같이 $s^*$ 주위의 일정 범위를 정하여 추정할 수 있다(Hahn et al., 2001).

$$\begin{aligned} LATE &= \frac{E(Y_i|s^* < s_i < s^* + \epsilon) - E(Y_i|s^* - \epsilon < s_i < s^*)}{E(T_i|s^* < s_i < s^* + \epsilon) - E(T_i|s^* - \epsilon < s_i < s^*)} \\ &= \frac{Y^+ - Y^-}{T^+ - T^-} \end{aligned} \tag{3.12}$$

만약 sharp design이라면 식 3.12에서 분모 부분은 $s^*$의 우측 근방에서는 모두 처리그룹에 속하고, $s^*$ 좌측 근방에서는 모두 대조그룹에 속하기 때문에 1이 되며, 이 경우 LATE는 식 3.4의 LATE와 같아진다.

$$E(T_i | s^* < s_i < s^* + \epsilon) = 1$$
$$E(T_i | s^* - \epsilon < s_i < s^*) = 0$$

## 3.4 Stata 예제: Sharp RDD

data file: S_data3_1.dta*

예제는 음주가 허용되는 나이가 법적으로 정해져 있는 경우 음주 허용(treatment)이 사망률에 미치는 인과관계를 추정하고자 한다(Agrist and Pischke 2015). 법적으로 허용된 나이는 21세이다. 21세 이상 연령그룹의 사망률이 21세 미만 그룹보다 높을 것으로 예상한다. 본 예제에서 분계점(cut-off point)은 21이 된다. *agecell*은 연령 변수이고 *all* 변수는 각 연령그룹의 인구 10만 명 당 사망자 수이다. 그림 3.2에서는 *all* 변수와 *agecell* 변수의 관계를 산포도(scatter plot)로 보여준다.

**그림 3.2 산포도: *agecell*과 all**

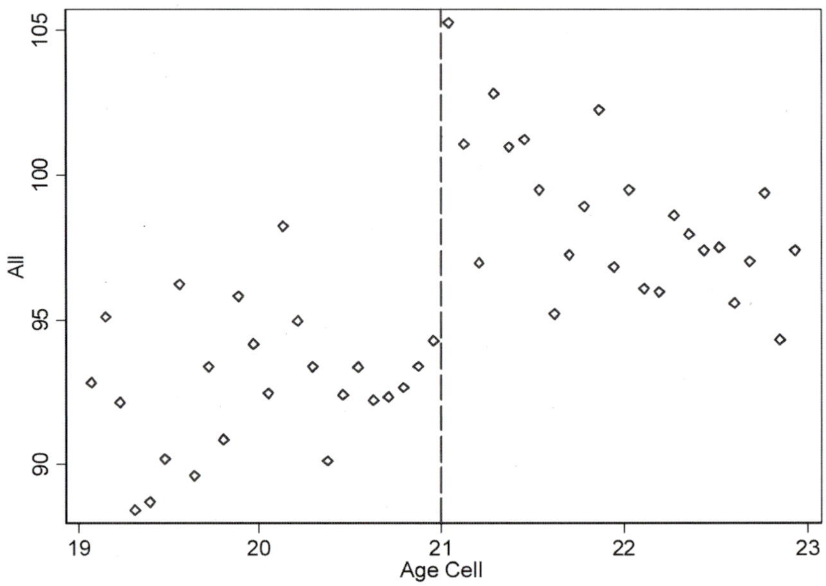


* 예제 데이터는 Agrist and Pischke(2015) 4장에서 인용하였다.

그림 3.2에서 $agecell=21$이 분계점으로 표시되어 있다. 나이가 많아질수록 사망률이 높아지는 추세임을 알 수 있다. 그러나 21세 미만 그룹에서는 사망률이 전체적으로 낮은 편이고, 21세 이상 그룹에서는 이에 비해 사망률이 높은 편이다. 왼쪽 그룹(21세 미만)은 $T_i=0$(대조그룹)이고 오른쪽 그룹(21세 이상)은 $T_i=1$(처리그룹)으로 sharp design의 예시이다. 21세 근처 나이에서 21세 전과 후를 비교하면 사망률이 급격히 증가하였다는 것을 그림 3.2를 통해 알 수 있다.

음주 연령을 제한하는 정책이 사망률에 미치는 효과를 추정하기 위해 다음과 같은 선형 회귀모형 설정이 가능하다.

$$all_i = \alpha + \beta agecell_i + e_i \quad (3.13)$$

$$all_i = \alpha + \beta treat_i + e_i \quad (3.14)$$

$$all_i = \alpha + \beta_1 agecell_i + \beta_2 treat_i + e_i \quad (3.15)$$

식 3.13에서는 *agecell* 변수만 포함되어 있다. 그림 3.3의 추정 결과를 보면, 예상대로 나이가 많아질수록 사망률이 유의하게 높아진다. 식 3.14에서는 음주연령 제한정책 변수인 *treat* 변수만 포함되어 있다. 그림 3.3의 추정 결과를 보면, 역시 양의 값으로 유의하다. 식 3.15에서는 *agecell*과 *treat* 변수가 동시에 포함되어 있다. 그런데 *treat* 변수는 *agecell* 변수 값이 21보다 큰 값인지 여부를 가리는 더미변수이기 때문에 *treat* 변수와 *agecell* 변수는 거의 겹치는 변수가 된다(다중공선성 문제). 그림 3.3의 추정 결과에서 확인할 수 있듯이 *agecell* 변수는 식별되지 않고 유의하지 않은 것으로 추정된다.

**그림 3.3 선형회귀모형**

```
. recode agecell (min/20.999999=0) (21.0000000/max=1),gen(treat)
. reg all agecell

      Source |       SS           df       MS      Number of obs   =        48
-------------+----------------------------------   F(1, 46)        =     23.65
       Model |  234.216256         1  234.216256   Prob > F        =    0.0000
    Residual |  455.604303        46  9.90444137   R-squared       =    0.3395
-------------+----------------------------------   Adj R-squared   =    0.3252
       Total |  689.820559        47  14.6770332   Root MSE        =    3.1471

------------------------------------------------------------------------------
         all |      Coef.   Std. Err.      t    P>|t|     [95% Conf. Interval]
-------------+----------------------------------------------------------------
     agecell |   1.940006   .3989419     4.86   0.000     1.136978    2.743035
       _cons |   54.93259   8.390085     6.55   0.000     38.04423    71.82096
------------------------------------------------------------------------------
```

```
. reg all treat

      Source |       SS           df       MS      Number of obs   =        48
-------------+----------------------------------   F(1, 46)        =     61.77
       Model |  395.377256         1  395.377256   Prob > F        =    0.0000
    Residual |  294.443303        46  6.40094138   R-squared       =    0.5732
-------------+----------------------------------   Adj R-squared   =    0.5639
       Total |  689.820559        47  14.6770332   Root MSE        =      2.53

------------------------------------------------------------------------------
         all |      Coef.   Std. Err.      t    P>|t|     [95% Conf. Interval]
-------------+----------------------------------------------------------------
       treat |   5.740044   .7303505     7.86   0.000     4.269925    7.210163
       _cons |    92.8027   .5164358   179.70   0.000     91.76317    93.84223
------------------------------------------------------------------------------

. reg all agecell treat

      Source |       SS           df       MS      Number of obs   =        48
-------------+----------------------------------   F(2, 45)        =     32.99
       Model |  410.138151         2  205.069075   Prob > F        =    0.0000
    Residual |  279.682408        45  6.21516463   R-squared       =    0.5946
-------------+----------------------------------   Adj R-squared   =    0.5765
       Total |  689.820559        47  14.6770332   Root MSE        =     2.493

------------------------------------------------------------------------------
         all |      Coef.   Std. Err.      t    P>|t|     [95% Conf. Interval]
-------------+----------------------------------------------------------------
     agecell |  -.9746843   .6324613    -1.54   0.130    -2.248527    .2991581
       treat |   7.662709   1.440286     5.32   0.000     4.761824    10.56359
       _cons |   112.3097   12.66811     8.87   0.000     86.79485    137.8246
------------------------------------------------------------------------------
```

성과변수인 $all$ 변수와 forcing variable인 $s_i = agecell$ 변수의 관계가 선형함수라고 가정하자. 식 3.6의 $g(s_i) = \alpha + \beta s_i$와 같이 1차 함수로 설정한다. 처리효과 추정치를 그림 3.4에서 보여준다. 처리그룹과 대조그룹 표본에서 각각 선형회귀모형을 추정했을 때, $s^* = 21$에서 예측값인 $\widehat{all}$의 차이를 TE로 간주할 수 있다.

**그림 3.4 분계점=21에서 TE**

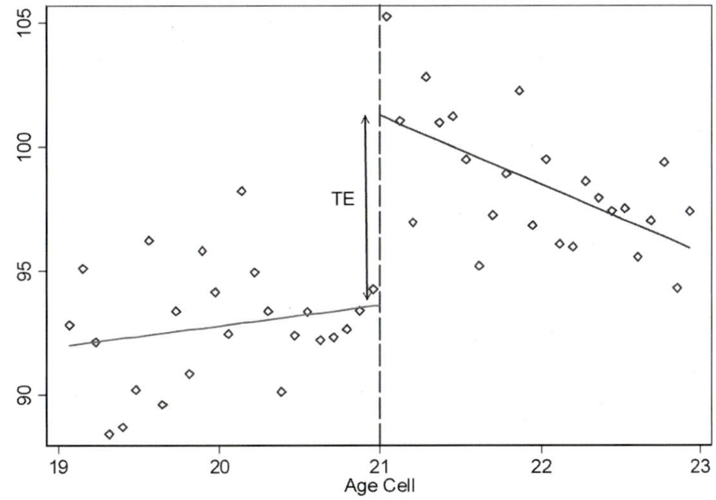


선형회귀모형은 $s^*$ 근처에 있는 표본만 이용한 것이 아니고 각 그룹의 전체 표본을 이용하고 있다. 또한 성과변수($all$)가 $s_i$의 연속함수라고 가정할 때 함수형태가 1차 함수(linear function)일 필요는 없다. 따라서 $s^*$의 일정 근방에 있는 표본만 이용하여 local linear regression을 적용하여 LATE를 추정할 수도 있다.

Stata에서 Calonico et al.(2014)가 작성한 rdrobust 패키지를 이용하여 RDD에서 LATE를 추정할 수 있다.* 먼저 분계점=21에서 성과변수의 불연속성이 존재하는지 그림으로 판단하기 위해 rdplot 명령어를 아래와 같이 활용한다. rdplot 명령어 다음에 성과변수 $all$과 forcing variable인 $agecell$ 변수를 순서대로 입력한다. c( ) 옵션에서 분계점를 지정한다. p(1)은 $g(s)$ 함수 가정을 국지적으로(locally) 1차 함수로 가정하는 옵션이다. 식 3.10의 가중치를 결정하는 커널함수는 triangular 함수를 사용한다. kernel( ) 옵션에서 triangular 함수뿐 아니라 다른 함수를 가중치 함수로 사용할 수 있다. 가령 kernel(uniform)은 균등분포를 커널함수로 사용하고 kernel(epa)는 epanechnikov 함수를 커널함수로 사용한다.

* findit rdrobust 명령문을 입력하여 다운로드 받은 후 사용할 수 있다.

**그림 3.5 rdplot 명령문 : polynomial order 1**

```
. rdplot all agecell, c(21) p(1)

RD Plot with evenly spaced mimicking variance number of bins using spacings
estimators.

         Cutoff c = 21 | Left of c  Right of c          Number of obs  =         48
----------------------+----------------------          Kernel         =    Uniform
         Number of obs |        24          24
    Eff. Number of obs |        23          23
   Order poly. fit (p) |         1           1
      BW poly. fit (h) |     1.932       1.932
 Number of bins scale  |     1.000       1.000

Outcome: all. Running variable: agecell.
---------------------------------------------
                      | Left of c  Right of c
----------------------+----------------------
         Bins selected |         4           5
    Average bin length |     0.483       0.386
     Median bin length |     0.483       0.386
----------------------+----------------------
     IMSE-optimal bins |         3           5
   Mimicking Var. bins |         4           5
----------------------+----------------------
Rel. to IMSE-optimal: |
         Implied scale |     1.333       1.000
      WIMSE var. weight |     0.297       0.500
     WIMSE bias weight |     0.703       0.500
---------------------------------------------
```

**그림 3.6 rdplot 결과 그래프: p(1) 옵션**

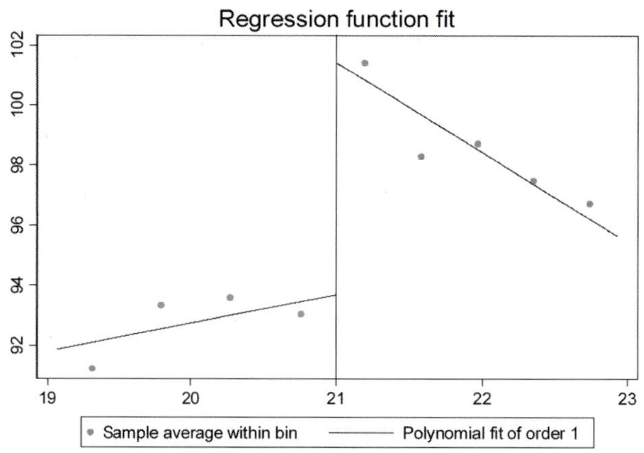

그림 3.5 명령문 결과 도출된 그래프를 그림 3.6에서 보여준다. 앞선 그림 3.4와 거의 같다는 것을 알 수 있다. p(1) 옵션에서 1차 함수를 가정하고 있기 때문이다. 그림 3.4와 다른 점은 산포도 부분이다. 주어진 표본을 모두 산포도로 표현하는 대신 $agecell$의 일정 범위를 정하고, 그 범위 내의 성과변수($all$) 평균을 산포도로 표현하고 있다.

rdplot 명령문에서 p( ) 옵션을 지정하지 않으면 p(4)가 지정된다. $g(s)$는 4차 함수로 설정된다. 명령문과 그래프는 다음과 같다. kernel 함수로 epanechnikov 함수를 지정하였다. p( ) 옵션을 쓰지 않았다. 분계점=21의 값에서 성과변수의 불연속성(discontinuity)이 존재하는 것을 알 수 있다.

```
. rdplot all agecell, c(21) kernel(epa)
```

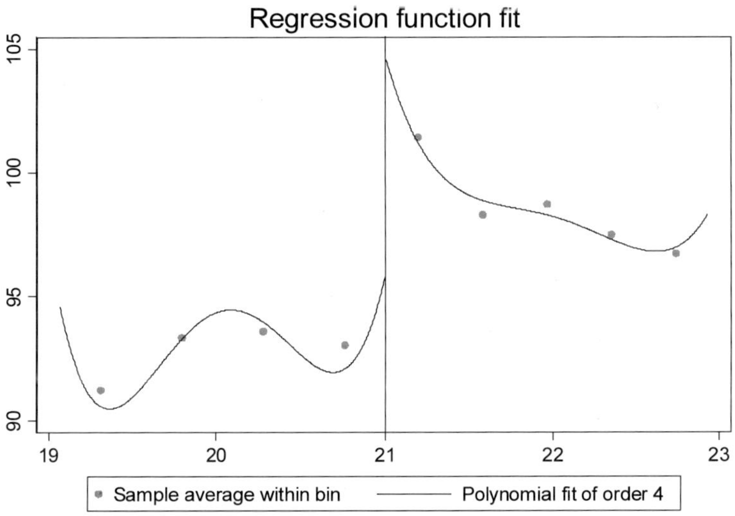


rdplot은 분계점에서 불연속성이 존재하는지 판단하는 명령어이고 LATE 추정결과를 제시하지는 않는다. 식 3.5에서 정의한 LATE를 얻기 위해서는 그림 3.7에 나와 있는 것처럼 rdrobust 명령어를 사용한다. rdrobust 명령어 다음에 성과변수와 running variable을 순서대로 입력한다. c( ) 옵션에서는 분계점를 입력한다. triangular 함수를 kernel 함수로 지정할 수 있다. kernel( ) 옵션을 쓰지 않으면 자동으로 triangular 함수를 kernel 함수로 사용한다. 본 실습에서는 $g(s)$ 함수는 1차 함수로 가정한다. 따라서 p(1) 옵션을 사용한다.[※] $s^*$ 근방

※ 최적 근방범위(bandwidth)와 order를 찾는 목적함수는 평균제곱오차(MSE: mean squared error) 최소화와 유사하다. 목적함수에 대한 좀 더 자세한 논의는 Calonico et al.(2014)를 참고하라.

에 해당하는 $\epsilon$은 BW est. (h)=0.493으로 추정하고 있다. $s^*$의 왼쪽 근방(대조그룹)인 $(21-0.493) < s < 21$에 속한 표본을 이용하여 local linear regression으로 $E(y|s)$를 추정한다. 처리그룹에 속한 $s^*$의 오른쪽 근방 $21 \le s < (21+0.493)$에 속한 표본을 이용하여 역시 local linear regression으로 $E(y|s)$를 추정한다. $E(y|s)$의 차이가 LATE에 해당하며 그림 3.7에서 9.5943으로 추정되었다. 음주를 허용함에 따라 발생하는 사망률 증가는 인구 10만 명 당 9.6명 정도임을 알 수 있다.

**그림 3.7 rdrobust 명령문**

```
. rdrobust all agecell , c(21) kernel(tri)

Sharp RD estimates using local polynomial regression.

     Cutoff c = 21 | Left of c  Right of c            Number of obs =         48
-------------------+----------------------            BW type       =      mserd
     Number of obs |        24          24            Kernel        = Triangular
Eff. Number of obs |         6           6            VCE method    =         NN
    Order est. (p) |         1           1
    Order bias (q) |         2           2
       BW est. (h) |     0.493       0.493
       BW bias (b) |     0.780       0.780
         rho (h/b) |     0.632       0.632

Outcome: all. Running variable: agecell.
--------------------------------------------------------------------------------
            Method |   Coef.    Std. Err.    z     P>|z|    [95% Conf. Interval]
-------------------+------------------------------------------------------------
      Conventional |  9.5943     3.5901   2.6724   0.008    2.55786     16.6307
            Robust |     -          -     2.2052   0.027    1.07736     18.2971
--------------------------------------------------------------------------------
```

rdrobust 명령문에서는 $s^*$의 최적 근방범위(bandwidth)는 목적함수를 최소화 하도록 얻어진다.* 그러나 h( ) 옵션에서 연구자가 직접 bandwidth를 지정할 수도 있다. 그림 3.8에서는 h(1.0) 옵션을 추가하였다. BW est. (h)=1로 설정되어 있음을 알 수 있다. bandwidth를 최적 bandwidth(0.493)보다 넓게 잡으면 LATE=9.7로 추정된다. bandwidth가 넓어지면 더 많은 표본을 이용하여 LATE를 추정하기 때문에 신뢰성(reliability)은 높아지지만 $s^*$의 근방에 속한 표본만을 이용해야 LATE의 불편추정량을 얻을 수 있다는 RDD의 아이디어를 벗어날 수 있다.

* rdrobust 명령어는 내부적으로 rdbwselect 명령어를 이용하여 최적 bandwidth를 구한다.

**그림 3.8 rdrobust 명령문: h( ) 옵션 사용**

```
. rdrobust all agecell, c(21) kernel(tri) h(1.0)

Sharp RD estimates using local polynomial regression.

     Cutoff c = 21 | Left of c  Right of c            Number of obs =         48
-------------------+----------------------            BW type       =     Manual
     Number of obs |        24          24            Kernel        = Triangular
Eff. Number of obs |        12          12            VCE method    =         NN
    Order est. (p) |         1           1
    Order bias (q) |         2           2
       BW est. (h) |     1.000       1.000
      BW bias (b) |     1.000       1.000
        rho (h/b) |     1.000       1.000

Outcome: all. Running variable: agecell.
--------------------------------------------------------------------------------
            Method |   Coef.    Std. Err.     z     P>|z|     [95% Conf. Interval]
-------------------+------------------------------------------------------------
      Conventional |  9.7004      2.3925   4.0544   0.000     5.01106      14.3897
            Robust |     -          -      2.5694   0.010     2.23905      16.6404
--------------------------------------------------------------------------------
```

## 3.5 Stata 예제: Fuzzy RDD

data file: S_data3_2.dta*

예제 데이터는 한국의료패널(Korea Health Panel: KHP) 2015년 서베이 데이터에서 추출하였다. medicare 변수는 조사 대상 개인이 의료급여 수급자이면 1이고, 건강보험 가입자이면 0인 더미변수이다. 이는 본 실습에서 처리그룹과 대조그룹을 구분하는 변수이다. 즉 $medicare=1$이면 처리그룹이고, $medicare=0$이면 대조그룹이다. 의료급여 수급자 자격은 개인이 속한 가구의 월 소득에 의해 결정된다고 가정하자. 가령 월 소득이 150만 원 이하인 경우에만 의료급여 수급자가 된다. 그러나 소득 조건을 만족하더라도 모두 의료급여 수급자를 선택하는 것은 아니다. 신청을 하지 않거나 다른 부양가족 조건이 있는 경우에는 수급자가 되지 않을 수도 있다. 그러나 이런 상황을 감안하더라도 150만 원 소득 이하인 경우 의료급여 수급자 비율이 150만 원 이상 그룹에 비해 높을 것으로 예상할 수 있다.

성과변수는 *num_visit*(1년 동안 외래 이용 횟수)이고, forcing variable은 *m_income*(가구 월 소득: 만 원) 변수이다. 우리는 의료급여 수급자라는 처리(treatment)가 외래이용을 더 많

* 예제 데이터는 실습을 위해 저자가 임의로 생성한 데이터이다. 실습결과에 학술적 의미를 부여할 필요는 없다.

이 하는지에 대한 처리효과를 추정하고자 한다. *medicare* 변수는 가구원이 의료급여 수급자 여부를 나타내는 더미변수이다. 그림 3.9는 소득 기준과 의료수급자 비율을 이원빈도표(two-way frequency table)로 보여준다. *ind1* 변수는 월 소득이 150만 원 이하이면 1이고, 그 이상 소득이면 0인 더미변수이다. *ind1*=1로 소득기준으로는 의료수급 자격(eligibility)이 되지만 의료수급자가 아닌 사람은 약 10.7%이다. 150만 원 이상 소득인 경우 의료수급자는 7.5%이다. 150만 원 소득 이하 그룹에서 의료수급자 비율이 월등히 높지만, 오로지 소득 기준만 가지고 의료수급이라는 처리(treatment)가 결정되는 것은 아니라는 것을 알 수 있다.

**그림 3.9 소득 기준과 의료수급자 빈도표**

```
. use S_data3_2, clear

. recode m_income (min/150=0) (150.00001/max=1), gen(ind1)
(1010 differences between m_income and ind1)

. tab ind1 medicare, row

           |  RECODE of IND_c11
 RECODE of |   (의료보장형태)
  m_income |         0          1 |     Total
-----------+----------------------+----------
         0 |        40        334 |       374
           |     10.70      89.30 |    100.00
-----------+----------------------+----------
         1 |       588         48 |       636
           |     92.45       7.55 |    100.00
-----------+----------------------+----------
     Total |       628        382 |     1,010
           |     62.18      37.82 |    100.00
```

처리 변수($T_i$)에 해당하는 *medicare* 변수가 불연속적인지 rdplot 명령어를 이용하여 그래프로 그렸다. $s^* = 150$의 왼쪽에서는 $E(T_i) \approx 1$에 가깝고 $s^* = 150$의 오른쪽에서는 $E(T_i) \approx 0$에 가까운 값으로서 분계점에서 불연속성이 존재하는 것을 알 수 있다.

```
. rdplot medicare m_income, c(150) p(1) kernel(epa)
```

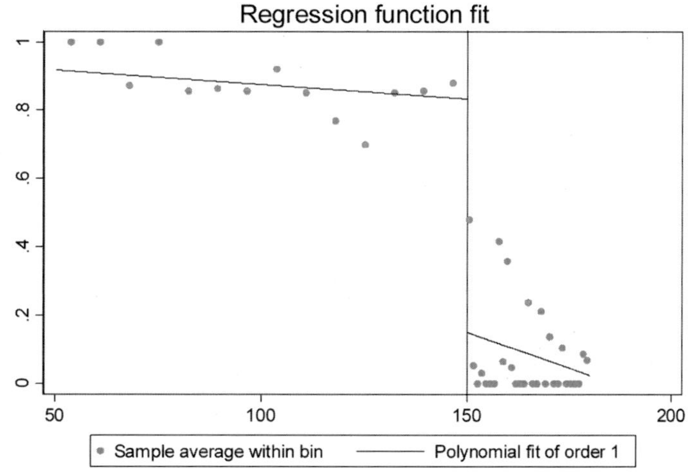


다음 그림에서는 forcing variable인 *m_income* 변수가 성과변수의 불연속성에 영향을 미치는지 살펴본다. 마찬가지로 rdplot 명령어를 사용할 수 있다. 함수 형태는 2차 함수로 가정하고, kernel 함수는 epanechnikov 함수로 설정하였다. 소득 150만 원을 기준으로 소득이 더 높은 그룹에서 외래이용(*num_visit*)이 더 많고 불연속성이 존재한다고 이해할 수 있다.

```
. rdplot num_visit m_income , c(150) p(2) kernel(epa)
```

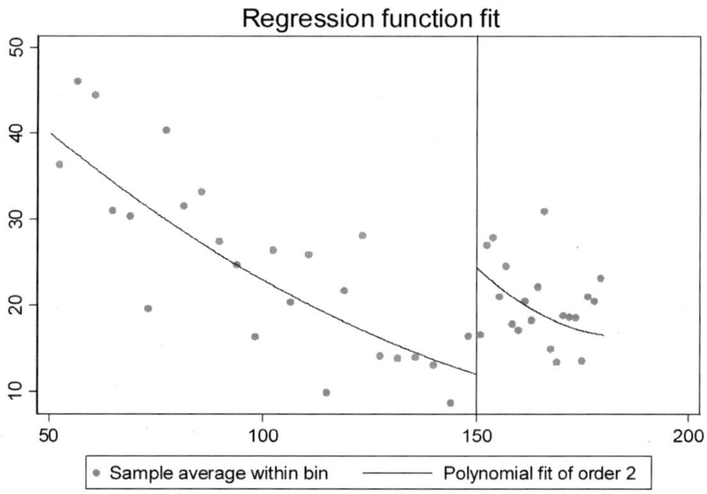

앞서 언급하였듯이 소득기준(150만 원)과 처리상태 변수(*medicare*)는 서로 정확히 일치하는 것은 아니다. sharp design 대신 fuzzy design 공식인 식 3.12을 이용하여 LATE를 추정해 보았다. $s^*$의 최적 근방범위(bandwidth) $\epsilon$를 정하고 $g(s)$에 대한 최적 함수형태를 결정하면 LATE를 추정할 수 있다. rdrobust 명령어를 이용하고 fuzzy( ) 옵션을 사용해야 한다. fuzzy( ) 옵션에서는 treatment status 변수에 해당하는 *medicare* 변수를 지정한다.

### 그림 3.10 LATE 추정: fuzzy design

```
. rdrobust num_visit m_income, c(150) kernel(epa) fuzzy(medicare)

Fuzzy RD estimates using local polynomial regression.

     Cutoff c = 150 | Left of c  Right of c            Number of obs =        1010
--------------------+----------------------            BW type       =       mserd
      Number of obs |       364         646            Kernel        = Epanechnikov
 Eff. Number of obs |        28         206            VCE method    =          NN
     Order est. (p) |         1           1
     Order bias (q) |         2           2
        BW est. (h) |     8.905       8.905
       BW bias (b) |    16.151      16.151
         rho (h/b) |     0.551       0.551

First-stage estimates. Outcome: medicare. Running variable: m_income.
--------------------------------------------------------------------------------
             Method |   Coef.    Std. Err.    z     P>|z|    [95% Conf. Interval]
--------------------+-----------------------------------------------------------
       Conventional | -.43032     .16589   -2.5940  0.009   -.755453     -.105183
             Robust |    -          -      -1.7625  0.078   -.692467      .036741
--------------------------------------------------------------------------------

Treatment effect estimates. Outcome: num_visit. Running variable: m_income. Treatment
Status: medicare.
--------------------------------------------------------------------------------
             Method |   Coef.    Std. Err.    z     P>|z|    [95% Conf. Interval]
--------------------+-----------------------------------------------------------
       Conventional | -.38835     18.683   -0.0208  0.983   -37.0073      36.2306
             Robust |    -          -       0.3364  0.737   -35.6512      50.4238
--------------------------------------------------------------------------------
```

그림 3.10 결과에 따르면 최적 근방범위는 bandwidth=8.9이고, 함수형태는 order=1이 된다. 즉 국지적으로 1차 함수형태를 추정하는 것이 최적이다. First-stage estimate 결과에서는 소득 기준에 따라 *medicare* 처리 비율이 43% 정도 차이가 있는 것으로 나타났다. 분계점 cut-off point=150만원 왼쪽에서의 *medicare* 비율이 150만원 오른쪽 *medicare* 비율보다 43% 더 높다. Treatment effects estimates 결과를 해석하면 다음과 같다. LATE= -0.388로

소득이 $s^* = 150$만 원보다 약간 낮은 개인은 $s^* = 150$보다 약간 높은 개인에 비해 외래이용 횟수가 (1년 동안) 0.38번 더 높다. 그러나 이 추정치는 통계적으로 유의하지 않다. 의료급여 수급자는 병의원 방문 시 본인 부담금이 거의 들지 않기 때문에 외래이용이 과다할 수 있다고 예상할 수 있지만, 의료수급이라는 처리효과는 병원이용 횟수에 유의한 영향을 미치지 않는다.

## 3.6 Stata do file

```
set seed 1234
clear
set obs 200
gen e=1*rnormal()
gen x=4*runiform()
gen y=1+1*x+e

gen e1=1*rnormal()
gen x1=4+4*runiform()
gen y1=5+1.6*x1+e1

*그림 3.1
twoway (scatter y x, msymbol(dh) msize(tiny) ) ///
(function y=1+1*x, range(0 4)) ///
(scatter y1 x1 , msymbol(+) msize(tiny) ) ///
(function y=5+1.6*x, range(4 8)) , ///
xline(4, lpattern(longdash)) legend(off) ytitle("Y") xtitle("s")

*Sharp design 예제
use S_data3_1, clear
recode agecell (min/20.999999=0) (21.0000000/max=1),gen(treat)
tab treat

*그림 3.2
twoway (scatter all agecell, msymbol(dh)) , xline(21, lpattern(longdash))

reg all agecell
reg all treat
reg all agecell treat

reg all agecell if treat==0
predict yhat0
reg all agecell if treat==1
predict yhat1

*그림 3.4
twoway (scatter all agecell, msymbol(dh))  ///
```

```
(line yhat0 agecell if treat==0) ///
(line yhat1 agecell if treat==1) , ///
xline(21, lpattern(longdash)) legend(off)

* rdplot and rdrobust
rdplot all agecell, c(21) p(1)
rdplot all agecell, c(21) kernel(epa)
rdrobust all agecell , c(21) kernel(tri)
rdrobust all agecell, c(21) kernel(tri) h(1.0)

*Fuzzy design
use S_data3_2, clear
recode m_income (min/150=0) (150.00001/max=1), gen(ind1)
tab ind1 medicare, row
rdplot medicare m_income, c(150) p(1) kernel(epa)

rdplot num_visit m_income , c(150) p(2) kernel(epa)
rdrobust num_visit m_income, c(150) kernel(epa) fuzzy(medicare)
```

## 부록 3.1: 식 3.4 증명

개인 $i$의 처리 효과를 다음과 같이 정의하자. 개인 $i$가 처리를 받았을 때의 성과와 처리를 받지 않았을 때의 성과 차이가 처리효과이다.

$$Y_{1i} = Y_{0i} + TE_i$$

$\epsilon > 0$으로 가정하면 $s^* + \epsilon$ 범위에서는 처리그룹에 속하기 때문에 다음 식이 성립한다.

$$\begin{aligned} E(Y_i | s_i = s^* + \epsilon) &= E(Y_{1i} | s_i = s^* + \epsilon) \\ &= TE_i + E(Y_{0i} | s_i = s^* + \epsilon) \end{aligned} \qquad \text{(A1)}$$

$E(Y_{0i}|s_i)$ 함수는 연속적이라고 가정하였기 때문에 $\epsilon \to 0$이라면 다음이 성립한다.

$$Y^+ = \lim_{s \downarrow s^*} E(Y_i | s_i = s^*) = TE_i + E(Y_{0i}|s_i = s^*) \qquad \text{(A2)}$$

동일한 아이디어로 식 A1을 $E(Y_i | s_i = s^* - \epsilon)$에 적용하면 .

$$E(Y_i | s_i = s^* - \epsilon) = E(Y_{0i} | s_i = s^* - \epsilon) \qquad \text{(A3)}$$

$\epsilon \to 0$이면 식 A3의 극한값은 식 A4가 된다.

$$Y^{-} = \lim_{s \uparrow s^*} E(Y_i | s_i = s^*) = E(Y_{0i} | s_i = s^*) \tag{A4}$$

식 A2에서 식 A4를 빼주면 다음 결과를 얻는다.

$$Y^{+} - Y^{-} = \lim_{s \downarrow s^*} E(Y_i | s^*) - \lim_{s \uparrow s^*} E(Y_i | s^*) = TE_i$$

# CHAPTER 04 | 도구변수와 처리효과

## 4.1 내생성과 도구변수

처리(treatment) 여부($T_i$) 가 무작위 배정(random assignment)이 아닐 때 선택편의의 문제가 발생한다고 1장에서 설명하였다. 각 개인의 선택이 관찰되지 않는 요인(unobservable factors)에 의해 발생하는 경우 ATE를 추정하는 방법론으로 도구변수(instrumental variable: IV)를 활용할 수 있다. 처리변수를 더미변수로 포함시킨 다음과 같은 회귀모형을 설정하자.

$$Y_i = \alpha + \beta X_i + \gamma T_i + e_i \tag{4.1}$$

식 4.1에서 $\hat{\gamma}$을 ATE의 불편추정량으로 받아들이기 위해서는 $cov(T_i, e_i) = 0$ , 즉 처리변수의 외생성(exogeneity)이 성립해야 한다. 외생성의 의미는 $T_i$ 여부가 성과변수인 $Y_i$와 무관하게 주어져야 한다는 것이다. 식 4.1에 포함되지 않은 요인(unobservable factor)은 오차항 $e_i$에 포함되는데, 그러한 요인이 $T_i$와 무관하지 않다면 처리변수의 내생성(endogeneity) 문제가 발생한다. 가령 $T_i$가 직업훈련(job training) 여부이고 $Y_i$는 임금이라고 가정하자. 관찰되지 않는 요인으로 가령 개인의 성실성(diligence)이 임금에 영향을 미치지만 식 4.1 모형에 포함되지 않았다고 해보자. 그런데 개인 성실성은 직업훈련 참여 여부와도 관련이 있다고 판단할 수 있다. 이러한 상황인 경우 $T_i$는 내생적 처리변수(endogenous treatment)가 된다.

본 소절에서는 내생적 처리변수가 있는 회귀모형에서 선택편의의 존재 여부를 증명하고자 한다(Cerulli 2015; 3장). 다음과 같이 처리변수만 설명변수로 가진 단순 선형회귀모형을 가정하자.

$$Y_i = \alpha + \gamma T_i + e_i \tag{4.2}$$

OLS 추정량 공식에 따라 $\gamma = E(Y_i | T_i = 1) - E(Y_i | T_i = 0)$ 이 된다. $\hat{\gamma}$은 처리그룹의 성과 평균과 대조그룹 성과 평균의 차이로 얻어진다. 단순 선형회귀모형에서 OLS 추정량 $\hat{\gamma}$은 다음과 같이 구할 수도 있다.

$$\hat{\gamma} = \frac{cov(Y, T)}{var(T)} \tag{4.3}$$

성과변수 $Y$의 실제 값이 다음과 같이 생성된다고 가정하자. 즉 앞의 식 4.2에서 (관찰되지 않는) $w$ 변수가 오차항에 포함되어 있다고 보면, 식 4.2에서 $e_i = \beta w_i + v_i$가 된다. 즉 다음과 같다.

$$Y_i = \alpha + \beta w_i + \gamma T_i + v_i \tag{4.4}$$

이 식에서 $Y_i$를 식 4.2의 OLS 추정량인 $\hat{\gamma}$에 적용하면 다음과 같이 풀어 쓸 수 있다.

$$\begin{aligned} \hat{\gamma} &= \frac{cov(Y, T)}{var(T)} = \frac{cov(\alpha + \beta w + \gamma T + v, T)}{var(T)} \\ &= \frac{\gamma var(T) + \beta cov(w, T)}{var(T)} = \gamma + \beta \frac{cov(w, T)}{var(T)} \end{aligned} \tag{4.5}$$

위 식에서 마지막 결과를 보면, $cov(w, T) \neq 0$일 때 $\hat{\gamma} \to \gamma$가 되지 못하는 것을 알 수 있다. 처리변수 $T$가 식 4.2의 오차항 $e$와 상관관계가 있는 경우에 해당한다. 식 4.5의 마지막 부분을 다시 쓰면 다음과 같다.*

$$\hat{\gamma} = \gamma + \beta\,[E(w|T=1) - E(w|T=0)] \tag{4.6}$$

식 4.6에서 $E(w|T=1) \neq E(w|T=0)$이면 선택편의(selection bias)가 존재하고 결과적으로 식 4.2에서 OLS 추정량 $\hat{\gamma}$이 ATE로 해석될 수 없다.

식 4.2에서 $\hat{\gamma}$을 일치추정량으로 회복시키기 위해서 도구변수(instrumental variable) $z$를 사용할 수 있다.** 도구변수는 일정 조건을 만족해야 한다. 그림 4.1에서는 내생적인 처리변수와 도구변수의 관계를 경로모형으로 나타내고 있다.

**그림 4.1 도구변수 조건**

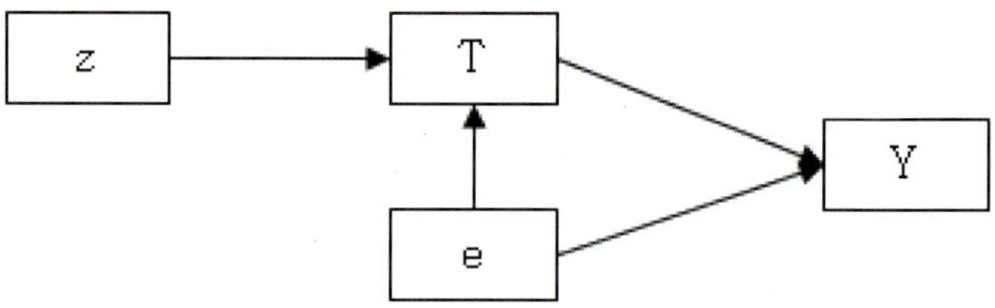


* 식 4.2에서 $\gamma = E(Y_i | T_i = 1) - E(Y_i | T_i = 0)$ 임을 이용한다.

** 도구변수에 대한 논의는 민인식 · 최필선(2019b) 13장을 참고하라.

그림 4.1에서 $e \rightarrow T$는 처리변수와 오차항이 서로 상관관계가 있다는 의미이다. $z \rightarrow T$는 도구변수 $z$는 처리변수 $T$와 직접적으로 연관이 있다는 의미이다. 도구변수 $z$와 오차항 $e$는 서로 화살표로 연결되어 있지 않기 때문에 오차항 $e$와 도구변수 $z$는 서로 상관관계가 없다. 종합적으로 도구변수는 다음 두 가지 조건을 만족해야 한다.

첫째, 도구변수 $z$는 처리변수 $T$와 직접적으로 연관되어 있다.
둘째, 도구변수 $z$는 성과변수 $Y$와 직접적으로 상관관계가 없다.

도구변수 조건을 만족하는 $z$가 있다면 $cov(z, e) = 0$ 이라는 사실을 이용하여 다음과 같이 $\hat{\gamma}_{IV}$를 얻을 수 있다.

$$cov(z, e) - cov(z, Y - \alpha - \gamma T) = cov(z, Y) - \gamma cov(z, T) = 0$$
$$\hat{\gamma}_{IV} = \frac{cov(Y, z)}{cov(z, T)} = \frac{cov(\alpha + \beta w + \gamma T + v, z)}{cov(z, T)} = \frac{\gamma cov(T, z)}{cov(z, T)} = \gamma \tag{4.7}$$

위 식의 증명에서 $cov(v, z) = cov(w, z) = 0$을 이용하고 있다. 식 4.2의 단순 선형회귀모형에서 도구변수 $z$를 이용하여 식 4.7의 추정량을 얻으면 $\hat{\gamma}_{IV}$는 $\gamma$에 대한 일치추정량이 된다.

## 4.2 Wald 추정량

도구변수가 이항변수(binary variable)이고 내생적 처리변수가 존재할 때 일치추정량을 구할 수 있는 Wald 추정량에 대해서 설명한다. Wald 추정량은 가장 단순한 형태의 도구변수 추정량이라고 말할 수 있다.

다음과 같이 단순 선형회귀모형에서 $cov(T, e) \neq 0$ 이라고 가정하자. 도구변수는 이항변수인 $z_i \in \{0,1\}$이다.

$$Y_i = \alpha + \gamma T_i + e_i \tag{4.8}$$

식 4.7을 이용하면 $\hat{\gamma}$은 다음과 같이 표현할 수 있다.

$$\hat{\gamma}_{IV} = \frac{cov(Y, z)}{cov(z, T)} = \frac{cov(Y, z)/var(z)}{cov(z, T)/var(z)} \tag{4.9}$$

여기에서 식 4.9의 분자와 분모는 다음의 식 4.10과 식 4.11의 단순 선형회귀모형에서 계수와 일치한다.

$$Y_i = \delta_1 + \delta_2 z_i + \epsilon_{1i} \tag{4.10}$$

$$T_i = \theta_1 + \theta_2 z_i + \epsilon_{2i} \tag{4.11}$$

도구변수 $z_i$가 이항(더미)변수이면 $\hat{\delta}_2$와 $\hat{\theta}_2$는 식 4.12와 식 4.13과 같이 계산할 수 있다.

$$\hat{\delta}_2 = \hat{E}(Y_i | z_i = 1) - \hat{E}(Y_i | z_i = 0) \tag{4.12}$$

$$\hat{\theta}_2 = \hat{E}(T_i | z_i = 1) - \hat{E}(T_i | z_i = 0) \tag{4.13}$$

결과적으로 $\hat{\gamma}_{IV}$는 다음과 같이 계산할 수 있다.

$$\hat{\gamma}_{IV} = \frac{\hat{\delta}_2}{\hat{\theta}_2} = \frac{(1/n_1)\sum_{z\in 1} Y_i - (1/n_0)\sum_{z\in 0} Y_i}{(1/n_1)\sum_{z\in 1} T_i - (1/n_0)\sum_{z\in 0} T_i}$$

여기에서 $n_1$과 $n_0$는 $z=1$인 표본의 크기와 $z=0$인 표본의 크기를 의미한다. Wald 추정량은 3장의 fuzzy design에서 ATE를 추정하는 공식과 매우 유사하다는 것을 알 수 있다(3장 식 3.12을 참고). fuzzy design에서 RDD 추정량은 $s_i$를 도구변수로 선택하는 도구변수 아이디어라고 이해할 수 있다.

## 4.3 최우추정량과 Control 함수 추정량

Wald 추정량에 비해 좀 더 일반적인 선형회귀모형에서 도구변수 추정량을 얻는 방법에 대해 논의하고자 한다. 처리변수가 내생적인 선형회귀모형을 구조모형시스템(structural equation system)으로 쓰면, 식 4.14와 4.15와 같다.

$$Y_i = \alpha + \beta X_i + \gamma T_i + e_i \tag{4.14}$$

$$T^*_i = \theta_1 + \theta_2 X_i + \theta_3 z_i + u_i \tag{4.15}$$

$$T_i = 1 \ \text{ if } \ T^*_i > 0 \quad \text{ and } \quad T_i = 0 \ \text{ if } \ T^*_i \le 0$$

식 4.15에서 $T^*_i$는 더미변수 $T_i$를 결정하는 잠재변수(latent variable)로 사용하고 있다. $z_i$는 도구변수이고 연속형 변수 또는 이항변수일 수도 있다. 식 4.15의 $X_i$와 식 4.14의 $X_i$는 반드시 같은 변수일 필요는 없지만 일반적으로 같은 변수조합을 선택한다. 그러나 식 4.15에서 최소한 1개 이상 변수($z_i$)는 식 4.14에서 사용하지 않는 설명변수여야 한다.*

식 4.14에서 $T_i$ 변수의 내생성(endogeneity)은 $cov(e_i, u_i) \neq 0$ 이라는 조건으로 주어진다. $\gamma$의 일치추정량을 구하기 위해 Greene(2000)에서는 최우추정법(maximum likelihood estimation: MLE)을 사용한다. 식 4.14및 식 4.15의 오차항 $e_i$와 $u_i$에 대해 이변량 정규분포(bivariate normal distribution)를 가정한다. 일반적인 프로빗 모형에서와 같이 $var(u_i) = 1$로 가정한다. $corr(e_i, u_i) = \rho \neq 0$ 으로 가정하고, 따라서 $cov(e_i, u_i) = \rho\sigma$ 임을 쉽게 보일 수 있다.

$$(e_i, u_i) \sim BN\left[\begin{pmatrix}0\\0\end{pmatrix}, \begin{pmatrix}\sigma^2 & \rho\sigma\\ \rho\sigma & 1\end{pmatrix}\right] \tag{4.16}$$

식 4.16의 오차항 가정 하에서 식 4.14와 식 4.15 모형을 동시에 추정하여 $\hat{\gamma}_{MLE}$를 얻을 수 있다. 로그 우도함수를 구축할 때 $T_i = 1$와 $T_i = 0$ 일 때 $\ln L_i$ 를 구분해야 한다. 처리그룹에 속한 표본($T_i = 1$)의 로그 우도함수 값은 다음과 같이 쓸 수 있다.

$$\ln L_i = \ln\Phi\left(\frac{\theta_1 + \theta_2 X_i + \theta_3 z_i + (Y_i - \alpha - \beta X_i - \gamma)/(\rho/\sigma)}{\sqrt{1-\rho^2}}\right) - \frac{1}{2}\left(\frac{Y_i - \alpha - \beta X_i - \gamma}{\sigma}\right)^2 - \ln(\sigma\sqrt{2\pi})$$

여기에서 $\Phi()$는 표준정규분포의 누적분포함수(cumulative distribution function)이다. 다음으로 대조그룹에 속한 표본($T_i = 0$)의 로그 우도함수 값은 위 식과 유사하게 다음과 같이 쓸 수 있다.

$$\ln L_i = \ln\Phi\left(\frac{\theta_1 + \theta_2 X_i + \theta_3 z_i + (Y_i - \alpha - \beta X_i)/(\rho/\sigma)}{\sqrt{1-\rho^2}}\right) - \frac{1}{2}\left(\frac{Y_i - \alpha - \beta X_i}{\sigma}\right)^2 - \ln(\sigma\sqrt{2\pi})$$

처리그룹과 대조그룹의 각 표본에 대해 $\ln L_i$를 구축한 후 다음과 같이 이를 최대화 시키는 모수 추정치를 구한 결과가 $\hat{\gamma}_{MLE}$가 된다.

$$\max_{\{\alpha, \beta, \theta_1, \theta_2, \theta_3, \rho, \sigma\}} \sum_{i=1}^{n} \ln L_i$$

---

* 이를 exclusion restriction이라고 부른다.

식 4.14와 4.15 시스템 하에서 $\gamma$의 일치추정량을 얻기 위해 Maddala(1983)는 Control function을 이용한 two-step 추정량을 제안하였다. 식 4.14에서 $E(Y_i | X_i, z_i, T_i)$을 표현하면 다음과 같다.

$$E(Y_i | X_i, z_i, T_i) = \alpha + \beta X_i + \gamma T_i + E(e_i | u_i) \quad (4.17)$$

여기에서 $E(e_i | u_i) = 0$이면 식 4.14에 대한 OLS 추정량이 일치추정량이 된다. 그러나 내생적인 $T_i$인 경우 $E(e_i | u_i) \neq 0$이 된다. $T_i = 1$과 $T_i = 0$ 그룹에 따라 $E(e_i | u_i)$은 다음과 같이 구할 수 있다는 것을 증명할 수 있다(부록 4.1 참고).

$$E(e_i|u_i) = E(e_i|u_i > -\theta_1 - \theta_2 X_i - \theta_3 z_i) = \rho\sigma \frac{\phi(a)}{1-\Phi(a)} \quad \text{if } T_i = 1 \quad (4.18)$$

$$E(e_i|u_i) = E(e_i|u_i \leq -\theta_1 - \theta_2 X_i - \theta_3 z_i) = \rho\sigma \frac{-\phi(a)}{\Phi(a)} \quad \text{if } T_i = 0 \quad (4.19)$$

여기에서 $a \equiv -(\theta_1 + \theta_2 X_i + \theta_3 z_i)$ 이고, $\phi()$는 표준정규분포의 확률밀도함수(probability density function)이다.

식 4.18과 식 4.19를 control function이라고 부른다. 1단계 추정에서는 식 4.15에 대해 프로빗 모형을 추정하여 식 4.18과 식 4.19를 구성하는 $\phi(a)$와 $\Phi(a)$를 얻는다. 2단계 추정에서는 식 4.18과 식 4.19의 control function을 추가적인 통제변수로 포함하여 식 4.14를 추정한다. 아래의 식 4.20에서 OLS 추정을 적용하여 $\hat{\gamma}_{IV}$를 구한다.

$$Y_i = \alpha + \beta X_i + \gamma T_i + \rho\sigma h_i + v_i \quad (4.20)$$

$$h_i = \frac{\phi(a)}{1-\Phi(a)} \quad \text{if } T_i = 1$$

$$h_i = \frac{-\phi(a)}{\Phi(a)} \quad \text{if } T_i = 0$$

## 4.4 Stata 예제

data file: S_data4_1.dta*

예제 데이터에서는 여성의 교육수준이 출산율에 미치는 처리효과를 추정하고자 한다. 다른 통제변수를 고려하지 않은 단순 선형회귀모형은 다음과 같다.

$$children_i = \alpha + \gamma\, educ7_i + e_i \tag{4.21}$$

여기에서 성과변수인 $children$은 그 여성이 출산한 아이 수이며, 처리변수 $educ7$는 7년 이상 교육을 받았으면 1이고, 7년 미만 교육을 받았으면 0인 더미변수이다. 처리변수인 $educ7$ 변수가 외생적(random assignment)이라면 $\hat{\gamma}_{OLS}$는 ATE로 간주할 수 있다. 앞서 논의한 것처럼 설명변수가 이항변수(binary variable) 1개인 경우 $\hat{\gamma}_{OLS} = \overline{Y}_1 - \overline{Y}_0$ 계산결과와 일치한다. 식 4.21에 대한 추정결과가 그림 4.2에 나와 있다.

**그림 4.2 외생적인 처리변수 가정**

```
. use S_data4_1, clear

. recode educ (min/6=0) (7/max=1),gen(educ7)

. reg children educ7

      Source |       SS           df       MS      Number of obs   =     4,361
-------------+----------------------------------   F(1, 4359)      =    810.08
       Model |  3373.65898         1  3373.65898   Prob > F        =    0.0000
    Residual |  18153.5174     4,359  4.16460596   R-squared       =    0.1567
-------------+----------------------------------   Adj R-squared   =    0.1565
       Total |  21527.1763     4,360  4.93742577   Root MSE        =    2.0407

------------------------------------------------------------------------------
    children |      Coef.   Std. Err.      t    P>|t|     [95% Conf. Interval]
-------------+----------------------------------------------------------------
       educ7 |  -1.770068   .0621908   -28.46   0.000    -1.891994   -1.648143
       _cons |    3.25129   .0463564    70.14   0.000     3.160408    3.342172
------------------------------------------------------------------------------

. su children if educ7==1& e(sample)==1

    Variable |        Obs        Mean    Std. Dev.       Min        Max
-------------+---------------------------------------------------------
    children |      2,423    1.481222    1.617781          0          9
```

* 예제 데이터는 Wooldridge(2008)에서 인용하였다.

```
. su children if educ7==0& e(sample)==1

    Variable |       Obs        Mean    Std. Dev.       Min        Max
-------------+--------------------------------------------------------
    children |     1,938     3.25129    2.469705          0         13

. di 1.48122-3.25129
-1.77007
```

위 결과화면에서 알 수 있듯이 $\hat{\gamma}_{OLS} = -1.770$이다. 즉 교육수준이 높은 경우에 출산한 아이 숫자가 1.77명 줄어든다. 이러한 처리효과는 $\overline{Y}_1 = 1.481$과 $\overline{Y}_0 = 3.251$의 차이와 일치한다.

Wooldridge(2010) 예제에서는 *educ7* 변수를 내생적으로 가정한다. 교육수준이 출산율에 영향을 미칠 수 있지만 출산으로 인해 교육이 중단될 수 있는 경우도 가정한다. 이러한 모형에서 도구변수로 *frsthalf* 변수를 선택한다. *frsthalf* 변수는 특정 여성의 생월(birth month)이 1월~6월(상반기)이면 1이고 그렇지 않으면 0인 더미변수이다. *frsthalf* 변수가 도구변수로 선택된 이유는 Angrist and Krueger(1991) 연구를 따른 것이다. (미국의 의무교육 시스템 상) *frsthalf* 변수는 *educ7* 변수와 직접적으로 관련이 있다. 그러나 생월 변수는 직접적으로 그 여성의 출산율과는 무관하다. 4.3절에서 설명한 Wald 추정량을 구하기 위해 식 4.21의 회귀모형에서 도구변수로 *frsthalf* 변수를 사용한다.

**그림 4.3 Wald 추정량 (1)**

```
. tab frsthalf educ7, row

     =1 if | RECODE of educ (years
  mnthborn |     of education)
     <= 6 |         0          1 |     Total
-----------+----------------------+----------
         0 |       776      1,228 |     2,004
           |     38.72      61.28 |    100.00
-----------+----------------------+----------
         1 |     1,162      1,195 |     2,357
           |     49.30      50.70 |    100.00
-----------+----------------------+----------
     Total |     1,938      2,423 |     4,361
           |     44.44      55.56 |    100.00

. su children if frsthalf==1

    Variable |       Obs        Mean    Std. Dev.       Min        Max
```

```
-------------+--------------------------------------------------------
    children |      2,357    2.387781    2.305007          0         12

. su children if frsthalf==0

    Variable |        Obs        Mean    Std. Dev.       Min        Max
-------------+--------------------------------------------------------
    children |      2,004    2.126747    2.112158          0         13

.
. su educ7 if frsthalf==1

    Variable |        Obs        Mean    Std. Dev.       Min        Max
-------------+--------------------------------------------------------
       educ7 |      2,357    .5070004    .5000571          0          1

. su educ7 if frsthalf==0

    Variable |        Obs        Mean    Std. Dev.       Min        Max
-------------+--------------------------------------------------------
       educ7 |      2,004    .6127745    .4872375          0          1

. di (2.387781-2.126747)/( .5070004 - .6127745 )
-2.4678442
```

그림 4.3의 첫 번째 결과는 도구변수 $frsthalf$와 $educ7$이 어떻게 관련되어 있는지 빈도표를 보여준다. 생월이 1월~6월인 여성이 $educ7 = 0$ 비율이 49.3%로 매우 높다. 그러나 생월이 7월~12월인 여성은 $educ7 = 0$ 확률이 38%에 불과하다. 상반기에 태어난 여성의 교육수준이 상대적으로 낮다는 것을 확인할 수 있다. 4.2절에서 설명한 Wald 추정량은 다음과 같이 계산할 수 있다. 4개의 평균을 이용하여 공식대로 계산하면 ATE= -2.467이다. 즉 교육수준이 7년 이상인 경우, 7년 미만 교육을 받는 경우에 비해 출산율이 2.467명 감소한다.

$$\hat{\gamma}_{Wald} = \frac{\overline{child}_{frst=1} - \overline{child}_{frst=0}}{\overline{educ7}_{frst=1} - \overline{educ7}_{frst=0}} \tag{4.22}$$

식 4.22 공식으로 계산하면 표준오차(standard error)를 알 수 없고 따라서 유의성을 판단하기 어려운 문제가 발생한다. 4.2절에서 설명하였듯이 식 4.21의 분모와 분자에 해당하는 값은 단순 선형회귀모형에서 추정계수와 같다.

$$children_i = \alpha_1 + \beta_1 \, frsthalf_i + e_{1i} \tag{4.23}$$

$$educ7_i = \alpha_2 + \beta_2 \, frsthalf_i + e_{2i} \tag{4.24}$$

$$\hat{\gamma}_{Wald} = \frac{\hat{\beta}_1}{\hat{\beta}_2}$$

Wald 추정량의 표준오차와 유의성을 얻기 위해 식 4.23와 식 4.24을 SUR(seemingly unrelated regression)로 추정한다. coeflegend 옵션으로 $\hat{\beta}_1$과 $\hat{\beta}_2$ 추정치가 저장된 이름을 확인한다. nlcom 명령어를 이용하여 $\hat{\beta}_1$과 $\hat{\beta}_2$ 두 추정치의 비율에 대한 유의성을 확인할 수 있다. nlcom에서 얻는 Wald 추정치 -2.467은 그림 4.3에서 계산한 결과와 정확히 일치한다. $p$-값이 0.01보다 작기 때문에 ATE가 1% 수준에서 유의하다고 판단한다.

**그림 4.4 Wald 추정량 (2)**

```
. sureg (children frsthalf) (educ7 frsthalf) , coeflegend

Seemingly unrelated regression
--------------------------------------------------------------------------
Equation             Obs   Parms        RMSE    "R-sq"       chi2        P
--------------------------------------------------------------------------
children           4,361       1    2.217965    0.0034      15.00   0.0001
educ7              4,361       1    .4940943    0.0113      49.64   0.0000
--------------------------------------------------------------------------


------------------------------------------------------------------------------
             |      Coef.  Legend
-------------+----------------------------------------------------------------
children     |
    frsthalf |   .2610346  _b[children:frsthalf]
       _cons |   2.126747  _b[children:_cons]
-------------+----------------------------------------------------------------
educ7        |
    frsthalf |   -.105774  _b[educ7:frsthalf]
       _cons |   .6127745  _b[educ7:_cons]
------------------------------------------------------------------------------

.
. nlcom _b[children:frsthalf]/_b[educ7:frsthalf]

       _nl_1:  _b[children:frsthalf]/_b[educ7:frsthalf]

------------------------------------------------------------------------------
             |      Coef.   Std. Err.      z    P>|z|     [95% Conf. Interval]
-------------+----------------------------------------------------------------
       _nl_1 |  -2.467851   .5945045    -4.15   0.000    -3.633059   -1.302644
------------------------------------------------------------------------------
```

4.3절에서 논의한 처리변수의 내생성을 고려한 구조모형 시스템 하에서 추정결과를 얻는 과정에 대해 설명한다. 먼저 그림 4.5에서는 최우추정량을 얻는 Stata 명령문을 보여준다. 추

가적인 통제변수인 $X=\{age, agesq, evermarr, urban\}$를 선택한다. Stata에서 etregress 명령어를 이용하여 내생적 처리변수가 있는 경우 최우추정량을 얻을 수 있다.

### 그림 4.5 최우추정량

```
. etregress children age agesq evermarr urban , treat(educ7 = frsthalf age agesq
evermarr urban ) nolog

Linear regression with endogenous treatment     Number of obs     =      4,361
Estimator: maximum likelihood                   Wald chi2(5)      =    4906.98
Log likelihood =  -10302.93                     Prob > chi2       =     0.0000

------------------------------------------------------------------------------
             |      Coef.   Std. Err.      z    P>|z|     [95% Conf. Interval]
-------------+----------------------------------------------------------------
children     |
         age |   .2488817    .019549    12.73   0.000     .2105664    .2871971
       agesq |  -.0020883   .0003139    -6.65   0.000    -.0027035   -.0014731
    evermarr |   .5071382    .060581     8.37   0.000     .3884016    .6258748
       urban |  -.0562483   .0542154    -1.04   0.300    -.1625085    .0500118
     1.educ7 |  -2.189787   .1293525   -16.93   0.000    -2.443313    -1.93626
       _cons |  -1.822973   .3003103    -6.07   0.000     -2.41157   -1.234375
-------------+----------------------------------------------------------------
educ7        |
    frsthalf |  -.2162584   .0356372    -6.07   0.000    -.2861059   -.1464108
         age |  -.0102267   .0165223    -0.62   0.536    -.0426099    .0221565
       agesq |  -.0007776   .0002695    -2.88   0.004    -.0013058   -.0002493
    evermarr |  -.2319834   .0476475    -4.87   0.000    -.3253708    -.138596
       urban |   .4790058   .0403877    11.86   0.000     .3998474    .5581643
       _cons |   1.005366   .2339134     4.30   0.000     .5469041    1.463828
-------------+----------------------------------------------------------------
     /athrho |   .7557766   .0582802    12.97   0.000     .6415495    .8700037
    /lnsigma |   .4890562   .0198822    24.60   0.000     .4500878    .5280246
-------------+----------------------------------------------------------------
         rho |   .6385825   .0345142                      .5659537     .701376
       sigma |   1.630776   .0324234                       1.56845     1.69558
      lambda |   1.041385   .0745481                      .8952738    1.187497
------------------------------------------------------------------------------
LR test of indep. eqns. (rho = 0):   chi2(1) =    47.65   Prob > chi2 = 0.0000
```

etregress 명령어 다음에 성과변수 $children$을 지정하고 통제변수인 $X$ 변수를 입력한다. 내생적 처리변수인 $educ7$ 변수는 treat 옵션에서 지정해야 한다. treatment equation에서 설명변수는 통제변수 $X$와 도구변수 $frsthalf$ 변수를 입력하였다. 그 외 옵션을 쓰지 않으면 최우추정량 결과를 보여준다. rho=0.638은 오차항의 상관계수 추정치 $corr(e_i, u_i)=\hat{\rho}$이다. 또한 sigma=1.630은 오차항 $e_i$의 표준편차 추정치 $\hat{\sigma}$이다. 마지막 lambda=1.041은

$\hat{\rho} \times \hat{\sigma}$ 이다. 마지막 줄의 LR 검정은 귀무가설이 다음과 같다.

$$H_0: cov(e_i, u_i) = \rho = 0$$

위의 귀무가설을 기각하면 처리변수($educ7$)이 내생적이라는 의미이고 기각하지 못하면 외생적이라고 통계적으로 판단한다. 검정결과 $p$-값이 0.05보다 작기 때문에 처리변수가 내생적이라는 가설검정 결과를 얻는다.

그림 4.5에서 $children$ 회귀모형에서 1.educ7=-2.189가 ATE로 해석된다. 교육수준이 높은 여성의 출산율이 교육수준이 낮은 여성에 비해 2.189명 더 낮고, 이는 통계적으로 유의한 것으로 판단된다.

그림 4.6에서는 control function을 활용한 2단계(two-step) 추정량을 Stata에서 얻는 과정을 설명한다. 먼저 1단계 프로빗 모형에서 종속변수는 처리변수인 $educ7$ 변수가 되고 설명변수는 $X$와 도구변수 $frsthalf$를 사용한다. 식 4.18과 식 4.19의 control function을 구성하는 $\phi(a)$와 $\Phi(a)$를 계산하기 위해서는 predict 명령문을 사용한다. predict 명령문의 옵션으로 pr은 $\Phi(a)$를 계산한다. 또한 predict 옵션으로 xb는 $a$를 계산해 준다. gen 명령문에서 normalden(a2)는 $\phi(a)$가 된다. 마지막으로 a3 변수를 추가적인 통제변수로 포함하고 선형회귀모형을 추정한다.

**그림 4.6 2단계(two-step) control function 추정량 (1)**

```
. probit educ7  frsthalf age agesq evermarr urban, nolog

Probit regression                               Number of obs     =      4,361
                                                LR chi2(5)        =     890.23
                                                Prob > chi2       =     0.0000
Log likelihood = -2550.6729                     Pseudo R2         =     0.1486

------------------------------------------------------------------------------
       educ7 |      Coef.   Std. Err.      z    P>|z|     [95% Conf. Interval]
-------------+----------------------------------------------------------------
    frsthalf |  -.2442646   .0409156    -5.97   0.000    -.3244577   -.1640715
         age |  -.0240061   .0168786    -1.42   0.155    -.0570875    .0090753
       agesq |  -.0004975    .000277    -1.80   0.072    -.0010404    .0000453
    evermarr |  -.2571268   .0479129    -5.37   0.000    -.3510343   -.1632193
       urban |   .4782769   .0409471    11.68   0.000      .398022    .5585319
       _cons |   1.223089   .2370027     5.16   0.000     .7585726    1.687606
------------------------------------------------------------------------------

. predict a1, pr
. predict a2, xb
```

```
. gen a3=normalden(a2)/a1 if educ7==1
(1,938 missing values generated)

. replace a3=-normalden(a2)/(1-a1) if educ7==0
(1,938 real changes made)

. reg children age agesq evermarr urban educ7 a3

      Source |       SS           df       MS      Number of obs   =     4,361
-------------+----------------------------------   F(6, 4354)      =   1007.00
       Model |  12511.2968         6  2085.21613   Prob > F        =    0.0000
    Residual |  9015.87954     4,354  2.07071188   R-squared       =    0.5812
-------------+----------------------------------   Adj R-squared   =    0.5806
       Total |  21527.1763     4,360  4.93742577   Root MSE        =     1.439

------------------------------------------------------------------------------
    children |      Coef.   Std. Err.      t    P>|t|     [95% Conf. Interval]
-------------+----------------------------------------------------------------
         age |   .2540739   .0180854    14.05   0.000     .2186174    .2895304
       agesq |  -.0020481   .0002801    -7.31   0.000    -.0025973   -.0014988
    evermarr |    .545454   .0668205     8.16   0.000     .4144517    .6764562
       urban |  -.1239215    .085456    -1.45   0.147    -.2914588    .0436159
       educ7 |  -1.783715   .4399602    -4.05   0.000    -2.646261   -.9211694
          a3 |   .7900487   .2656113     2.97   0.003     .2693153    1.310782
       _cons |  -2.207438   .4817239    -4.58   0.000    -3.151862   -1.263014
------------------------------------------------------------------------------
```

그림 4.6의 마지막 추정결과를 보면 ATE=-1.783이고 5% 수준에서 유의하다. 또한 a3 변수의 추정계수 0.790은 $\rho \times \sigma$ 에 해당한다. a3=0.790은 그림 4.5의 lambda 추정치(=1.041)와 대응된다.

그림 4.6의 2단계 추정과 같은 결과를 얻기 위해 etregress 명령문과 그 결과를 그림 4.7에서 보여준다. etregress 명령문 구조는 그림 4.5와 거의 같다. 다만 옵션으로 twostep을 추가한다. 추정결과의 아래쪽에 위치한 *educ7* 부분은 그림 4.6의 프로빗 모형 추정결과와 일치한다. *children* 부분은 그림 4.6에서 마지막 reg 명령문 결과와 일치한다. lambda=0.790은 그림 4.6의 a3 변수 추정계수와 같다는 것을 알 수 있다.

**그림 4.7 2단계 control function 추정량 (2)**

```
. etregress children age agesq evermarr urban , treat(educ7 = frsthalf age agesq
evermarr urban ) twostep

Linear regression with endogenous treatment     Number of obs     =      4361
Estimator: two-step                             Wald chi2(9)      =   5844.83
                                                Prob > chi2       =    0.0000

------------------------------------------------------------------------------
             |      Coef.   Std. Err.      z    P>|z|     [95% Conf. Interval]
-------------+----------------------------------------------------------------
children     |
         age |   .2540739   .0194851    13.04   0.000     .2158838    .2922641
       agesq |  -.0020481   .0003023    -6.78   0.000    -.0026405   -.0014556
    evermarr |   .5454539   .0715733     7.62   0.000     .4051729     .685735
       urban |  -.1239214   .0908812    -1.36   0.173    -.3020453    .0542025
       educ7 |  -1.783716   .4653417    -3.83   0.000    -2.695769   -.8716625
       _cons |  -2.207438    .512184    -4.31   0.000      -3.2113   -1.203576
-------------+----------------------------------------------------------------
educ7        |
    frsthalf |  -.2442646   .0409156    -5.97   0.000    -.3244577   -.1640715
         age |  -.0240061   .0168786    -1.42   0.155    -.0570875    .0090753
       agesq |  -.0004975    .000277    -1.80   0.072    -.0010404    .0000453
    evermarr |  -.2571268   .0479129    -5.37   0.000    -.3510343   -.1632193
       urban |   .4782769   .0409471    11.68   0.000      .398022    .5585319
       _cons |   1.223089   .2370027     5.16   0.000     .7585726    1.687606
-------------+----------------------------------------------------------------
hazard       |
      lambda |   .7900488   .2806363     2.82   0.005     .2400118    1.340086
-------------+----------------------------------------------------------------
         rho |    0.50860
       sigma |  1.5533791
------------------------------------------------------------------------------
```

4.3절의 식 4.18과 식 4.19의 control function에서 "hazard"로 표현되는 부분은 다음과 같다.

$$hazard = \frac{\phi(a)}{\Phi(a)} \quad \text{if } educ7=1$$

$$hazard = \frac{-\phi(a)}{1-\Phi(a)} \quad \text{if } educ7=0$$

그림 4.6에서는 hazard 변수를 만들기 위해 Stata의 probit 명령문 이후 predict 명령어를 사용한다. 그림 4.7의 etregress 명령문에서는 옵션으로 hazard( )를 사용하면 그림 4.6의 "a3"에 해당하는 변수를 생성할 수 있다.

그림 4.8에서 etregress 명령문의 옵션으로 hazard(a4)라고 추가하였다. 그림 4.6에서 만든

a3 변수와 a4 변수는 정확히 같은 값을 갖는 변수임을 알 수 있다. a3와 a4는 같은 변수이기 때문에 출산율(children) 식에서 a3 대신 a4 변수를 사용하더라도 *educ7* 변수의 추정계수는 이전 결과와 같다는 것을 확인할 수 있다.

### 그림 4.8 etregress에서 hazard 옵션

```
. qui etregress children age agesq evermarr urban , treat(educ7 = frsthalf age agesq
evermarr urban )  twostep hazard(a4)

. su a3 a4

    Variable |        Obs        Mean    Std. Dev.       Min        Max
-------------+---------------------------------------------------------
          a3 |      4,361   -2.22e-09    .7441865   -1.71173   2.004299
          a4 |      4,361   -9.98e-15    .7441865   -1.71173   2.004298

. reg children age agesq evermarr urban educ7 a4
      Source |       SS           df       MS      Number of obs   =     4,361
-------------+----------------------------------   F(6, 4354)      =   1007.00
       Model |  12511.2968         6  2085.21613   Prob > F        =    0.0000
    Residual |  9015.87953     4,354  2.07071188   R-squared       =    0.5812
-------------+----------------------------------   Adj R-squared   =    0.5806
       Total |  21527.1763     4,360  4.93742577   Root MSE        =     1.439
------------------------------------------------------------------------------
    children |      Coef.   Std. Err.      t    P>|t|     [95% Conf. Interval]
-------------+----------------------------------------------------------------
         age |   .2540739   .0180854    14.05   0.000     .2186174    .2895304
       agesq |  -.0020481   .0002801    -7.31   0.000    -.0025973   -.0014988
    evermarr |   .5454539   .0668205     8.16   0.000     .4144517    .6764562
       urban |  -.1239214    .085456    -1.45   0.147    -.2914587    .0436159
       educ7 |  -1.783716   .4399602    -4.05   0.000    -2.646262   -.9211696
          a4 |   .7900488   .2656113     2.97   0.003     .2693154    1.310782
       _cons |  -2.207438   .4817238    -4.58   0.000    -3.151862   -1.263014
------------------------------------------------------------------------------
```

## 4.5 Stata do file

```
use S_data4_1, clear
recode educ (min/6=0) (7/max=1),gen(educ7)
reg children educ7
su children if educ7==1& e(sample)==1
su children if educ7==0& e(sample)==1
di 1.48122-3.25129

* wald 추정량:  frsthalf as IV
tab frsthalf educ7, row
```

```
su children if frsthalf==1
su children if frsthalf==0

su educ7 if frsthalf==1
su educ7 if frsthalf==0
di (2.387781-2.126747)/( .5070004 - .6127745 )

reg children frsthalf
reg educ7 frsthalf
di 0.261/-0.105
sureg (children frsthalf) (educ7 frsthalf) , coeflegend

nlcom _b[children:frsthalf]/_b[educ7:frsthalf]

*MLE
etregress children age agesq evermarr urban , ///
treat(educ7 = frsthalf age agesq evermarr urban ) nolog

*two-step
probit educ7  frsthalf age agesq evermarr urban, nolog
predict a1, pr
predict a2, xb
gen a3=normalden(a2)/a1 if educ7==1
replace a3=-normalden(a2)/(1-a1) if educ7==0
reg children age agesq evermarr urban educ7 a3

etregress children age agesq evermarr urban , ///
treat(educ7 = frsthalf age agesq evermarr urban ) twostep

*hazard 계산
qui etregress children age agesq evermarr urban , ///
treat(educ7 = frsthalf age agesq evermarr urban ) ///
twostep hazard(a4)

su a3 a4
reg children age agesq evermarr urban educ7 a4
```

## 부록 4.1: 식 4.18과 식 4.19 증명*

표준 정규확률변수 $z_1$과 $z_2$가 있고 두 변수의 상관계수를 $\rho_z$라고 가정하자. 조건부 확률변수 $z_2|z_1$의 분포는 다음과 같다.

$$z_2|z_1 \sim N[\rho_z z_1, (1-\rho_z^2)]$$

위 식의 정규확률변수는 표준 정규확률변수 $z$로 표현할 수 있다.

$$z = \frac{(z_2|z_1) - \rho_z z_1}{\sqrt{(1-\rho_z^2)}}$$

따라서 다음과 같이 표현할 수 있다.

$$(z_2|z_1) \sim \rho_z z_1 + \sqrt{(1-\rho_z^2)}\ z$$

식 4.18과 식 4.19에 사용된 확률변수는 $e = \sigma z_2$ 이고 $u = z_1$로 쓸 수 있다. $u$가 주어졌을 때 조건부 확률변수 $e|u$는 다음과 같이 쓸 수 있다.

$$(e/\sigma)\,|\,u = \rho_z u + (1-\rho_z^2)^{1/2} z$$
$$(e\,|\,u) = \mu^* + \sigma^* z$$
$$\text{where } \mu^* = \rho_z \sigma u \text{ 이고 } \sigma^* = \sigma(1-\rho_z^2)^{1/2}$$

절단된 이변량 기댓값인 $E(e\,|\,u > a)$ 을 구하기 위해서 먼저 $E(e) = E(E(e|u))$ 을 구하는 과정에서 시작한다.

$$E(e) = E(E(e|u)) = E(\rho_z \sigma u) = \rho_z \sigma E(u) \tag{A1}$$

식 A1 조건을 $u > a$로 바꾼 상태에서 $e$의 기댓값을 계산한다.

$$E(e|u > a) = \rho_z \sigma E(u|u > a) \tag{A2}$$

식 A2에서 단변량 절단된 기대값인 $E(u|u > a)$을 구해야 하고 $u$는 표준 정규확률변수이기 때문에 다음과 같이 계산된다 (Greene 2010, 19장 Theorem 19.2).

$$E(u|u > a) = \mu_u + \sigma_u \lambda(a) \tag{A3}$$

* 최필선 · 민인식(2012)을 참고하여 풀이 과정을 제시한다.

$$\text{where } \lambda(a) = \frac{\phi(a)}{1-\Phi(a)}$$

식 A3에서 $\mu_u = 0$ 그리고 $\sigma_u = 1$을 대입하면 식 A2는 다음과 같이 풀 수 있다. $corr(z_1, z_2) = \rho_z = corr(u, \frac{e}{\sigma}) = corr(u, e)$을 이용하고 $corr(u, e) = \rho$라고 가정하자.

$$E(e|u > a) = \rho_z\sigma \frac{\phi(a)}{1-\Phi(a)} = \rho\sigma\frac{\phi(a)}{1-\Phi(a)} \tag{A4}$$

$E(u|u < a) = \frac{-\phi(a)}{\Phi(a)}$이기 때문에 $E(e|u < a)$는 다음과 같이 계산한다.

$$E(e|u < a) = \rho\sigma\frac{-\phi(a)}{\Phi(a)} \tag{A5}$$

식 A4와 식 A5는 각각 4.3절의 식 4.18 및 식 4.19와 같다.

# CHAPTER 05 패널 선형회귀모형 이해

## 5.1 패널 선형회귀모형 개요

패널 선형회귀모형의 개념과 Stata를 이용한 추정방법은 민인식 · 최필선(2019d)과 민인식 · 최필선(2019c)에서 자세히 설명하고 있다. 패널 회귀모형은 반복적으로 관찰되는 그룹(group) 이질성(heterogeneity)을 모형에서 고려하느냐에 따라 식 5.1과 식 5.2로 구분할 수 있다.

$$y_{it} = \alpha + \beta x_{it} + \epsilon_{it} \tag{5.1}$$

$$y_{it} = \alpha + \beta x_{it} + u_i + e_{it} \tag{5.2}$$

식 5.2에서 $u_i$는 종속변수 $y_{it}$ 에 영향을 미치는 시간불변(time-invariant)이면서 관찰되지 않는(unobserved) 이질성에 해당한다. 식 5.1에서는 관찰되지 않은 이질성을 포함하지 않고 시간가변적인(time-varying) 오차항만 포함한다.

식 5.1에 제시된 모형은 상수항 $\alpha$와 기울기 계수 $\beta$가 모든 그룹 $i$와 시점 $t$에서 서로 같다고 가정하고 있다. 따라서 고정계수(constant coefficients) 모형 또는 통합회귀(pooling regression) 모형으로 이해할 수 있다. 이에 반해 식 5.2에에서는 기울기 모수 $\beta$는 일정하지만 상수항은 $(\alpha + u_i)$로서 그룹 $i$에 따라 달라질 수 있다. 따라서 가변절편(varying intercept) 모형으로 이해할 수 있다. $x_{it}$가 종속변수 $y_{it}$에 미치는 효과는 모든 패널 그룹에서 일정하지만 각 개인의 이질적 특성이 회귀직선을 평행이동(shift up 또는 shift down) 시킬 수 있다고 가정한다.

식 5.3은 상수항과 기울기 모수가 패널 그룹 $i$에 따라 다르다고 가정하는 가변절편 · 기울기(varying intercept & slope) 모형을 제시한다.*

$$y_{it} = \alpha + \beta x_{it} + u_{1i} + u_{2i} x_{it} + e_{it} \tag{5.3}$$

여기에서 상수항은 $(\alpha + u_{1i})$이고, 기울기 계수는 $(\beta + u_{2i})$로 쓸 수 있다. 따라서 그룹 이질성에 있어서 상수항과 기울기가 개인 $i$에 따라 다르게 된다.

* 가변계수(varying coefficients) 모형이라고도 부른다.

실증분석용 데이터가 패널데이터인 경우에는 주로 식 5.1과 식 5.2 모형에 초점을 맞춘다. 식 5.3은 주로 멀티레벨(multi-level) 데이터를 이용한 회귀모형에서 사용한다. 패널 선형회귀모형에 초점을 맞추고 있는 본 장에서는 식 5.1(고정계수 모형)과 식 5.2(가변절편 모형)에 대해 설명한다. 가변절편 · 기울기 모형(식 5.3)은 민인식 · 최필선(2019d) 12장과 13장을 참고할 수 있다.

그림 5.1에서는 패널데이터를 이용한 선형회귀모형을 그룹 이질성 포함 여부에 따라 구분하고 각 회귀모형을 추정하는 방법론을 그림으로 보여주고 있다. 고정계수(constant coefficient) 모형은 POLS(pooled OLS) 추정, PA(population averaged) 추정, 그리고 패널 GLS 추정을 주로 사용한다. 가변계수(varying intercept) 모형은 고정효과(FE), 확률효과(RE), 1차 차분(FD) 추정 방법을 주로 사용한다. 가변절편 · 기울기(varying intercept & slope) 모형은 확률효과 추정량의 한 종류인 mixed effects 모형을 주로 선택한다.

**그림 5.1 패널 선형회귀모형 구조도**

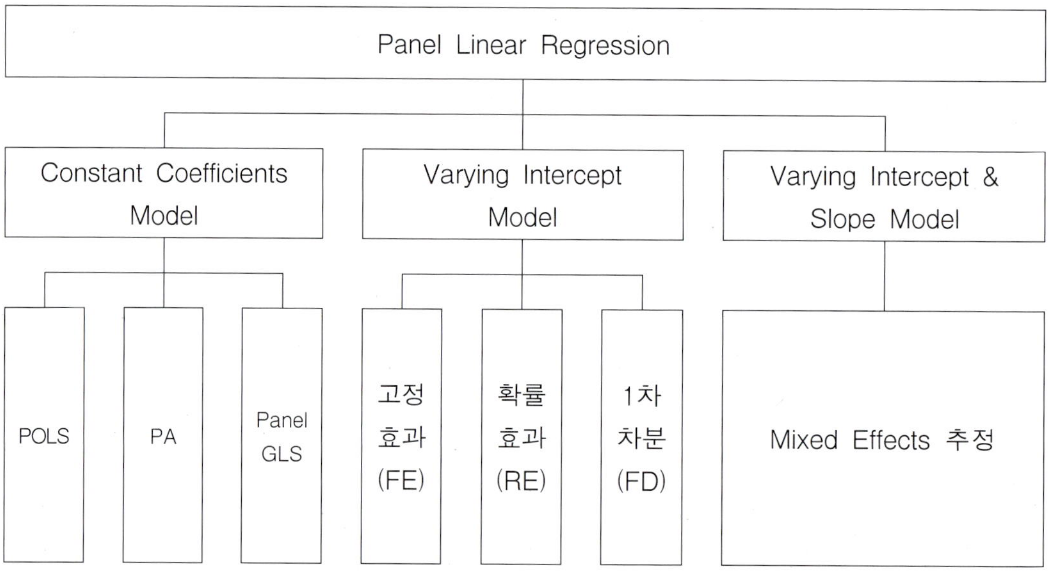


## 5.2 고정계수 모형

식 5.1에서 제시한 고정계수(constant coefficients) 모형 추정 방법론에 대해 설명한다. 통합 OLS(POLS) 추정량은 같은 패널 그룹이 반복적으로 관찰되는 특성을 고려하지 못하는 단점이 있다. 식 5.1에서 오차항 $\epsilon_{it}$은 OLS 추정량이 일치추정량이면서 효율적인 추정량이 되기 위한 조건을 모두 만족한다고 가정한다. 특히 오차항의 시점 간 상관관계 역시 없다고 가정한다. 또한 누락변수(omitted variables)에 의해 발생하는 내생성(endogeneity) 문제가 없다고 가정한다.

$$cov(\epsilon_{it}, \epsilon_{it-s}) = 0 \quad \text{for all} \quad s > 0 \tag{5.4}$$

$$cov(x_{it}, \epsilon_{it}) = 0 \tag{5.5}$$

식 5.4와 식 5.5의 가정 하에서 일반화된 최소자승 추정량인 POLS는 좋은 추정량의 조건을 만족한다. 그러나 패널데이터는 같은 그룹이 반복적으로 관찰되기 때문에 그룹 $i$ 내에서 자기상관이 발생할 가능성이 크다. 식 5.4의 가정이 위배된다면 POLS 추정량은 효율적인 추정량이 되지 못한다.

POLS 추정량의 이러한 문제점을 보완하기 위해서 cluster-robust 표준오차(standard errors)를 계산할 수 있다. 이것은 그룹 내에서 오차항이 서로 상관관계를 가질 가능성을 고려한다. POLS 추정에서 얻는 잔차(residuals)의 상관관계를 사후적으로 계산하여 추정계수의 표준오차를 다시 계산하는 과정을 거친다. 이와 같은 추정방법은 POLS 추정계수는 여전히 자기상관이 없다는 가정 하에서 얻어지고 있다는 단점이 있다. 패널 선형회귀모형에서 POLS 추정에 대한 좀 더 자세한 설명은 민인식 · 최필선(2019c) 6장을 참고할 수 있다.

PA(population averaged) 추정량은 패널 GEE(generalized estimating equation)이라는 이름도 가지고 있다. 패널 선형회귀모형에서 PA 추정량을 사용하는 장점은 식 5.1의 오차항 $\epsilon_{it}$의 자기상관 구조를 다양하게 가정한 상태에서 효율적인 추정량을 얻을 수 있는 장점이 있다. 종속변수 $y$의 분포(오차항 분포)를 정규분포를 가정한다. 최소자승 추정방법을 사용하는 대신 다음의 식 5.6과 같은 조정점수방정식(adjusted score equation)의 최소화를 목적함수로 삼는다.

$$\min S_\beta = \sum_{i=1} \left( \frac{\partial \mu_i}{\partial \beta} \right)^T var(y_i)(y_i - \mu_i) \quad \text{where} \quad \mu_i = E(y_i) \tag{5.6}$$

그룹 내 오차항 상관관계 가정은 식 5.6의 $var(y_i)$를 어떻게 구조화 하느냐에 달려있다. 오차항 상관관계 구조는 다음 네 가지 가정 중 하나를 주로 선택한다.

$$corr(\epsilon_{it}, \epsilon_{it-s}) = 0 \ : \text{서로 독립적} \tag{5.7}$$

$$corr(\epsilon_{it}, \epsilon_{it-s}) = \rho \quad \text{for all} \quad s > 0 : \text{동등 상관관계} \tag{5.8}$$

$$corr(\epsilon_{it}, \epsilon_{it-s}) = \rho^{|s|} \quad : \text{AR(1)} \tag{5.9}$$

$$corr(\epsilon_{it}, \epsilon_{it-s}) = \rho_s : \text{비구조적(unstructured)} \tag{5.10}$$

위 식에서 식 5.7은 그룹 내 자기상관이 없다는 가정이다. 식 5.7 가정 하에서는 POLS 추정량과 PA 추정량은 서로 같은 결과이다. 식 5.8의 동등 상관관계(equi-correlation 또는 exchangeable correlation) 가정은 $t$ 시점과 모든 과거 시점 오차항은 서로 일정한 상관관계 가진다. 이러한 가정은 본서 5.3절에서 설명할 확률효과(random effects: RE) 모형의 오차항 가정과 일치한다. 식 5.8의 가정 하에서 PA 추정량은 RE 추정량과 거의 유사한 결과를 얻는다. 다음으로 식 5.9의 AR(1)은 현재 시점과 과거 시점의 오차항 상관관계는 두 시점의 간격이 멀수록 상관관계가 줄어든다고 가정하고 있다. 마지막으로 식 5.10은 오차항 상관관계 구조를 미리 가정하지 않고 사후적으로 잔차를 이용하여 오차항 상관관계를 추정한다. PA 추정량에 대한 좀 더 자세한 설명은 민인식 · 최필선(2019d) 7장을 참고할 수 있다.

패널 GLS 추정량 역시 고정계수 모형을 추정하는 데 사용할 수 있다. 패널 GLS는 오차항의 그룹 내 상관관계뿐 아니라 그룹 간 이분산성을 추가적으로 가정할 수 있다는 장점이 있다. 추정을 위한 목적함수는 POLS와 같이 최소자승(least squares) 아이디어를 사용한다. Beck and Katz(1995)에 따르면 패널 GLS 추정량이 유효하기 위해서는 그룹 내 시점 관측치가 충분히 많아야 한다. $T$(시점 개수)가 그룹의 수만큼 데이터에 존재해야 한다. 패널 GLS 추정은 국가 패널 구조인 거시 패널데이터에 적절하다. 패널 GLS에 대한 좀 더 자세한 설명은 민인식 · 최필선(2019c) 7장을 참고할 수 있다.

## 5.3 가변절편 모형

식 5.2의 가변절편(varying intercept) 모형에서는 오차항을 시간불변 오차항 $u_i$와 시간가변 오차항 $e_{it}$로 나누고 있다. $u_i$는 그룹 이질성을 의미한다. 종속변수 $y_{it}$의 변화는 관찰된 설명변수 $x_{it}$뿐 아니라 시간불변 이질성에 의해서도 설명된다고 가정한다. 식 5.2의 추정은 $u_i$를 고정효과(fixed effects: FE)와 확률효과(random effects: RE) 중 어느 쪽으로 가정하느냐에 따라서 추정방법이 달라진다. 고정효과 추정량과 확률효과 추정량의 가장 큰 차이는 다음과 같은 비상관 이질성(uncorrelated heterogeneity) 가정이다.

$$cov(x_{it},\ u_i) = 0 \tag{5.11}$$

식 5.11의 가정에 위배되는 상관 이질성(correlated heterogeneity)의 관계가 있다면 고정효과 추정량을 사용한다. 오차항 $u_i$가 내생성이 있기 때문에 $u_i$를 관찰된 설명변수로 변환하거나(LSDV 추정량), within 변환 또는 1차 차분(first difference: FD) 변환을 통해 $u_i$를 모형에서 제거하는 아이디어를 활용한다. 고정효과 추정의 장점은 내생성이 있는 모형에서도 여전히 일치추정량을 얻을 수 있다는 점이다. 종속변수 $y_{it}$에 대한 모형설정(model specification)에 어느 정도 오류가 있더라도 $\beta$에 대한 좋은 결과를 얻을 수 있다. 그러나 그룹 수만큼 자유도가 감소하여 표준오차가 확률효과 추정량보다 커질 가능성이 있다. 또한 식 5.2에서 시간불변 설명변수 $z_i$를 포함하는 경우 해당 변수의 추정계수를 식별(identification)할 수 없는 단점이 있다.

LSDV 추정과 within 추정에 대한 좀 더 자세한 설명은 민인식 · 최필선(2019c) 8장을 참고할 수 있다. FD 추정에 대한 좀 더 자세한 설명은 민인식 · 최필선(2019c) 10장을 참고할 수 있다.

식 5.2에 대한 확률효과 추정량은 비상관 이질성(uncorrelated heterogeneity)를 가정한다. 식 5.11 가정이 위배되는 경우 확률효과 추정량은 일치추정량이 될 수 없다는 문제가 있다. 확률효과 추정량은 오차항이 $u_i$와 $e_{it}$의 합으로 구성되어 있고 오차항의 그룹 내 공분산은 다음과 같이 0이 아닌 양의 값이라는 것을 쉽게 증명할 수 있다(민인식 · 최필선, 2019c: 9장 참고).

$$cov(u_i + e_{it},\ \ u_i + e_{it-s}) = \sigma_u^2 \quad \text{for all} \ \ s > 0 \tag{5.12}$$

식 5.12의 가정 하에서 확률효과 추정은 GLS 추정과 최우추정(maximum likelihood estimation: MLE)을 사용할 수 있다. GLS 추정은 오차항 $u_i$ 에 대해 특정 분포를 가정하지 않고 단지 평균이 0이고 분산이 $\sigma_u^2$인 확률변수로 가정한다. 그런 다음 식 5.12에 나타난 그룹 내 자기상관을 오차항의 공분산 행렬에 반영하여 추정한다. 이에 반해 MLE에서는 오차항 $u_i \sim N(0, \sigma_u^2)$ 와 같이 정규분포를 가정하여 추정한다.

확률효과 추정량의 장점은 고정효과 추정과 달리 자유도 감소가 없기 때문에 표준오차가 더 작게 얻어지는 경향이 있다. 또한 시간불변 설명변수를 포함한 경우 그 변수의 추정계수를 식별할 수 있다. 단점은 식 5.11의 비상관 이질성(uncorrelated heterogeneity) 가정이 필요하다. 이 가정이 위배되면 일치추정량이 될 수 없는 문제가 발생한다. 확률효과 추정에 대한 좀 더 자세한 설명은 민인식 · 최필선(2019c) 9장을 참고할 수 있다.

## 5.4 Stata 예제

data file: S_data5_1.dta*

그림 5.2에서는 고정계수(constant coefficients) 모형에 대한 추정으로 POLS 추정, 그리고 cluster-robust 표준오차를 적용한 POLS 추정 결과를 제시한다. Stata에서 POLS는 별개의 명령어가 있지 않고 기존의 regress 명령어를 그대로 이용한다. cluster-robust 표준오차는 옵션으로 vce(cluster id)를 사용한다. cluster 옵션 내에서 그룹 변수이름을 지정한다. 추정 결과를 살펴보면 추정계수는 서로 같지만 표준오차만 달라진다. cluster-robust 표준오차 옵션을 사용한 경우 표준오차가 더 커졌다는 것을 확인할 수 있다. 따라서 유의성이 감소할 가능성이 있다. 다만 본 예제에서는 표준오차가 약간 증가하더라도 1% 수준에서 유의한 결과에는 변함이 없다.

**그림 5.2 POLS와 cluster-robust 표준오차**

```
. use S_data5_1, clear
(National Longitudinal Survey.  Young Women 14-26 years of age in 1968)

. tsset id year
       panel variable:  idcode (unbalanced)
        time variable:  year, 68 to 78, but with gaps
                delta:  1 unit

. reg ln_w grade age c.age#c.age
      Source |       SS           df       MS      Number of obs   =    16,085
-------------+----------------------------------   F(3, 16081)     =   1413.68
       Model |  597.54468         3  199.18156   Prob > F        =    0.0000
    Residual |  2265.74584    16,081  .14089583   R-squared       =    0.2087
-------------+----------------------------------   Adj R-squared   =    0.2085
       Total |  2863.29052    16,084  .178021047   Root MSE        =    .37536

------------------------------------------------------------------------------
     ln_wage |      Coef.   Std. Err.      t    P>|t|     [95% Conf. Interval]
-------------+----------------------------------------------------------------
       grade |   .0724483   .0014229    50.91   0.000     .0696592    .0752374
         age |   .1064874   .0083644    12.73   0.000     .0900922    .1228825
             |
 c.age#c.age |  -.0016931   .0001655   -10.23   0.000    -.0020174   -.0013688
             |
       _cons |  -.8681487   .1024896    -8.47   0.000     -1.06904   -.6672577
------------------------------------------------------------------------------

. reg ln_w grade age c.age#c.age, vce(cluster id)
```

* 예제 데이터는 Stata 매뉴얼 [XT]에서 인용하였다.

```
Linear regression                               Number of obs     =     16,085
                                                F(3, 3912)        =     539.59
                                                Prob > F          =     0.0000
                                                R-squared         =     0.2087
                                                Root MSE          =     .37536

                              (Std. Err. adjusted for 3,913 clusters in idcode)
------------------------------------------------------------------------------
             |               Robust
     ln_wage |      Coef.   Std. Err.      t    P>|t|     [95% Conf. Interval]
-------------+----------------------------------------------------------------
       grade |   .0724483   .0024839    29.17   0.000     .0675785    .0773182
         age |   .1064874   .0103393    10.30   0.000     .0862164    .1267583
             |
 c.age#c.age |  -.0016931   .0002078    -8.15   0.000    -.0021005   -.0012857
             |
       _cons |  -.8681487   .1254879    -6.92   0.000    -1.114177   -.6221209
------------------------------------------------------------------------------
```

그림 5.3에서는 PA 추정 명령어와 결과를 보여준다. PA 추정을 위해서는 xtreg 명령어에서 pa 옵션을 사용한다. 독립적인 오차항 가정(식 5.7)을 위해서는 corr(ind) 옵션을 사용한다. 앞서 설명하였듯이 이러한 가정에서 추정결과는 그림 5.2의 POLS 추정결과와 서로 같다는 것을 확인할 수 있다. 동등 상관관계(equi-correlation) 가정(식 5.8)을 위해서는 corr(exc) 옵션을 사용한다. AR(1) 오차항 가정은 corr(ar1) 옵션을 사용한다. 오차항의 상관관계 구조를 미리 가정하지 않는 경우에는 corr(unstr) 옵션을 선택한다. PA 추정결과는 xtgee 명령어를 이용해도 같은 결과를 얻을 수 있다. xtgee 명령문에서 family(gaussian) 옵션과 link(identity) 옵션, 그리고 corr(exc) 옵션을 사용하면 xtreg, pa corr(exc) 결과와 일치함을 확인할 수 있다.

### 그림 5.3 PA 추정결과

```
. xtreg ln_w grade age c.age#c.age , pa corr(ind) nolog
GEE population-averaged model                   Number of obs     =     16,085
Group variable:                 idcode          Number of groups  =      3,913
Link:                         identity          Obs per group:
Family:                       Gaussian                        min =          1
Correlation:               independent                        avg =        4.1
                                                              max =          9
                                                Wald chi2(3)      =    4242.09
Scale parameter:              .1408608          Prob > chi2       =     0.0000

Pearson chi2(16085):           2265.75          Deviance          =    2265.75
Dispersion (Pearson):         .1408608          Dispersion        =   .1408608
```

```
------------------------------------------------------------------------------
     ln_wage |      Coef.   Std. Err.      z    P>|z|     [95% Conf. Interval]
-------------+----------------------------------------------------------------
       grade |   .0724483   .0014228    50.92   0.000     .0696598    .0752369
         age |   .1064874   .0083633    12.73   0.000     .0900955    .1228792
             |
 c.age#c.age |  -.0016931   .0001654   -10.23   0.000    -.0020174   -.0013689
             |
       _cons |  -.8681487   .1024769    -8.47   0.000       -1.069   -.6672978
------------------------------------------------------------------------------

. xtreg ln_w grade age c.age#c.age , pa corr(exc) nolog
GEE population-averaged model                   Number of obs     =     16,085
Group variable:                     idcode      Number of groups  =      3,913
Link:                             identity      Obs per group:
Family:                           Gaussian                    min =          1
Correlation:                  exchangeable                    avg =        4.1
                                                              max =          9
                                                Wald chi2(3)      =    2918.26
Scale parameter:                  .1416586      Prob > chi2       =     0.0000

------------------------------------------------------------------------------
     ln_wage |      Coef.   Std. Err.      z    P>|z|     [95% Conf. Interval]
-------------+----------------------------------------------------------------
       grade |   .0717731     .00211    34.02   0.000     .0676377    .0759086
         age |   .1077645    .006885    15.65   0.000     .0942701    .1212589
             |
 c.age#c.age |  -.0016381   .0001362   -12.03   0.000     -.001905   -.0013712
             |
       _cons |  -.9480449   .0869277   -10.91   0.000     -1.11842   -.7776698
------------------------------------------------------------------------------

. estimates store M2

. xtreg ln_w grade age c.age#c.age , pa corr(ar1) nolog
note: observations not equally spaced
      modal spacing is delta year = 1 unit
      2612 groups omitted from estimation
note: some groups have fewer than 2 observations
      not possible to estimate correlations for those groups
      643 groups omitted from estimation

GEE population-averaged model                   Number of obs     =      1,937
Group and time vars:           idcode year      Number of groups  =        658
Link:                             identity      Obs per group:
Family:                           Gaussian                    min =          2
Correlation:                         AR(1)                    avg =        2.9
                                                              max =          6
                                                Wald chi2(3)      =     410.84
Scale parameter:                  .1280339      Prob > chi2       =     0.0000
```

```
------------------------------------------------------------------------------
     ln_wage |      Coef.   Std. Err.      z    P>|z|     [95% Conf. Interval]
-------------+----------------------------------------------------------------
       grade |   .0686211   .0051312    13.37   0.000     .0585641     .078678
         age |   .1484105   .0293102     5.06   0.000     .0909637    .2058574
             |
 c.age#c.age |   -.002552   .0005889    -4.33   0.000    -.0037063   -.0013978
             |
       _cons |  -1.298156   .3485019    -3.72   0.000    -1.981207   -.6151051
------------------------------------------------------------------------------

. estimates store M3

. xtreg ln_w grade age c.age#c.age , pa corr(unstr) nolog
GEE population-averaged model                   Number of obs      =    16,085
Group and time vars:               idcode year  Number of groups   =     3,913
Link:                                 identity  Obs per group:
Family:                               Gaussian                 min =         1
Correlation:                      unstructured                 avg =       4.1
                                                               max =         9
                                                Wald chi2(3)       =   2405.20
Scale parameter:                      .1418513  Prob > chi2        =    0.0000

------------------------------------------------------------------------------
     ln_wage |      Coef.   Std. Err.      z    P>|z|     [95% Conf. Interval]
-------------+----------------------------------------------------------------
       grade |   .0720684    .002151    33.50   0.000     .0678525    .0762843
         age |   .1008095   .0081471    12.37   0.000     .0848416    .1167775
             |
 c.age#c.age |  -.0015104   .0001617    -9.34   0.000    -.0018272   -.0011936
             |
       _cons |  -.8645484   .1009488    -8.56   0.000    -1.062404   -.6666923
------------------------------------------------------------------------------

. xtgee ln_w grade age c.age#c.age, family(gaussian) link(identity) corr(exc) nolog

GEE population-averaged model                   Number of obs      =    16,085
Group variable:                         idcode  Number of groups   =     3,913
Link:                                 identity  Obs per group:
Family:                               Gaussian                 min =         1
Correlation:                      exchangeable                 avg =       4.1
                                                               max =         9
                                                Wald chi2(3)       =   2918.26
Scale parameter:                      .1416586  Prob > chi2        =    0.0000

------------------------------------------------------------------------------
     ln_wage |      Coef.   Std. Err.      z    P>|z|     [95% Conf. Interval]
-------------+----------------------------------------------------------------
       grade |   .0717731     .00211    34.02   0.000     .0676377    .0759086
         age |   .1077645    .006885    15.65   0.000     .0942701    .1212589
             |
 c.age#c.age |  -.0016381   .0001362   -12.03   0.000     -.001905   -.0013712
```

```
             |
       _cons |  -.9480449   .0869277   -10.91   0.000    -1.11842   -.7776698
------------------------------------------------------------------------------
```

여기에서 사용한 예제 데이터는 시간 갭이 있으면서 불균형 패널데이터이다. 그림 5.3에서 corr(ar1) 옵션을 사용한 결과를 살펴보면 다른 옵션을 선택했을 때에 비해 추정에 사용된 표본의 크기(Number of obs)에서 큰 차이가 있다는 것을 알 수 있다. AR(1) 가정에서는 시간 갭이 있는 그룹은 추정에서 모두 제외한다. 그룹의 시점이 1개만 있는 경우에도 모두 제외한다. 시점이 2개 이상이고 시간 갭이 없는 그룹만 남겨 추정결과를 얻는다. 따라서 Number of obs가 단지 1,937개뿐임을 알 수 있다.

그림 5.4에서는 corr(exc) 옵션과 corr(ar1) 옵션을 사용한 경우에 상관계수 행렬 추정치를 보여준다. 추정된 상관계수 행렬은 ereturn list의 e(R)에 저장되어 있다. corr(exc) 옵션인 경우에는 현재 시점과 모든 과거 시점 간의 상관관계가 일정하기 때문에 상관계수 값이 0.485로 일정하다. 이와 달리 corr(ar1) 옵션인 경우 과거 시점이 멀어질수록 상관계수가 줄어드는데, 실제로 $corr(\epsilon_{it}, \epsilon_{it-1}) = 0.586$ , $corr(\epsilon_{it}, \epsilon_{it-6}) = 0.069$ 에서 보듯이 지속적으로 감소한다는 것을 알 수 있다.

**그림 5.4 상관계수 행렬**

```
. estimates restore M2
(results M2 are active now)

. mat list e(R)

symmetric e(R)[9,9]
           c1         c2         c3         c4         c5         c6         c7         c8         c9
r1          1
r2  .48513557          1
r3  .48513557  .48513557          1
r4  .48513557  .48513557  .48513557          1
r5  .48513557  .48513557  .48513557  .48513557          1
r6  .48513557  .48513557  .48513557  .48513557  .48513557          1
r7  .48513557  .48513557  .48513557  .48513557  .48513557  .48513557          1
r8  .48513557  .48513557  .48513557  .48513557  .48513557  .48513557  .48513557          1
r9  .48513557  .48513557  .48513557  .48513557  .48513557  .48513557  .48513557  .48513557          1

.
. estimates restore M3
(results M3 are active now)
```

```
. mat list e(R)

symmetric e(R)[6,6]
           c1          c2          c3          c4          c5          c6
r1          1
r2  .58622091           1
r3  .34365495   .58622091           1
r4  .20145772   .34365495   .58622091           1
r5  .11809873   .20145772   .34365495   .58622091           1
r6  .06923194   .11809873   .20145772   .34365495   .58622091           1
```

data file: S_data5_2.dta*

가변절편(varying intercept) 모형 추정은 xtreg 명령어를 활용한다. 옵션으로 fe 옵션을 사용하면 within 추정량 결과를 보여준다. 1차 차분 추정결과는 reg 명령문을 사용하되 차분된 종속변수와 차분된 설명변수를 D. operator를 이용하여 표현해야 한다. 또한 주의할 점은 1차 차분 추정 명령문에서는 noconstant 옵션을 추가하여 상수항을 제외하고 추정해야 한다. 예제 데이터는 시간 갭이 없는 불균형 패널데이터이지만 두 추정치는 약간 차이가 있다. 전체 표본 수가 증가할수록 두 추정결과는 서로 근접하게 된다. 또한 $T=2$인 균형 패널데이터인 경우에는 within 추정결과와 1차 차분 추정결과는 항상 서로 같다.

**그림 5.5 고정효과 추정결과**

```
. use S_data5_2, clear

. tsset com time
       panel variable:  company (strongly balanced)
        time variable:  time, 1 to 20
                delta:  1 unit

. xtreg invest market stock , fe
Fixed-effects (within) regression               Number of obs      =       100
Group variable: company                         Number of groups   =         5

R-sq:                                           Obs per group:
     within  = 0.8003                                         min =         20
     between = 0.7699                                         avg =       20.0
     overall = 0.7782                                         max =         20

                                                F(2,93)            =    186.40
corr(u_i, Xb)  = -0.1359                        Prob > F           =    0.0000
```

* 예제 데이터는 Stata 매뉴얼 [XT]에서 인용하였다.

```
------------------------------------------------------------------------------
      invest |      Coef.   Std. Err.      t    P>|t|     [95% Conf. Interval]
-------------+----------------------------------------------------------------
      market |   .1059799    .015891     6.67   0.000     .0744236    .1375363
       stock |   .3466596   .0241612    14.35   0.000     .2986803    .3946388
       _cons |  -62.59438   29.44191    -2.13   0.036    -121.0602   -4.128577
-------------+----------------------------------------------------------------
     sigma_u |  120.02194
     sigma_e |  69.117977
         rho |  .75095637   (fraction of variance due to u_i)
------------------------------------------------------------------------------
F test that all u_i=0: F(4, 93) = 58.96                      Prob > F = 0.0000

. reg D.invest D.market D.stock , noconst
      Source |       SS       df       MS              Number of obs =      95
-------------+------------------------------           F(2, 93)      =   37.91
       Model |  274385.274     2  137192.637           Prob > F      =  0.0000
    Residual |   336561.32    93  3618.93893           R-squared     =  0.4491
-------------+------------------------------           Adj R-squared =  0.4373
       Total |  610946.595    95  6431.01679           Root MSE      =  60.158

------------------------------------------------------------------------------
    D.invest |      Coef.   Std. Err.      t    P>|t|     [95% Conf. Interval]
-------------+----------------------------------------------------------------
      market |
         D1. |   .0893496   .0115872     7.71   0.000     .0663396    .1123595
             |
       stock |
         D1. |   .3264982   .0688655     4.74   0.000      .189745    .4632513
------------------------------------------------------------------------------
```

가변절편 모형에서 확률효과 추정결과를 얻기 위해서는 GLS 추정 또는 ML 추정을 적용할 수 있다. 그림 5.6에서 확인할 수 있듯이 xtreg, re 명령문에서 mle 옵션을 쓰지 않으면 GLS 추정이고, mle 옵션을 사용하면 ML 추정결과를 얻는다. 두 추정계수와 표준오차는 거의 같은 값이라는 것을 알 수 있다.

5.2절에서 설명하였듯이 확률효과 추정량은 그룹 내에서 동등 상관관계(equi-correlation 또는 exchangeable correlation) 가정을 하고 있기 때문에 xtreg, pa corr(exc) 명령문과 거의 같은 결과임을 그림 5.6의 마지막 부분에서 확인할 수 있다.*

* 시간 갭이 없는 균형 패널에서는 xtreg, re mle 결과와 xtreg, pa corr(exc)는 정확히 서로 같은 추정치와 표준오차를 얻는다.

**그림 5.6 확률효과 추정결과**

```
. xtreg invest market stock , re
Random-effects GLS regression                   Number of obs      =       100
Group variable: company                         Number of groups   =         5

R-sq:                                           Obs per group:
     within  = 0.8003                                         min =        20
     between = 0.7696                                         avg =      20.0
     overall = 0.7781                                         max =        20

                                                Wald chi2(2)       =    384.93
corr(u_i, X)    = 0 (assumed)                   Prob > chi2        =    0.0000

------------------------------------------------------------------------------
      invest |      Coef.   Std. Err.      z    P>|z|     [95% Conf. Interval]
-------------+----------------------------------------------------------------
      market |   .1048856   .0147972     7.09   0.000     .0758835    .1338876
       stock |   .3460156   .0242535    14.27   0.000     .2984796    .3935517
       _cons |  -60.29049   54.48388    -1.11   0.268    -167.0769    46.49595
-------------+----------------------------------------------------------------
     sigma_u |  104.65267
     sigma_e |  69.117977
         rho |  .69628394   (fraction of variance due to u_i)
------------------------------------------------------------------------------

. xtreg invest market stock , re mle nolog
Random-effects ML regression                    Number of obs      =       100
Group variable: company                         Number of groups   =         5

Random effects u_i ~ Gaussian                   Obs per group:
                                                              min =        20
                                                              avg =      20.0
                                                              max =        20

                                                LR chi2(2)         =    160.28
Log likelihood  = -574.15123                    Prob > chi2        =    0.0000

------------------------------------------------------------------------------
      invest |      Coef.   Std. Err.      z    P>|z|     [95% Conf. Interval]
-------------+----------------------------------------------------------------
      market |   .1049279   .0146147     7.18   0.000     .0762837    .1335721
       stock |   .3460474   .0238629    14.50   0.000      .299277    .3928177
       _cons |  -60.38182   54.63532    -1.11   0.269    -167.4651    46.70144
-------------+----------------------------------------------------------------
    /sigma_u |   106.0844   34.28946                       56.3014    199.8866
    /sigma_e |   68.38922   4.961352                      59.32484    78.83858
         rho |   .7064157   .1375601                      .4050867     .907595
------------------------------------------------------------------------------
LR test of sigma_u=0: chibar2(01) = 101.68             Prob >= chibar2 = 0.000

. xtreg invest market stock, pa corr(exc)
GEE population-averaged model                   Number of obs      =       100
```

```
Group variable:                  company     Number of groups  =          5
Link:                           identity     Obs per group:
Family:                         Gaussian                   min =         20
Correlation:               exchangeable                    avg =       20.0
                                                           max =         20
                                             Wald chi2(2)      =     397.01
Scale parameter:                15930.98     Prob > chi2       =     0.0000

------------------------------------------------------------------------------
      invest |      Coef.   Std. Err.      z    P>|z|     [95% Conf. Interval]
-------------+----------------------------------------------------------------
      market |   .1049279   .0146039     7.18   0.000     .0763048    .1335511
       stock |   .3460474     .02386    14.50   0.000     .2992826    .3928121
       _cons |  -60.38182   54.62176    -1.11   0.269    -167.4385    46.67487
------------------------------------------------------------------------------
```

## 5.5 Stata do file

```
use S_data5_1, clear
tsset id year
reg ln_w grade age c.age#c.age
reg ln_w grade age c.age#c.age, vce(cluster id)

xtreg ln_w grade age c.age#c.age , pa corr(ind) nolog
xtreg ln_w grade age c.age#c.age , pa corr(exc) nolog
estimates store M2
xtreg ln_w grade age c.age#c.age , pa corr(ar1) nolog
estimates store M3
xtreg ln_w grade age c.age#c.age , pa corr(unstr) nolog
xtgee ln_w grade age c.age#c.age, family(gaussian) ///
link(identity) corr(exc) nolog

estimates restore M2
mat list e(R)

estimates restore M3
mat list e(R)

use S_data5_2, clear
tsset com time
xtreg invest market stock , fe
reg D.invest D.market D.stock , noconst

xtreg invest market stock , re
xtreg invest market stock , re mle nolog
xtreg invest market stock, pa corr(exc) nolog
```

# CHAPTER 06 | 패널 선형회귀모형: 상관 이질성*

## 6.1 Wooldridge 확률효과 모형

패널 선형회귀모형에서 그룹 이질성(group heterogeneity)을 확률효과(random effects)로 가정한 모형은 다음과 같이 쓸 수 있다.

$$y_{it} = \alpha + \beta x_{it} + \gamma z_i + u_i + e_{it} \tag{6.1}$$

위 식에서 $z_i$는 시간불변(time-constant) 변수이고 $x_{it}$는 시간가변(time-varying) 변수이다. 확률효과 모형에서는 $u_i \sim (0, \sigma_u^2)$ 를 따르는 확률변수로 가정한다. 확률효과 추정량이 일치추정량이 되기 위해서는 다음과 같이 비상관 이질성(uncorrelated heterogeneity) 가정이 성립해야 한다(민인식 · 최필선 2019c, 10장).

$$cov(x_{it}, u_i) = 0 \tag{6.2}$$

만약 비상관 이질성 가정이 성립하지 않는다면 식 6.1에 대해 고정효과(fixed effects: FE) 추정량이 일치추정량이 된다고 알려져 있다. 그러나 FE 추정량을 적용하면 식 6.1에서 시간불변 변수 $z_i$의 추정계수인 $\hat{\gamma}$을 얻을 수 없다는 단점이 있다. 민인식 · 최필선(2019c, 13장)에서는 Hausman-Taylor(HT) 추정을 통해 식 6.2의 가정이 위배되는 경우에도 $\beta$와 $\gamma$에 대한 일치 추정량을 얻는 방법을 소개하고 있다. 그러나 HT 추정을 위해서는 시간가변 변수 중 어떤 변수가 내생변수이고 어떤 변수가 외생변수인지 구분하는 과정이 필요하다. 도구변수(instrumental variables) 추정 아이디어를 활용하기 때문에 내생변수 수보다 도구변수 수가 같거나 많아야 하는 조건을 만족해야 한다.

본 소절에서는 상관 확률효과(correlated random effects)를 가진 패널 선형회귀모형에서 일치추정량을 도출한 Wooldridge(2005)와 Wooldridge(2013) 추정량을 소개한다. 먼저 식 6.1의 오차항에 대해 다음과 같이 가정하자.

$$cov(x_{it}, u_i) \neq 0 : \text{상관 이질성}$$
$$cov(x_{it}, e_{it}) = 0$$

---

* 본 장은 민인식(2018a)과 최필선 · 민인식(2015)을 재구성 및 인용하였다.

$$cov(u_i,\ e_{it}) = 0$$

Wooldridge(2005) 모형에서는 그룹 이질성 $u_i$가 시간가변인 $x_{it}$ 변수와 상관관계가 있고 이러한 상관관계는 $x_{it}$의 그룹평균(group mean)인 $\overline{x}_i$(시간불변)의 선형함수로 모델링한다. 다음의 식 6.3에서 상관 이질성은 $\overline{x}_i$에 의해서 충분히 통제되고 그 나머지 부분($v_i$)은 $x_{it}$와 더는 상관관계가 존재하지 않는다고 가정한다.

$$u_i = \theta\,\overline{x}_i + v_i \tag{6.3}$$

$$cov(v_i, x_{it}) = 0 \text{ 가정}$$

식 6.3을 식 6.1에 대입하면 다음과 같이 쓸 수 있다.

$$y_{it} = \alpha + \beta x_{it} + \gamma z_i + \theta\,\overline{x}_i + v_i + e_{it} \tag{6.4}$$

여기에서 $E(v_i \mid x_{it},\ \overline{x}_i) = 0$, $E(e_{it} \mid x_{it},\ \overline{x}_i) = 0$, $cov(v_i,\ e_{it}) = 0$ 이기 때문에 $E(y_{it} \mid x_{it},\ \overline{x}_i, z_i) = \alpha + \beta x_{it} + \theta \overline{x}_i + \gamma z_i$ 이 됨을 알 수 있다.

식 6.4에서 그룹 이질성 $v_i$는 설명변수와 상관관계가 없기 때문에 $v_i$를 확률효과로 가정하여 일치 추정량을 얻을 수 있다. 따라서 식 6.4는 비상관 이질성 가정을 만족한다. 식 6.1과 비교하면 식 6.4에서는 단지 추가적인 설명변수인 $\overline{x}_i$를 사용하고 있다. 이러한 변환을 통해 식 6.1의 상관 이질성을 통제하는 것으로 이해할 수 있다. 복합 오차항(error components)인 $(v_i + e_{it})$ 의 평균은 0이고 분산은 $(\sigma_v^2 + \sigma_e^2)$ 임을 쉽게 보일 수 있다. 그러나 시점 간 상관관계(serial correlation)는 0이 아니고 다음과 같이 양의 값이라는 것을 알 수 있다.

$$cov(v_i + e_{it},\ v_i + e_{it-1}) = \sigma_v^2 \neq 0 \quad \text{: 시점 간 상관관계}$$

이러한 시점 간 상관관계를 고려하여 식 6.4에서 GLS 추정량을 구할 수 있다.

식 6.4에서 $\theta \approx 0$ 이면 Wooldridge 확률효과 추정량과 일반적인 확률효과 추정량은 서로 같은 결과로 수렴한다. $\theta \neq 0$인 경우 Wooldridge 확률효과 추정량과 고정효과 추정량이 어떻게 다른지 비교할 수 있다. 고정효과 추정을 위한 within 변환 모형은 다음과 같이 쓸 수 있다.

$$(y_{it} - \overline{y}_i) = \beta(x_{it} - \overline{x}_i) + (e_{it} - \overline{e}_i)$$

$$\Rightarrow\ y_{it} = \beta x_{it} - \beta \overline{x}_i + (e_{it} - \overline{e}_i + \overline{y}_i) \tag{6.5}$$

식 6.5는 이미 시간 불변인 $z_i$ 변수를 포함하고 있다는 것에 유의하여 해석해야 한다.

식 6.4와 식 6.5를 비교하면 시간가변 변수 $x_{it}$ 추정계수의 경우 $\hat{\beta}^{Wool} = \hat{\beta}^{FE}$ 임을 알 수 있다. 첫 번째 차이점은 $\overline{x}_i$ 추정계수가 서로 다르다. 특히 고정효과 모형에서는 $\overline{x}_i$ 추정계수를 $x_{it}$ 변수의 추정계수와 (절대값으로) 서로 같도록 제약한다. 두 번째 차이점은 Wooldridge 모형에서는 시간 불변 $z_i$의 추정계수인 $\hat{\gamma}$을 얻을 수 있다는 점이다.

## 6.2 Robust Hausman 검정

패널 선형회귀모형에서 고정효과와 확률효과 모형의 선택을 돕기 위한 통계적 검정은 하우스먼(Hausman) 검정으로 알려져 있다(민인식 · 최필선 2019c, 11장). 전통적 하우스만 검정에서는 식 6.1의 회귀모형에서 오차항 $u_i$와 $e_{it}$가 모두 동분산성(homoskedasticity) 가정을 만족해야 한다. 이러한 가정 하에서 검정통계량이 점근적으로(asymtotically) 카이제곱($\chi^2$) 분포를 따른다는 제약조건이 있다. 6.1절에서 제시한 Wooldridge 모형에 기초하여 동분산성 가정이 위배되더라도 상관 이질성(correlated heterogeneity) 검정이 가능한 강건한 하우스만(robust Hausman) 검정을 소개한다(Wooldridge 2013).

강건한 하우스만 검정의 귀무가설과 대립가설은 다음과 같다.

$$H_0: cov(x_{it}, u_i) = 0 \ : \text{비상관 이질성}$$
$$H_1: cov(x_{it}, u_i) \neq 0 \ : \text{상관 이질성}$$

여기에서 $H_1$ 가설을 받아들인다면 $\theta \neq 0$ (식 6.4)이 될 것이다. 검정통계량은 식 6.4에서 제시한 확률효과 모형을 추정한 후 $H_0: \theta = 0$ 에 대한 $F$ 검정 또는 LM(Lagrange Multiplier) 검정을 실행할 수 있다. 귀무가설을 기각하면 Wooldridge 확률효과 모형(또는 FE 모형)이 일반적인 확률효과 모형보다 더 적절하다고 통계적으로 판단할 수 있다. 즉 상관 이질성을 가정하고 추정하는 것이 적절하다고 판단한다.

앞서 논의하였듯이 강건한 하우스만 검정은 전통적인 하우스만 검정의 제약보다 적기 때문에 "강건(robust)"하다고 말할 수 있다. 다만 강건한 하우스만 검정이 만족해야 하는 주요 가정은 식 6.3에서 제시한 바와 같이 그룹 이질성 $u_i$를 $\overline{x}_i$의 선형함수로 설정한 모형에 오류가 없어야 한다.

## 6.3 FEVD 추정량

본 소절에서는 Wooldridge 확률효과 추정과 유사하게 상관 이질성 하에서 시간불변 변수인 $z_i$의 추정계수인 $\hat{\gamma}$을 얻는 방법을 설명한다. Plumber and Troeger(2007)이 제안한 벡터분해 고정효과(fixed effects vector decomposition: FEVD) 추정량이다. 최필선 · 민인식(2015)은 시간불변인 지역별 고령화 변수가 보수지지 성향을 미치는 인과관계를 추정하는데 FEVD 추정을 사용하였다.

식 6.1의 패널 선형회귀모형에서 FEVD 추정결과를 얻기 위해서는 다음과 같이 3단계를 거치게 된다.

1단계: 패널 선형회귀모형(식 6.1)에서 고정효과 추정을 적용한다. 관찰되지 않는 그룹 이질성에 대한 잔차 $\hat{u}_i$를 계산한다. $\hat{u}_i$는 시간불변 이질성을 모두 포함하기 때문에 $z_i$ 변수 역시 $\hat{u}_i$에 포함되게 된다.

2단계: 1단계에서 구한 $\hat{u}_i$를 다음과 같이 분해한다.

$$\hat{u}_i = \delta_1 + \delta_2 z_i + h_i \tag{6.6}$$

위 식에서 $h_i$는 $y_{it}$에 영향을 미치는 시간불변 요인 중 $z_i$를 제외한 나머지 요인을 포함한다. 식 6.6을 OLS로 추정하면 $\hat{h}_i$는 식 6.7과 같이 쓸 수 있다.

$$\hat{h}_i = \hat{u}_i - \hat{\delta}_1 - \hat{\delta}_2 z_i \tag{6.7}$$

3단계: 식 6.7에서 얻는 $\hat{h}_i$를 식 6.1의 추가적인 설명변수로 포함해 다음과 같은 모형을 설정한다.

$$y_{it} = \alpha + \beta x_{it} + \gamma z_i + \phi \hat{h}_i + \epsilon_{it} \tag{6.8}$$

위 모형에 통합(pooled) OLS 추정방법을 적용한다. 식 6.8에서 $\hat{h}_i$는 시간불변인 $z_i$와 겹치는 부분을 최소화(식 6.7을 참고) 하였기 때문에 추정계수 $\hat{\gamma}$과 $\hat{\phi}$은 각각 식별될 수 있다. $x_{it}$ 변수와 관찰되지 않은 $u_i$ 변수의 상관관계 문제는 관찰되지 않는 그룹이질성 $u_i$이 관찰 가능한 $\hat{h}_i$로 변환되어 모형 내 설명변수로 포함되었기 때문에 식 6.8에서는 내생성(endogeneity) 문제가 없게 된다. 따라서 식 6.8에서 통합 OLS 추정량은 일치 추정량이 된다.

Plumper and Troeger(2007)이 제안한 FEVD 추정량을 얻기 위해서는 식 6.1의 회귀모형에서 최소 1개 이상 시간 가변적인 설명변수가 필요한 제약이 있다.* 식 6.8의 통합 OLS

추정치는 $z_i$와 $\hat{h}_i$를 모두 포함해서 추정하고 있기 때문에 식 6.1의 패널 선형회귀모형을 고정효과로 추정한 결과와 같다. 시간 가변변수인 $x_{it}$에 대해 $\hat{\beta}_{FEVD} = \hat{\beta}_{FE}$ 임을 쉽게 이해할 수 있다. Plumper and Troeger(2007)는 3단계에 해당하는 식 6.8의 모형에 대한 추정이 표준오차를 과소추정할 수 있기 때문에 수정된 자유도를 적용한 표준오차를 제시하고 있다. 몬테카를로 시뮬레이션을 이용하여 FEVD 추정량이 통합 OLS 추정량, 확률효과 추정량, Hausman-Taylor 추정량에 비해 소표본(small sample)에서 추정성과가 더 우수하다는 것을 보였다. FEVD 추정결과는 Stata의 xtfevd 명령어를 통해 얻을 수 있다.*

## 6.4 Stata 예제

data file: S_data6_1.dta

예제 데이터를 이용하여 (로그) 임금에 대한 패널 선형회귀모형을 아래와 같이 설정한다. 시간가변 변수 세트 $x_{it}$와 시간불변 변수 세트 $z_i$ 를 회귀모형에서 사용한다.

$$\log(wage_{it}) = \alpha + \beta x_{it} + \gamma z_i + u_i + e_{it} \tag{6.9}$$

$$x_{it} = [occ_{it},\ south_{it},\ smsa_{it},\ ind_{it},\ exp_{it},\ wks_{it},\ ms_{it},\ union_{it}]$$

$$z_i = [fem_i,\ ed_i,\ blk_i]$$

그룹 이질성 $u_i$가 비상관 이질성(uncorrelated heterogeneity) 가정을 만족하면 확률효과 추정을 이용하여 $\beta$와 $\gamma$에 대한 일치추정량을 얻는다. 또한 시간불변 변수의 추정계수 역시 얻을 수 있다. 그러나 상관 이질성이라면 확률효과 추정량은 일치추정량이 될 수 없는 문제가 발생한다. 따라서 식 6.4에 기초한 Wooldridge 확률효과 추정량을 얻을 필요가 있다.

그림 6.1에서는 일반적인 확률효과 추정량과 Wooldridge 확률효과 추정결과를 제시하고 있다. 시간가변 변수에 대해 모두 그룹 평균(group mean)을 변수로 생성한다. 그 변수들을 설명변수로 추가하고 확률효과 추정량을 계산한다. 그림 6.1에서 $x_{it}$ 추정계수를 비교하면 차이가 있다는 것을 발견할 수 있다. 이러한 차이는 상관 이질성 통제 여부에 의해 발생한다. 따라서 상관 이질성 하에서는 확률효과 추정량은 문제가 있다는 것을 보여주고 있다.**

---

* 이러한 제약조건은 Wooldridge 확률효과 추정에서도 적용된다.

* xtfevd 명령어는 본서의 실습데이터에 포함되어 있다. xtfevd.ado와 xtfevd.hlp 파일을 c:₩ado₩x 폴더에 복사한 후 해당 명령어를 사용한다.

** Wooldridge 확률효과 추정량과 고정효과 추정량을 비교하는 것은 큰 의미가 없다. 상관 이질성 하에서는 둘 다 일치추정량이기 때문이다.

### 그림 6.1 Wooldridge 확률효과 추정결과

```
. use S_data6_1, clear
. tsset id t

. xtreg lwage occ south smsa ind exp wks ms union fem blk ed , re
Random-effects GLS regression                   Number of obs      =     4,165
Group variable: id                              Number of groups   =       595

R-sq:                                           Obs per group:
     within  = 0.6410                                        min =         7
     between = 0.2258                                        avg =       7.0
     overall = 0.2233                                        max =         7

                                                Wald chi2(11)      =   2429.56
corr(u_i, X)   = 0 (assumed)                    Prob > chi2        =    0.0000

------------------------------------------------------------------------------
       lwage |      Coef.   Std. Err.      z    P>|z|     [95% Conf. Interval]
-------------+----------------------------------------------------------------
         occ |  -.0564711   .0169285    -3.34   0.001    -.0896503   -.0232919
       south |   -.013467   .0271948    -0.50   0.620    -.0667679    .0398339
        smsa |  -.0224359   .0204043    -1.10   0.272    -.0624275    .0175558
         ind |   .0072462   .0175946     0.41   0.680    -.0272386    .0417311
         exp |   .0485848   .0010587    45.89   0.000     .0465098    .0506598
         wks |   .0016364    .000784     2.09   0.037     .0000998     .003173
          ms |  -.0734824    .023405    -3.14   0.002    -.1193555   -.0276094
       union |   .0682039   .0173856     3.92   0.000     .0341288     .102279
         fem |  -.3334541   .0527829    -6.32   0.000    -.4369067   -.2300014
         blk |  -.2159134   .0597785    -3.61   0.000    -.3330771   -.0987497
          ed |   .1020338   .0059131    17.26   0.000     .0904442    .1136233
       _cons |   4.457238    .098717    45.15   0.000     4.263757     4.65072
-------------+----------------------------------------------------------------
     sigma_u |  .26910994
     sigma_e |  .15322097
         rho |  .75518829   (fraction of variance due to u_i)
------------------------------------------------------------------------------

. by id , sort: egen occ_m=mean(occ)
. by id: egen south_m=mean(south)
. by id: egen smsa_m=mean(smsa)
. by id: egen ind_m=mean(ind)
. by id: egen exp_m=mean(exp)
. by id: egen wks_m=mean(wks)
. by id: egen ms_m=mean(ms)
. by id: egen union_m=mean(union)

. xtreg lwage occ south smsa ind exp wks ms union  fem blk ed *_m , re
Random-effects GLS regression                   Number of obs      =     4,165
Group variable: id                              Number of groups   =       595

R-sq:                                           Obs per group:
     within  = 0.6525                                        min =         7
```

```
     between = 0.5215                                         avg =         7.0
     overall = 0.5570                                         max =           7

                                                Wald chi2(19)      =    7324.04
corr(u_i, X)    = 0 (assumed)                   Prob > chi2        =     0.0000
------------------------------------------------------------------------------
       lwage |      Coef.   Std. Err.      z    P>|z|     [95% Conf. Interval]
-------------+----------------------------------------------------------------
         occ |   -.024864   .0138878    -1.79   0.073    -.0520835    .0023555
       south |  -.0031979   .0345756    -0.09   0.926    -.0709649     .064569
        smsa |   -.043727   .0195844    -2.23   0.026    -.0821118   -.0053422
         ind |   .0207565   .0155696     1.33   0.182    -.0097593    .0512724
         exp |    .096577   .0011909    81.10   0.000      .094243     .098911
         wks |   .0011422   .0006032     1.89   0.058      -.00004    .0023244
          ms |  -.0302596   .0191366    -1.58   0.114    -.0677667    .0072475
       union |   .0341582   .0150422     2.27   0.023     .0046761    .0636404
         fem |  -.3000472   .0559355    -5.36   0.000    -.4096787   -.1904156
         blk |  -.1572054   .0460838    -3.41   0.001    -.2475279   -.0668829
          ed |   .0517282   .0056866     9.10   0.000     .0405827    .0628737
       occ_m |  -.1508811   .0372717    -4.05   0.000    -.2239323     -.07783
     south_m |  -.0517669   .0436136    -1.19   0.235     -.137248    .0337142
      smsa_m |   .2142265   .0328319     6.52   0.000      .149877    .2785759
       ind_m |    .042823   .0304147     1.41   0.159    -.0167887    .1024348
       exp_m |  -.0897589   .0016352   -54.89   0.000    -.0929639   -.0865539
       wks_m |   .0089957   .0037349     2.41   0.016     .0016755    .0163159
        ms_m |   .1650604   .0523114     3.16   0.002      .062532    .2675889
     union_m |   .0843433   .0334477     2.52   0.012     .0187869    .1498996
       _cons |   5.263354   .2073718    25.38   0.000     4.856913    5.669795
-------------+----------------------------------------------------------------
     sigma_u |  .26910994
     sigma_e |  .15322097
         rho |  .75518829   (fraction of variance due to u_i)
------------------------------------------------------------------------------
```

그림 6.2에서는 6.2절에서 설명한 강건한 하우스만(robust Hausman) 검정에 대한 Stata 명령문을 소개한다. 식 6.9 모형에 강건한 하우스만 검정을 적용하면 귀무가설은 다음과 같다.

$$H_0:\ \theta_{\bar{x}_i} = 0$$

검정은 시간가변 변수 $x_{it}$의 그룹 평균인 $\bar{x}_i$ 변수의 추정계수가 모두 0과 같다고 설정한다. 귀무가설을 기각할 수 없다면 상관 이질성이 존재한다는 의미이고 기각한다면 비상관 이질성에 해당한다.

**그림 6.2 강건한 하우스만(robust Hausman) 검정**

```
. qui xtreg lwage occ south smsa ind exp wks ms union fem blk ed *_m , re

. testparm *_m
 ( 1)  occ_m = 0
 ( 2)  south_m = 0
 ( 3)  smsa_m = 0
 ( 4)  ind_m = 0
 ( 5)  exp_m = 0
 ( 6)  wks_m = 0
 ( 7)  ms_m = 0
 ( 8)  union_m = 0
           chi2(  8) = 3090.93
         Prob > chi2 =    0.0000
```

그림 6.2에 제시된 검정결과에 따르면 귀무가설을 기각하기 때문에 상관 이질성이 존재한다고 판단할 수 있다. 따라서 일반적인 확률효과 추정량보다 Wooldridge 확률효과 추정량 또는 고정효과 추정량을 선택하는 것이 적절하다.

그림 6.3에서는 FEVD 추정결과를 보여준다. 6.3절에서 설명한 대로 1단계부터 3단계까지를 순서대로 실행하여 FEVD 추정치를 얻는다. 3단계 추정결과를 1단계와 비교하면 시간가변 변수 추정계수는 서로 같다. 다만 3단계 추정에서 시간불변 변수인 $fem_i$, $ed_i$, $blk_i$ 변수의 추정계수를 얻을 수 있는 장점이 있다. 3단계 추정에서 $\hat{h}_i$ 변수의 추정계수는 항상 1이 나온다.*

**그림 6.3 FEVD 추정결과: 1단계~3단계**

```
. use S_data6_1, clear
. xtreg lwage occ south smsa ind exp wks ms union fem blk ed , fe  // 1단계
Fixed-effects (within) regression               Number of obs      =      4,165
Group variable: id                              Number of groups   =        595

R-sq:                                           Obs per group:
     within  = 0.6525                                        min =          7
     between = 0.0239                                        avg =        7.0
     overall = 0.0428                                        max =          7

                                                F(8,3562)          =     836.08
corr(u_i, Xb)  = -0.9135                        Prob > F           =     0.0000
------------------------------------------------------------------------------
       lwage |      Coef.   Std. Err.      t    P>|t|     [95% Conf. Interval]
```

* Breusch et al.(2011)의 Theorem 1을 참고하라.

```
-------------+----------------------------------------------------------------
         occ |   -.024864   .0138878    -1.79   0.073    -.0520928    .0023647
       south |  -.0031979   .0345756    -0.09   0.926    -.0709879    .0645921
        smsa |   -.043727   .0195844    -2.23   0.026    -.0821249   -.0053292
         ind |   .0207565   .0155696     1.33   0.183    -.0097697    .0512828
         exp |    .096577   .0011909    81.10   0.000     .0942422    .0989118
         wks |   .0011422   .0006032     1.89   0.058    -.0000404    .0023248
          ms |  -.0302596   .0191366    -1.58   0.114    -.0677795    .0072602
       union |   .0341582   .0150422     2.27   0.023      .004666    .0636504
         fem |          0  (omitted)
         blk |          0  (omitted)
          ed |          0  (omitted)
       _cons |   4.751687   .0443737   107.08   0.000     4.664687    4.838688
-------------+----------------------------------------------------------------
     sigma_u |   1.054361
     sigma_e |  .15322097
         rho |  .97931852   (fraction of variance due to u_i)
------------------------------------------------------------------------------
F test that all u_i=0: F(594, 3562) = 39.21                  Prob > F = 0.0000

. capture drop uhat
. predict uhat , u
. reg uhat fem blk ed  // 2단계
. capture drop hhat
. predict hhat, resid
. reg lwage occ south smsa ind exp wks ms union fem blk ed hhat  // 3단계
      Source |       SS           df       MS      Number of obs   =     4,165
-------------+----------------------------------   F(12, 4152)     =   3323.63
       Model |  803.281019        12  66.9400849   Prob > F        =    0.0000
    Residual |  83.6238827     4,152  .020140627   R-squared       =    0.9057
-------------+----------------------------------   Adj R-squared   =    0.9054
       Total |  886.904902     4,164  .212993492   Root MSE        =    .14192

------------------------------------------------------------------------------
       lwage |      Coef.   Std. Err.      t    P>|t|     [95% Conf. Interval]
-------------+----------------------------------------------------------------
         occ |   -.024864   .0060064    -4.14   0.000    -.0366397   -.0130883
       south |  -.0031979   .0050993    -0.63   0.531    -.0131953    .0067995
        smsa |   -.043727   .0050606    -8.64   0.000    -.0536484   -.0338056
         ind |   .0207565   .0047923     4.33   0.000     .0113611     .030152
         exp |    .096577    .000616   156.79   0.000     .0953694    .0977846
         wks |   .0011422   .0004395     2.60   0.009     .0002805    .0020039
          ms |  -.0302596   .0083652    -3.62   0.000    -.0466598   -.0138595
       union |   .0341582   .0052123     6.55   0.000     .0239393    .0443772
         fem |  -.1262082   .0102997   -12.25   0.000    -.1464012   -.1060152
         blk |  -.2792596   .0089855   -31.08   0.000    -.2968761   -.2616432
          ed |   .1459534    .001217   119.93   0.000     .1435674    .1483394
        hhat |          1    .006707   149.10   0.000     .9868507    1.013149
       _cons |   2.911254   .0331196    87.90   0.000     2.846322    2.976186
------------------------------------------------------------------------------
```

그림 6.3의 FEVD 추정결과는 Stata의 xtfevd 명령어를 이용하여 쉽게 같은 결과를 얻을 수 있다(그림 6.4). 다만 Plumper and Troeger(2007)에서는 자유도 수정을 통해 FEVD에 해당하는 추정치의 표준오차를 다시 계산하게 된다. xtfevd 명령어 다음에 시간가변과 시간불변 설명변수를 모두 포함한다. invariant 옵션에서 시간 불변변수를 다시 지정해 주면 된다. 추정결과를 그림 6.3과 비교하면 추정계수는 서로 같고 “eta” 추정계수는 그림 6.3의 “hhat” 추정계수에 해당한다. 표준오차는 그림 6.3과 상당히 다르다는 것을 보여준다. 가령 $fem$ 변수(성별)는 자유도 수정 전 추정결과(그림 6.3)에서는 유의하지만, 자유도 수정 이후 표준오차(그림 6.4)를 적용하면 5% 수준에서 유의하지 않다는 것을 확인한다.

**그림 6.4 FEVD 추정결과: xtfevd 명령어**

```
. xtfevd lwage occ south smsa ind exp wks ms union fem blk ed, invariant(fem blk ed)

panel fixed effects regression with vector decomposition

degrees of freedom fevd     =      3559          number of obs       =      4165
mean squared error          = .0200778           F( 13, 3559)        = 611.3495
root mean squared error     =  .141696           Prob > F            =         0
Residual Sum of Squares     = 83.62388           R-squared           = .9057127
Total Sum of Squares        = 886.9049           adj. R-squared      = .8896846
Estimation Sum of Squares   =  803.281

------------------------------------------------------------------------------
             |              fevd
       lwage |      Coef.   Std. Err.      t    P>|t|     [95% Conf. Interval]
-------------+----------------------------------------------------------------
         occ |   -.024864   .0138878    -1.79   0.073    -.0520928    .0023648
       south |  -.0031979   .0345756    -0.09   0.926    -.0709879    .0645921
        smsa |   -.043727   .0195844    -2.23   0.026    -.0821249   -.0053292
         ind |   .0207565   .0155696     1.33   0.183    -.0097697    .0512828
         exp |    .096577   .0011909    81.10   0.000     .0942422    .0989118
         wks |   .0011422   .0006032     1.89   0.058    -.0000404    .0023248
          ms |  -.0302596   .0191366    -1.58   0.114    -.0677795    .0072602
       union |   .0341582   .0150422     2.27   0.023      .004666    .0636505
         fem |  -.1262082   .1293988    -0.98   0.329    -.3799116    .1274951
         blk |  -.2792596   .1577301    -1.77   0.077      -.58851    .0299908
          ed |   .1459534   .0144881    10.07   0.000     .1175477    .1743591
         eta |          1          .        .       .            .           .
       _cons |   2.911254   .1999297    14.56   0.000     2.519265    3.303242
------------------------------------------------------------------------------
```

## 6.5 Stata do file

```
use S_data6_1, clear
tsset id t

by id , sort: egen occ_m=mean(occ)
by id: egen south_m=mean(south)
by id: egen smsa_m=mean(smsa)
by id: egen ind_m=mean(ind)
by id: egen exp_m=mean(exp)
by id: egen wks_m=mean(wks)
by id: egen ms_m=mean(ms)
by id: egen union_m=mean(union)

xtreg lwage occ south smsa ind exp wks ms union ///
fem blk ed  , re

xtreg lwage occ south smsa ind exp wks ms union ///
fem blk ed *_m , re

testparm *_m

* FEVD 추정
xtreg lwage occ south smsa ind exp wks ms union ///
fem blk ed , fe
capture drop uhat
predict uhat , u
reg uhat fem blk ed
capture drop hhat
predict hhat, resid
reg lwage occ south smsa ind exp wks ms union ///
fem blk ed hhat

xtfevd lwage occ south smsa ind exp wks ms union ///
fem blk ed, invariant(fem blk ed)
```

# CHAPTER 07 | 교차 확률효과 모형*

## 7.1 횡단면 데이터에서 응용

교차 확률효과(crossed random effects) 모형은 횡단면 멀티레벨 모형의 특정한 형태라고 이해할 수 있다. 일반적인 멀티레벨(특히 two-level) 모형에서는 하위레벨(level 1)이 상위레벨(level 2)에 내포된(nested) 형태로 구성되어 있다. 학교(level 2)가 있고, 그 학교의 구성원인 학생(level 1)이 있는 데이터 구조를 예로 들 수 있다. 그림 7.1에서는 이와 같이 일반적으로 관찰되는 two-level 데이터 구조를 보여준다.

**그림 7.1 내포된 two-level 데이터: 학교-학생**

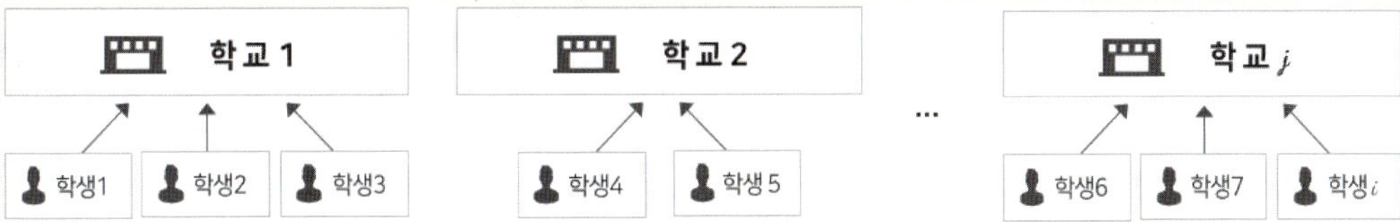


그림 7.1과 같은 횡단면 two-level 데이터를 이용한 선형회귀모형은 다음과 같은 가변절편(varying intercept) 모형(식 7.1) 또는 가변계수(varying coefficients) 모형(식 7.2)을 설정한다.

$$y_{ij} = \alpha + \beta x_{ij} + u_j + e_{ij} \text{ : 가변절편 모형} \tag{7.1}$$

$$y_{ij} = \alpha + \beta x_{ij} + u_{1j} + u_{2j} x_{ij} + e_{ij} \text{ : 가변계수 모형} \tag{7.2}$$

Stata에서는 mixed 명령어로 위 모형을 추정할 수 있다(민인식 · 최필선 2019d, 12장을 참고). 식 7.1과 식 7.2 모형에서는 상위레벨에 속해 있는 하위레벨 관측치들은 그룹 내 상관관계(intra-class correlation)를 가진다고 가정한다.

그런데 본 장에서 설명하는 교차 확률효과 모형은 two-level 데이터 구조이기는 하지만 non-nested 멀티레벨 데이터에서 출발한다. 즉 하위레벨의 관측치가 반드시 하나의 상위레벨에 속하는 것은 아니다. 병원(상위레벨)-환자(하위레벨) 구조가 대표적인 예이다. 외래의료 이용의 경우, 특정 환자는 여러 병원을 방문할 수 있기 때문이다. 동아리 모임(상위레벨)과

* 본 장은 민인식(2018a)을 재구성하였다.

그 모임에 속한 대학생(하위레벨) 데이터 역시 교차 확률효과 모형 예시가 될 수 있다. 특정 동아리에 속한 대학생은 다른 동아리에 동시에 가입해 있을 수 있다. 그림 7.2에서는 교차 확률효과 모형에 사용되는 non-nested two-level 데이터의 예를 보여준다.

**그림 7.2 교차 확률효과 모형에서 데이터 구조**

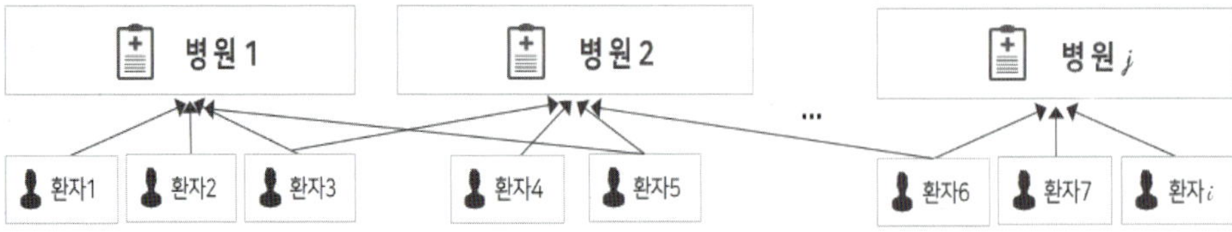


교차 확률효과를 표현하는 선형회귀모형은 다음과 같이 쓸 수 있다.

$$y_{ij} = \alpha + \beta x_{ij} + u_j + v_i + e_{ij} \tag{7.3}$$

여기에서 $j$는 상위레벨인 병원 id이고 $i$는 하위레벨인 환자 id로 정의하자. 상위레벨(병원) 이질성(heterogeneity)인 $u_j$와 하위레벨(환자) 이질성 $v_i$를 모두 확률효과(random effects)로 고려하고 있다. 종속변수 $y_{ij}$는 특정 환자 $i$가 병원 $j$를 방문했을 때 발생하는 의료비 지출액이라고 가정하자.

위의 식 7.3에서 복합 오차항(error components)에 대한 가정은 다음과 같다.

가정 1: $u_j \sim N(0, \sigma_u^2)$

가정 2: $v_j \sim N(0, \sigma_v^2)$

가정 3: $e_{ij} \sim N(0, \sigma_e^2)$

가정 4: $cov(u_j, v_i) = cov(u_j, e_{ij}) = cov(v_i, e_{ij}) = 0$

가정 5: $cov(u_j, u_s) = 0$ , $cov(v_i, v_k) = 0$ , $cov(e_{ij}, e_{ks}) = 0$

여기에서 가정 4는 병원레벨 오차항과 환자레벨 오차항은 서로 상관관계가 없다고 해석할 수 있다. 가정 1~5 하에서 종속변수의 $j$ 그룹 내 상관계수는 다음과 같이 표현할 수 있다.

$$corr(y_{ij}, y_{kj}) = \frac{cov(y_{ij}, y_{kj})}{\sqrt{var(y_{ij})}\ \sqrt{var(y_{kj})}} = \frac{\sigma_u^2}{\sigma_u^2 + \sigma_v^2 + \sigma_e^2} \tag{7.4}$$

이는 같은 병원 $j$에 속한 환자 $i$와 환자 $k$의 의료비 지출금액의 상관관계로 이해할 수 있다. 이 상관계수는 $\sigma_u^2 \neq 0$ 이면 항상 0보다 큰 값을 갖게 된다.

다음의 상관계수는 환자 $i$가 병원 $j$와 병원 $s$에서 지출한 의료비 상관관계로 이해할 수 있다.

$$corr(y_{ij}, y_{is}) = \frac{cov(y_{ij}, y_{is})}{\sqrt{var(y_{ij})}\sqrt{var(y_{is})}} = \frac{\sigma_v^2}{\sigma_u^2 + \sigma_v^2 + \sigma_e^2} \tag{7.5}$$

만약 환자가 반드시 1개 병원에만 속하는 데이터 구조라면 위 식의 상관계수는 0이 될 것이다. 식 7.3의 선형회귀모형을 추정하기 위해서는 식 7.4와 식 7.5의 상관관계 구조를 반영하여 추정계수와 표준오차를 구해야 한다.

가정 1~5 하에서 식 7.3에 대한 추정방법은 최우추정(maximum likelihood estimation)을 사용할 수 있다. 교차 확률효과 모형은 오차항 $u_j$와 $v_i$를 모두 확률변수로 가정하기 때문에 이원 확률효과 모형(two-way random effects model)이라고도 부른다.

식 7.3에서 상위레벨에 해당하는 개체(병원) 수가 많지 않다면(finite) $u_j$에 대해 확률효과 대신 고정효과(fixed effects)로 간주하고 추정할 수 있다. 다음 식 7.6에서는 병원 이질성은 고정효과로, 그리고 환자 이질성은 확률효과로 포함한 모형을 보여준다.

$$y_{ij} = \alpha + \beta x_{ij} + \sum_{j=1}^{M} \gamma_j hospital_j + v_i + e_{ij} \tag{7.6}$$

여기에서 $hospital_j$는 병원 개체에 대한 더미변수이다. 이 식에서 병원 이질성을 고정효과로 포함하였기 때문에 병원레벨 설명변수(예를 들면 국공립 병원 여부)에 대한 추정계수를 얻을 수 없다는 단점이 있다.

## 7.2 패널데이터에서 응용

패널데이터는 멀티레벨 데이터 측면에서 보면 two-level 데이터라고 말할 수 있다. 상위레벨은 그룹(개체)이고 하위레벨은 시간(년도)이다. 상위레벨 개체에 시간이 속한 구조이지만, 패널데이터는 non-nested two-level 구조로 볼 수 있다. 그룹 $i$가 여러 년도 $t$를 가지고 있지만 동시에 특정 연도 $t$에 여러 그룹 $i$를 동시에 내포하는 구조이다. 식 7.3과 유사하게 그룹 이질성과 시간 이질성을 모두 확률효과로 포함하는 모형을 설정할 수 있다. 다음 식에서는 패널데이터 하에서 교차 확률효과(crossed RE) 모형을 설정한다.

$$y_{it} = \alpha + \beta x_{it} + u_i + v_t + e_{it} \tag{7.7}$$

여기에서 $u_i$는 상위레벨인 그룹 이질성에 해당하는 확률변수이고, $v_t$는 하위레벨인 시간 이질성에 해당하는 오차항이다. 오차항 확률변수에 대한 가정은 다음과 같다.

가정 1: $u_i \sim N(0, \sigma_u^2)$

가정 2: $v_t \sim N(0, \sigma_v^2)$

가정 3: $e_{it} \sim N(0, \sigma_e^2)$

가정 4: $cov(u_i, v_t) = cov(u_i, e_{it}) = cov(v_t, e_{it}) = 0$

가정 5: $cov(u_i, u_s) = 0$ , $cov(v_t, v_k) = 0$ , $cov(e_{it}, e_{ks}) = 0$

그룹 내에서 시점 간 상관관계(within-group serial correlation)는 다음과 같이 쓸 수 있다.

$$corr(y_{it}, y_{is}) = \frac{cov(y_{it}, y_{is})}{\sqrt{var(y_{ij})}\sqrt{var(y_{is})}} = \frac{\sigma_u^2}{\sigma_u^2 + \sigma_v^2 + \sigma_e^2} \tag{7.8}$$

같은 시점 $t$에서 관찰된 패널 그룹 $i$와 $k$의 상관관계는 다음과 같이 계산된다. 이를 동시적 상관관계(contemporaneous correlation)라고 부른다.

$$corr(y_{it}, y_{kt}) = \frac{cov(y_{it}, y_{kt})}{\sqrt{var(y_{ij})}\sqrt{var(y_{kt})}} = \frac{\sigma_v^2}{\sigma_u^2 + \sigma_v^2 + \sigma_e^2} \tag{7.9}$$

상당수 패널데이터 모형에서 교차 확률효과 또는 이원 확률효과 모형을 고려하지 않는 이유는 종속변수에 영향을 미치는 시간 이질성이 없다고 가정하기 때문이다. 시간 이질성을 고려하는 모형에서는 $v_t$에 대한 확률효과 대신 고정효과를 가정하는 것이 일반적이다. 시점 수가 제한적이기 때문으로 보인다. 그룹 이질성은 확률효과, 그리고 시간 이질성은 고정효과로 포함한 패널 선형회귀모형이 다음 식에 나와 있다.

$$y_{it} = \alpha + \beta x_{it} + \sum_{t=1}^{T} \gamma_t time_t + u_i + e_{it} \tag{7.10}$$

여기에서 $time_t$는 각 시점(연도)에 대한 더미변수이다.

## 7.3 Stata 예제

data file: S_data7_1.dta

예제 데이터는 횡단면 two-level 데이터 구조를 가지고 있다. 상위레벨 $j$는 병원 유형(hospital type)이고, 하위레벨 $i$는 해당 병원에 방문한 환자 id이다. 한국의료패널(Korea Health Panel: KHP) 2016년 외래환자와 진료내역에 추출한 데이터이다. KHP에서는 병의원 id가 주어지지 않기 때문에 환자가 방문한 의료기관 유형을 상위레벨로 정한다. 의료기관은 8개 유형(1: 종합전문병원, 2: 종합병원, 3: 병원, 4: 의원, 5: 치과병원, 6: 치과의원, 7: 한방병원, 8: 한의원)으로 구분되어 있다. 예제 데이터가 non-nested 구조인 이유는 하위레벨인 환자는 (1년 동안) 다양한 의료기관에 방문하여 진료를 받을 수 있기 때문이다.

그림 7.3에서는 5,000건의 외래진료에 대해서 병원 id별 빈도표와 환자가 방문한 병원유형 빈도표를 정리하여 보여준다. 관찰된 의료기관 유형은 1번~8번이다. hospital=1(종합전문병원)의 진료 건수는 600건이다.* 두 번째 빈도표를 보면 가령 pidwon=1000102의 환자는 1년 동안 총 161건 외래진료 기록이 있다. 4번 병원에서 134건, 그리고 6번과 8번 병원에서 각각 3건과 24건의 진료내역이 관찰된다.

**그림 7.3 병원-환자 빈도표**

```
. tab hospital

     의료기 |
     관종류 |      Freq.     Percent        Cum.
------------+-----------------------------------
          1 |        600        5.64        5.64
          2 |        819        7.70       13.35
          3 |        464        4.36       17.71
          4 |      6,613       62.20       79.92
          5 |         35        0.33       80.25
          6 |        670        6.30       86.55
          7 |         16        0.15       86.70
          8 |      1,414       13.30      100.00
------------+-----------------------------------
      Total |     10,631      100.00

. tab pidwon hospital if pidwon<=1001000

    가구원 |
    고유번 |                     의료기관종류
```

* 특정 환자가 1년 동안 중복하여 종합전문병원에 방문할 수 있어서 종합전문병원 방문 환자 수가 600명이라고 말할 수는 없다.

```
        호 |         1          2          4          5          6          8 |     Total
-----------+------------------------------------------------------------------+----------
   1000102 |         0          0        134          0          3         24 |       161 
   1000601 |         0          7          6          0          3          0 |        16 
   1000602 |         0          3          3          0          2          0 |         8 
   1000801 |        20          1         23          1          0          0 |        45 
   1000802 |         1          0         17          0          0          0 |        18 
   1000804 |         0          0          7          0          0          0 |         7 
   1000901 |         2          5          2          0          3          0 |        12 
-----------+------------------------------------------------------------------+----------
     Total |        23         16        192          1         11         24 |       267
```

예제 데이터를 이용한 멀티레벨 모형에서 종속변수는 병원 방문 시 환자의 의료비 지출 금액(수납금액)에 로그를 취한 값이다. 통제변수로는 개인특성과 의료기관 특성 변수를 포함한다. 개인특성은 나이, 교육수준, 성별, 가구소득, 만성질환 보유 여부이다. 의료기관 특성은 국공립 여부 변수이다.* Stata에서 멀티레벨 모형을 추정하는 데 mixed 명령어를 사용한다. 다음 식은 상위레벨 병원 이질성만 포함하는 모형이다.

$$y_{ij} = \alpha + \beta x_{ij} + \gamma z_j + u_j + e_{ij} \tag{7.11}$$

여기에서 $u_j$는 병원($j$) 유형 이질성이며, 정규분포를 따르는 확률변수로 가정한다. $z_j$는 관찰된 병원레벨 통제변수이다. 본 예제에서는 병원의 국공립 유무(h_type)에 해당하는 변수이다.

### 그림 7.4 상위레벨 이질성만 포함

```
. mixed y1 i.gender i.edu CD_cdcount age lincome i.h_type || hospital : , nolog

Mixed-effects ML regression                     Number of obs     =      9,998
Group variable: hospital                        Number of groups  =          8

                                                Obs per group:
                                                              min =          7
                                                              avg =    1,249.8
                                                              max =      6,351

                                                Wald chi2(9)      =     994.88
Log likelihood =  -15077.32                     Prob > chi2       =     0.0000
------------------------------------------------------------------------------
          y1 |      Coef.   Std. Err.      z    P>|z|     [95% Conf. Interval]
```

* 환자 나이는 40세 이상으로 한정하였고, 지역 및 직장 의료보험 가입자만 분석에 포함시켰다.

```
-------------+----------------------------------------------------------------
    2.gender |   .1186642   .0246461     4.81   0.000     .0703587    .1669696
             |
         edu |
        102  |   .2205824   .0522763     4.22   0.000     .1181227    .3230421
        103  |   .1624386   .0572116     2.84   0.005     .0503059    .2745713
        104  |   .2526763   .0663635     3.81   0.000     .1226062    .3827465
        105  |   .1137938   .0969287     1.17   0.240    -.076183     .3037706
             |
  CD_cdcount |   .0044161   .0051191     0.86   0.388    -.0056171    .0144493
         age |  -.0245253   .0012387   -19.80   0.000    -.0269532   -.0220974
     lincome |   .0818346   .0159971     5.12   0.000     .0504809    .1131883
    1.h_type |  -.2560556   .2469861    -1.04   0.300    -.7401395    .2280283
       _cons |   10.08527   .3137807    32.14   0.000     9.470272    10.70027
------------------------------------------------------------------------------

------------------------------------------------------------------------------
  Random-effects Parameters  |   Estimate   Std. Err.     [95% Conf. Interval]
-----------------------------+------------------------------------------------
hospital: Identity           |
                  var(_cons) |   .5309406   .2704868      .1956153    1.441083
-----------------------------+------------------------------------------------
               var(Residual) |   1.190236   .0168406      1.157682    1.223704
------------------------------------------------------------------------------
LR test vs. linear model: chibar2(01) = 3032.67       Prob >= chibar2 = 0.0000
```

그림 7.4의 Stata 명령문에서 || (double vertical bar) 다음에 상위레벨(병원) id를 지정한다. 자세한 명령문과 결과 해석은 민인식 · 최필선(2019d) 12장을 참고할 수 있다. 위 추정결과로부터 병원 내 환자들의 수납금액 상관관계 추정치를 다음과 같이 얻을 수 있다. 상관계수는 0.308로 양의 상관관계로 추정된다.

$$corr(y_{ij}, y_{kj}) = \frac{\sigma_u^2}{\sigma_u^2 + \sigma_e^2} = \frac{0.530}{0.530 + 1.190} = 0.308 \tag{7.12}$$

앞의 7.1절 식 7.3에서 설명한 교차 확률효과 모형을 추정하기 위해 필요한 Stata 명령문과 추정결과를 그림 7.5에서 보여준다. 상위레벨(hospital)과 하위레벨(pidwon) 변수 앞에 각각 ||_all : R.이라고 써주면 된다. R.은 확률효과(random effects)를 의미한다.

### 그림 7.5 교차 확률효과 추정결과

```
. mixed y1 i.gender i.edu CD_cdcount age lincome i.h_type|| _all: R.hospital ||_all:
R.pidwon ,nolog

Mixed-effects ML regression                     Number of obs     =      9,998
Group variable: _all                            Number of groups  =          1
```

```
                                                Obs per group:
                                                              min =      9,998
                                                              avg =    9,998.0
                                                              max =      9,998

                                                Wald chi2(9)      =     173.94
Log likelihood = -14639.057                     Prob > chi2       =     0.0000
------------------------------------------------------------------------------
          y1 |      Coef.   Std. Err.      z    P>|z|     [95% Conf. Interval]
-------------+----------------------------------------------------------------
    2.gender |   .1491712   .0535322     2.79   0.005       .04425    .2540925
             |
         edu |
        102  |    .198344   .1472385     1.35   0.178    -.0902381    .4869261
        103  |   .1874207   .1536213     1.22   0.222    -.1136716    .4885129
        104  |   .2414003    .167899     1.44   0.150    -.0876757    .5704762
        105  |   .1378735   .2118885     0.65   0.515    -.2774203    .5531673
             |
  CD_cdcount |  -.0081499   .0129244    -0.63   0.528    -.0334813    .0171814
         age |  -.0223567   .0026681    -8.38   0.000     -.027586   -.0171274
     lincome |   .0422965   .0365306     1.16   0.247    -.0293021    .1138951
    1.h_type |  -.4166724   .2433658    -1.71   0.087    -.8936607    .0603159
       _cons |   10.28553   .4801724    21.42   0.000     9.344405    11.22665
------------------------------------------------------------------------------

------------------------------------------------------------------------------
  Random-effects Parameters  |   Estimate   Std. Err.     [95% Conf. Interval]
-----------------------------+------------------------------------------------
_all: Identity               |
              var(R.hospital) |   .5202904   .2666752      .1905293     1.42079
-----------------------------+------------------------------------------------
_all: Identity               |
                var(R.pidwon) |   .1931834   .0183421      .1603803    .2326957
-----------------------------+------------------------------------------------
                var(Residual) |   1.023056    .014812      .9944333    1.052503
------------------------------------------------------------------------------
LR test vs. linear model: chi2(2) = 3909.19              Prob > chi2 = 0.0000
```

그림 7.5 추정결과를 이용하여 병원($j$)을 방문한 환자들의 의료비 지출 상관계수를 다음과 같이 추정할 수 있다. 같은 병원을 방문한 환자들의 수납금액 상관계수는 0.299임을 알 수 있다.

$$corr(y_{ij}, y_{kj}) = \frac{\sigma_u^2}{\sigma_u^2 + \sigma_v^2 + \sigma_e^2} = \frac{0.520}{0.520 + 0.193 + 1.023} = 0.299 \qquad (7.13)$$

특정 환자($i$)가 여러 병원을 방문할 때 의료비 지출의 상관계수는 다음의 식으로 구할 수 있다. 병원 유형별로 의료비가 차이가 크기 때문에 양의 상관관계가 작게 추정되어 0.111

이다.

$$corr(y_{ij}, y_{is}) = \frac{\sigma_v^2}{\sigma_u^2 + \sigma_v^2 + \sigma_e^2} = \frac{0.193}{0.520 + 0.193 + 1.023} = 0.111 \quad (7.14)$$

그림 7.5의 맨 아래에서 보여주는 LR 검정은 다음의 귀무가설에 대한 결합 검정을 계산한다.

$$H_0 : \sigma_u = \sigma_v = 0$$

즉 이 검정은 교차 확률효과 모형이 적절한지에 대해 가설검정이다. $p$-값이 0.05보다 작기 때문에 확률효과를 고려하지 않은 모형에 비해 교차 확률효과 모형이 적절하다고 판단할 수 있다.

병원 이질성을 확률효과가 아닌 고정효과로 간주하고 환자 이질성만 확률효과로 가정한 모형은 다음과 같다.

$$y_{ij} = \alpha + \beta x_{ij} + \gamma z_j + \sum_{k=2}^{8} \delta_k DumH_k + v_i + e_{ij} \quad (7.15)$$

여기에서 $DumH$는 병원 유형에 대한 더미변수를 의미한다. 아래 그림 7.6에서 추정결과를 제시한다.

**그림 7.6 병원 이질성을 고정효과로 포함**

```
. mixed y1 i.gender i.edu CD_cdcount age lincome i.h_type i.hospital || pidwon : ,
nolog

Mixed-effects ML regression                     Number of obs     =      9,998
Group variable: pidwon                          Number of groups  =        431
                                                Obs per group:
                                                              min =          2
                                                              avg =       23.2
                                                              max =        194
                                                Wald chi2(16)     =    3131.11
Log likelihood = -14616.418                     Prob > chi2       =     0.0000
------------------------------------------------------------------------------
          y1 |      Coef.   Std. Err.      z    P>|z|     [95% Conf. Interval]
-------------+----------------------------------------------------------------
    2.gender |   .1492793   .0534285     2.79   0.005     .0445613    .2539972
             |
         edu |
        102  |   .1971254    .146942     1.34   0.180    -.0908756    .4851264
```

```
         103 |   .1857268   .1533157     1.21   0.226    -.1147665    .4862201
         104 |    .238418   .1675878     1.42   0.155    -.0900479     .566884
         105 |   .1345318   .2114888     0.64   0.525    -.2799786    .5490422
             |
  CD_cdcount |  -.0080278   .0128988    -0.62   0.534     -.033309    .0172533
         age |  -.0224203   .0026637    -8.42   0.000    -.0276411   -.0171995
     lincome |   .0425386    .036462     1.17   0.243    -.0289255    .1140027
    1.h_type |  -.4176248   .2432765    -1.72   0.086    -.8944379    .0591884
             |
    hospital |
           2 |  -.5254193   .0678178    -7.75   0.000    -.6583397   -.3924988
           3 |  -.7400872   .0767677    -9.64   0.000    -.8905491   -.5896252
           4 |  -1.890847   .0517311   -36.55   0.000    -1.992239   -1.789456
           5 |  -.4805578   .2225486    -2.16   0.031     -.916745   -.0443706
           6 |  -.2711192   .0714769    -3.79   0.000    -.4112114    -.131027
           7 |  -.1312967   .4415472    -0.30   0.766    -.9967133    .7341199
           8 |  -2.010861   .0605275   -33.22   0.000    -2.129493    -1.89223
             |
       _cons |   11.07069    .406616    27.23   0.000     10.27373    11.86764
------------------------------------------------------------------------------

------------------------------------------------------------------------------
  Random-effects Parameters  |   Estimate   Std. Err.     [95% Conf. Interval]
-----------------------------+------------------------------------------------
pidwon: Identity             |
                  var(_cons) |   .1922278   .0182512      .1595873    .2315442
-----------------------------+------------------------------------------------
               var(Residual) |   1.022397   .0147984      .9938003    1.051817
------------------------------------------------------------------------------
LR test vs. linear model: chibar2(01) = 873.62        Prob >= chibar2 = 0.0000
```

식 7.15 모형에서 확률효과는 환자 이질성만 있기 때문에 위 명령문에서 || 다음에 환자 id에 해당하는 pidwon 변수를 입력하면 된다. 특정 환자가 여러 병원을 방문할 때 지출하는 의료비의 상관관계를 일정하게 가정하게 된다. 그림 7.6의 추정 결과를 보면, 병원 고정효과 추정계수가 모두 음으로 추정되었다. 1번 유형(전문종합병원) 방문 시 의료비가 가장 높고, 2번~8번 유형에서는 1번 유형보다 지출의료비가 낮을 것으로 예상할 수 있는데, 예상과 일치하는 추정결과를 확인할 수 있다.

**data file: S_data7_2.dta**

예제 데이터는 패널데이터 구조이다. 상위레벨은 company 변수이고 하위레벨은 year 변수이다. 그러나 특정 시점(year)에 10개 회사를 조사한 결과를 모았기 때문에 non-nested 멀티레벨 구조라고 이해할 수 있다. 다만 앞선 병원-환자 데이터 구조와 차이점은 상위레벨 $i$ (company) 내에서 하위레벨 $t$ (연도)는 반드시 1번만 존재한다는 점이다. 거꾸로 말하면 특정 연도에는 그룹 $i$가 반복될 수 없다. mixed 명령어를 사용한 추정결과가 그림 7.7에 나와 있다.

**그림 7.7 패널데이터에서 교차 확률효과 모형**

```
. mixed invest mvalue || _all: R.com || _all: R.year, nolog

Mixed-effects ML regression                     Number of obs     =        200
Group variable: _all                            Number of groups  =          1

                                                Obs per group:
                                                              min =        200
                                                              avg =      200.0
                                                              max =        200

                                                Wald chi2(1)      =     143.86
Log likelihood = -1185.8248                     Prob > chi2       =     0.0000

------------------------------------------------------------------------------
      invest |      Coef.   Std. Err.      z    P>|z|     [95% Conf. Interval]
-------------+----------------------------------------------------------------
      mvalue |   .1622378   .0135265    11.99   0.000     .1357264    .1887492
       _cons |  -29.53133   29.48899    -1.00   0.317    -87.32868    28.26603
------------------------------------------------------------------------------

------------------------------------------------------------------------------
  Random-effects Parameters  |   Estimate   Std. Err.     [95% Conf. Interval]
-----------------------------+------------------------------------------------
_all: Identity               |
              var(R.company) |   5747.492   2953.665      2099.141    15736.75
-----------------------------+------------------------------------------------
_all: Identity               |
                 var(R.year) |   959.7624   528.1376      326.4111    2822.036
-----------------------------+------------------------------------------------
               var(Residual) |   6557.522   710.9932      5302.114     8110.18
------------------------------------------------------------------------------
LR test vs. linear model: chi2(2) = 81.55                 Prob > chi2 = 0.0000
```

식 7.8과 식 7.9에서 제시한 그룹 내 상관계수 추정결과는 다음과 같다.

$$corr(y_{it}, y_{is}) = \frac{\sigma_u^2}{\sigma_u^2 + \sigma_v^2 + \sigma_e^2} = 0.432 \tag{7.16}$$

$$corr(y_{it}, y_{kt}) = \frac{\sigma_v^2}{\sigma_u^2 + \sigma_v^2 + \sigma_e^2} = 0.072 \tag{7.17}$$

그룹(company) 내 시점 간 상관계수는 0.432로 매우 높다. 그러나 시점 내 회사 간 상관계수는 0.072로 낮은 상관관계를 보여준다. 같은 회사 내에서 종속변수(investment)의 시점

간 상관관계를 모형에서 고려하는 것이 중요하다는 것을 알 수 있다.

## 7.4 Stata do file

```
use S_data7_1, clear
tab hospital
tab pidwon hospital if pidwon<=1001000

mixed y1 i.gender i.edu CD_cdcount age lincome i.h_type ///
|| hospital : , nolog

di 0.530/(0.530+1.190)

mixed y1 i.gender i.edu CD_cdcount age lincome i.h_type ///
|| hospital :||_all: R.pidwon
mixed y1 i.gender i.edu CD_cdcount age lincome i.h_type ///
|| _all: R.hospital ||_all: R.pidwon

mixed y1 i.gender i.edu CD_cdcount age lincome i.h_type ///
||_all: R.pidwon    || _all: R.hospital

di 0.520/(0.520+0.193+1.023)
di 0.193/(0.520+0.193+1.023)

mixed y1 i.gender i.edu CD_cdcount age lincome i.h_type  ///
i.hospital || pidwon: , nolog

use S_data7_2, clear
mixed invest mvalue || _all: R.com || _all: R.year, nolog
di 5747.492 /(5747.492 +959.7624+6557.522)
di 959.7624/(5747.492 +959.7624+6557.522)
```

# CHAPTER 08 | 패널 공적분 검정

## 8.1 공적분 검정의 필요성

사회과학 연구에서 주로 사용되는 미시 패널데이터(micro panel data)는 그룹 개수 $n$은 매우 크지만 $T$는 상대적으로 적은 편이다. 그러나 거시 패널데이터(macro panel data)는 그룹 개수 $n$보다 시점 $T$가 상대적으로 많은 경우에 해당한다. 거시 패널데이터는 데이터의 시계열적 특성에 초점을 맞추어 분석해야 하는 어려움이 있다. Phillips and Moon(2000)에서는 패널 그룹별 기울기 계수(slope coefficients)를 서로 다르게 설정할 필요성을 논의하고 있다. 이러한 논의는 기존 미시 패널데이터의 이질적인 상수항(heterogeneous intercept)과 동일한 기울기(homeogenous slopes)를 추정하는 모형과는 어느 정도 차이가 있다.

거시 패널데이터는 그룹에 대한 장기간 시점의 표본이 존재하기 때문에 시계열의 안정성(stationarity)과 공적분(cointegration)에 대한 논의가 선행되어야 한다. 패널 데이터에서 시계열 안정성은 패널 단위근(panel unit root) 검정을 활용한다. 이에 대해서는 민인식 · 최필선(2017) 14장에서 자세히 설명되어 있다. 본 장에서는 패널 공적분 검정의 필요성에 대해 설명하고 최근 자주 활용되는 패널 공적분 검정 방법에 대해 논의하고자 한다.

시계열 데이터에서 공적분 검정은 회귀모형의 비정상적(non-stationary) 종속변수와 설명변수의 장기적 균형관계(long-run equilibrium)가 존재하는지 검정하는 것이 목적이다. $Y$와 $X$ 변수 간 장기적 균형 관계가 존재한다면 단기적으로 불균형 상태에 있더라도 장기적 균형상태로 수렴할 것으로 예상할 수 있다. 장기적 균형 관계 하에서는 두 $X-Y$ 변수는 시간이 지남에 따라 같이 움직이는 패턴으로 나타나게 된다.

Entorf(1997)는 장기적 시점($T \rightarrow \infty$)을 가진 다음과 같은 패널데이터가 비정상적이라면 가성(spurious) 고정효과 추정 문제가 발생할 수 있다고 지적한다.

$$y_{it} = \beta x_{it} + u_i + e_{it} \tag{8.1}$$

위 식에서 $x_{it}$가 비정상적(non-stationary), 즉 $I(1)$이고, 오차항 $e_{it}$ 역시 $I(1)$이라면 $\beta$의 고정효과 추정은 가성 회귀로 이어질 수 있다. $\hat{\beta}$는 매우 유의하게 추정되며, $R^2$ 역시 높은 수치로 얻어진다. $\hat{\beta}$가 가성 회귀모형에서 얻어진 결과라면 $\hat{\beta}$의 점근적 분포(asymptotic distribution)는 이미 알려진 OLS 추정량의 점근적 분포를 따르지 않는 문제가 발생하기 때문이다.

공적분 검정을 통해 패널 회귀모형에 사용된 종속변수와 설명변수가 장기적 관계를 맺고 있는지 여부를 검정하고 장기적 균형관계를 추정할 수 있는 모형을 설정할 수 있다. 본 장에서는 공적분 검정으로 Kao(1999) 검정, Pedroni(1999) 검정, 그리고 Westerlund(2005) 검정에 대해서 구체적으로 설명한다.

## 8.2 Kao 검정

그룹 $i$가 이질적인 기울기 모수를 갖는 다음과 같은 패널 선형회귀 모형을 가정하자.

$$y_{it} = \beta_i x_{it} + \gamma_i z_{it} + e_{it} \tag{8.2}$$

여기에서 그룹 $i$에서 $x_{it}$는 비정상적 $I(1)$ 시계열 시리즈이다. $\beta_i$는 그룹 $i$의 공적분 벡터(cointegrating vector)라고 부른다. $z_{it}$는 그룹 이질성을 통제하는 고정효과와 선형추세(linear trend)를 포함할 수 있다. $z_{it} = 1$ 이면 전형적인 고정효과 모형이면서 동시에 이질적인 기울기 모수($\beta_i$)를 가정한 모형이 된다.

본 장에서 소개하는 공적분 검정의 귀무가설은 다음과 같다.

$$H_0:\ y_{it}\text{와 } x_{it}\text{는 공적분 관계가 없다.}$$

따라서 위의 귀무가설을 기각하면 공적분 관계(장기적 균형 관계)가 있다고 판단한다.

공적분 검정의 기본적인 아이디어는 $e_{it}$가 비정상 시계열인지 검정하는 것이다. 비정상 시계열이면 공적분 관계가 없는 것이고 정상 시계열이면 공적분 관계가 있다고 통계적으로 판단한다. 본 장에서는 단일 시계열 데이터가 아니며, 대립가설(alternative hypothesis)은 "모든 패널 그룹에서 공적분 관계가 있다"이다.

Kao 공적분 검정은 DF(Dickey-Fuller) 검정과 ADF(augmented Dickey-Fuller) 검정 두 가지 유형이 있다. DF 검정에서는 식 8.2의 잔차에 대해 다음의 회귀모형을 추정한다.

$$\hat{e}_{it} = \rho \hat{e}_{it-1} + v_{it} \tag{8.3}$$

여기에서 $\hat{e}_{it}$는 식 8.2를 OLS로 추정한 후 잔차를 의미한다. $\rho = 1$ 이면 $e_{it}$가 비정상 시계열이라는 의미이며, 귀무가설을 기각하지 못하기 때문에 공적분이 없다는 통계적 판단을 하게 된다. Kao 검정을 위해서는 식 8.2를 추정할 때 $z_{it}$는 그룹 이질성(고정효과)으로 가정한다.

DF 유형의 검정통계량은 다음과 같다.

$$\text{DF } t = \frac{t_{\hat{\rho}} + \dfrac{\sqrt{6n}\,\hat{\sigma}_v}{2\,\hat{\omega}_v}}{\sqrt{\dfrac{\hat{\omega}_v^2}{2\hat{\sigma}_v^2} + \dfrac{3\hat{\sigma}_v^2}{10\,\hat{\omega}_v^2}}} \tag{8.4}$$

$$\text{Modified DF } t = \frac{\sqrt{n}\,T(\hat{\rho}-1) + \dfrac{3\sqrt{n}\,\hat{\sigma}_v^2}{\hat{\omega}_v^2}}{\sqrt{3 + \dfrac{36\hat{\sigma}_v^4}{5\,\hat{\omega}_v^4}}} \tag{8.5}$$

여기에서 DF $t$와 Modified DF $t$는 $x_{it}$ 변수와 $e_{it}$이 내생적 관계가 있는 경우에도 공적분 검정이 가능한 장점이 있다. 위의 두 개 검정통계량은 각각 표준정규분포 $N(0,1)$로 수렴한다. 여기에서 $\hat{\rho}$은 식 8.3에서 OLS 추정량이고, $\hat{\sigma}_v^2$과 $\hat{\omega}^2$는 그룹 간 분산 추정치와 그룹 내 분산 추정치*로 정의되며, $t_{\hat{\rho}}$ 은 $\hat{\rho}=1$ 검정을 위한 $t$ 통계량으로 다음과 같이 계산한다.

$$t_{\hat{\rho}} = \frac{(\hat{\rho}-1)\sqrt{\sum_i\sum_t \hat{e}_{it-1}^2}}{SE(\hat{\rho})} \quad \text{where} \quad SE(\hat{\rho})^2 = \frac{\sum_i\sum_t(\hat{e}_{it} - \hat{\rho}\,\hat{e}_{it-1})^2}{nT}$$

Kao의 ADF 검정통계량은 식 8.3의 오차항 $v_{it}$에 자기상관이 있는 경우에 사용한다. 다음의 추정결과를 이용하여 검정통계량을 계산한다.

$$\hat{e}_{it} = \rho\,\hat{e}_{it-1} + \sum_{j=1}^{p} \phi_j\, \Delta\,\hat{e}_{it-j} + v_{it}^* \tag{8.6}$$

위 식에서 $\rho$에 대한 OLS 추정량 $\hat{\rho}_{ADF}$을 이용하여 ADF $t$ 검정통계량을 정의한다.

$$\text{ADF } t = \frac{t_{ADF} + \dfrac{\sqrt{6n}\,\hat{\sigma}_v}{2\,\hat{\omega}_v}}{\sqrt{\dfrac{\hat{\omega}_v^2}{2\hat{\sigma}_v^2} + \dfrac{3\hat{\sigma}_v^2}{10\,\hat{\omega}_v^2}}} \tag{8.7}$$

* 분산 추정치에 대한 자세한 정의는 Stata 매뉴얼 [XT] xtcointtest를 참고한다.

여기에서 $t_{ADF} = \hat{\rho}_{ADF} / SE(\hat{\rho}_{ADF})$ 로 정의한다. 또한 $\hat{\sigma}_v^2$와 $\hat{\omega}^2_v$는 식 8.6의 잔차를 이용하여 계산한 그룹 간(between group) 분산 추정치와 그룹 내(within group) 분산 추정치로 정의된다. DF 검정통계량과 같이 ADF 검정통계량 역시 표준정규분포로 수렴한다. 일반적인 가설검정 절차와 마찬가지로 식 8.4, 식 8.5, 그리고 식 8.7의 검정통계량의 $p$-값이 0.05보다 작으면 귀무가설을 기각한다. 기각하면 공적분 관계가 통계적으로 존재한다고 판단한다.

## 8.3 Pedroni 검정

Pedroni(1999, 2004) 검정에서도 비정상적 패널데이터에서 공적분이 없다는 것을 귀무가설로 설정한다. Kao 검정 절차와 유사하게 식 8.2 모형에서 시작한다. 식 8.2에서 잔차를 계산한 후 식 8.6의 ADF 회귀모형에서 공적분 검정통계량을 도출한다. Kao ADF 검정통계량과 차이점은 식 8.2 모형에서 $\beta_i$를 허용한다. DF와 ADF 회귀(regression)에서 $\rho$대신 패널 그룹별로 특정한 $\rho_i$를 허용할 수 있다.

Pedroni는 두 가지 유형에 대해 총 7개의 검정통계량을 제시한다. 첫 번째 유형은 panel-specific 또는 group-mean 검정 통계량이라고도 부른다. $\rho_i$를 허용함으로써 panel-specific AR 모수를 가정한다. 패널 그룹에서 얻어진 통계량을 평균하여 계산하는 아이디어이다.

$$\text{Modified PP} \;\; t = \frac{T}{\sqrt{n}} \sum_i^n \left( \sum_t^T \hat{e}^2_{it-1} \right)^{-1} \sum_t (\hat{e}_{it} \Delta \hat{e}_{it} - \hat{\lambda}_i) \tag{8.8}$$

$$\text{PP} \;\; t = \frac{1}{\sqrt{n}} \sum_i^n \left( \hat{\sigma}_i^2 \sum_t^T \hat{e}^2_{it-1} \right)^{-1/2} \sum_t (\hat{e}_{it} \Delta \hat{e}_{it} - \hat{\lambda}_i) \tag{8.9}$$

$$\text{ADF} \;\; t = \frac{1}{\sqrt{n}} \sum_i^n \left( \sum_t^T \hat{s}_i^{*2} \hat{e}^2_{it-1} \right)^{-1} \sum_t \hat{e}_{it} \Delta \hat{e}_{it} \tag{8.10}$$

위 식에서 $\hat{e}_{it}$은 식 8.2 모형의 잔차로 정의된다. $\hat{s}_i^2$은 잔차가 그룹 내 자기상관(serial correlation)이 없다고 가정했을 때의 분산이다. $\hat{\sigma}_i^2$은 잔차가 그룹 내 자기상관이 있다고 가정했을 때의 분산이다. 따라서 $\hat{\lambda}_i$은 그룹 내 자기상관에 해당하는 추정치로서 다음과 같이 $\hat{\sigma}_i^2$와 $\hat{s}_i^2$의 차이로 계산한다.

$$\hat{\lambda}_i = \frac{1}{2} (\hat{\sigma}_i^2 - \hat{s}_i^2) \tag{8.11}$$

식 8.3(DF 회귀식)에서 $\rho$ 대신 $\rho_i$로 가정하고 식 8.8과 식 8.9에 해당하는 검정통계량을 계산하게 된다. 한편, 식 8.10에서 $\hat{s}_i^{*2}$는 식 8.6의 ADF 회귀에서 잔차가 그룹 내 자기상관이 없다고 가정하였을 때 분산 추정치에 해당한다.

Pedroni 검정의 두 번째 유형은 패널 검정통계량이라고 부른다. DF 회귀와 ADF 회귀에서 $\rho$를 가정하고 추정한다. 다음과 같은 네 가지 검정통계량을 계산할 수 있다.

$$\text{Modified VR} = T^2 n^{3/2}\left(\sum_i\sum_t \hat{L}_{11i}^{-2}\hat{e}_{it-1}^{2}\right)^{-1} \tag{8.12}$$

$$\text{Modified PP } t = T\sqrt{n}\left(\sum_i\sum_t \hat{L}_{11i}^{-2}\hat{e}_{it-1}^{2}\right)^{-1}\sum_i\sum_t(\hat{e}_{it-1}\Delta\hat{e}_{it} - \hat{\lambda}_i) \tag{8.13}$$

$$\text{PP } t = \left(\tilde{\sigma}^2\sum_i\sum_t \hat{L}_{11i}^{-2}\hat{e}_{it-1}^{2}\right)^{-1/2}\sum_i\sum_t \hat{L}_{11i}^{-2}(\hat{e}_{it-1}\Delta\hat{e}_{it} - \hat{\lambda}_i) \tag{8.14}$$

$$\text{ADF } t = \left(\tilde{s}^{*2}\sum_i\sum_t \hat{L}_{11i}^{-2}\hat{e}_{it-1}^{2}\right)^{-1/2}\sum_i\sum_t \hat{L}_{11i}^{-2}\hat{e}_{it-1}\Delta\hat{e}_{it} \tag{8.15}$$

식 8.14에서 $\tilde{\sigma}^2 = \dfrac{1}{n}\sum_i \hat{\sigma}_i^2$ 으로서 $\hat{\sigma}_i^2$의 평균에 해당한다. $\hat{\sigma}_i^2$은 앞서 설명하였듯이 잔차가 그룹 내 자기상관을 가지고 있을 때 DF 회귀의 오차항 분산 추정치이다. 식 8.15에서 $\tilde{s}^{*2} = \dfrac{1}{n}\sum_i \hat{s}_i^{*2}$ 으로서 $\hat{s}_i^{*2}$의 평균에 해당한다. $\hat{\lambda}_i$는 Kao 검정통계량에서 제시한 공식과 같다. $L_{11i}^{-2}$은 다음과 같은 차분모형 회귀에서 잔차($\hat{\eta}_{it}$)의 그룹 내 분산 추정치로 정의한다.

$$\Delta y_{it} = \sum_m \beta_{mi}\Delta x_{m,it} + \eta_{it} \tag{8.16}$$

여기에서 $y_{it}$와 $x_{it}$가 비정상 변수이기 때문에 1차 차분 변수는 정상적(stationary) 변수가 된다.

Pedroni는 앞서 제시한 7개 검정통계량은 표준화(standardization)를 거치면 표준정규분포를 따르는 것을 보였다.

## 8.4 Westerlund 검정

Westerlund(2005)는 장기적 균형 관계를 검정하기 위해 식 8.2에서 패널 그룹에 고정된(panel-specific) 공적분 벡터($\beta_i$) 를 가정한다. 이를 위해 두 가지 검정통계량을 제시한다. 귀무가설과 대립가설은 다음과 같다.

$H_0$ : 모든 패널 그룹에 공적분 관계가 없다.

$H_1$ : 특정 패널 그룹에는 공적분 관계가 있을 수 있다.

panel-specific 검정통계량은 DF 회귀(식 8.3)에서 단위근을 검정하는 아이디어를 여전히 활용한다. $\rho$ 대신 그룹에 따라 달라지는 $\rho_i$를 가정한다. 검정통계량은 다음과 같이 정의한다.

$$W_1 = \sum_i \sum_t \hat{E}_{it}^2 \ \hat{R}_i^{-1} \ \text{where} \ \hat{E}_{it} = \sum_{j=1}^{t} \hat{e}_{ij}, \ \hat{R}_i = \sum_{t=1}^{T} \hat{e}_{it}^2 \tag{8.17}$$

여기에서 $\hat{e}_{ij}$는 식 8.2에서 제시한 패널 회귀모형의 잔차를 나타내며, $\hat{R}_i$은 패널 그룹 내 잔차 제곱합으로 정의된다.

DF 회귀에서 그룹이 모두 동일한 $\rho$를 가진다면 다음과 같은 패널 검정통계량을 사용할 수 있다.

$$W_2 = \sum_i \sum_t \hat{E}_{it}^2 \left( \sum_{i=1}^{n} \hat{R}_i \right)^{-1} \tag{8.18}$$

이 식은 앞의 식 8.17과 달리 그룹별 $\hat{R}_i$ 대신 pooling한 값을 곱해서 검정통계량을 계산한다.

Kao와 Pedroni 검정통계량과 마찬가지로 $W_1$과 $W_2$ 검정통계량을 표준화하면 표준정규분포를 따른다. 검정통계량의 $p$-값은 표준정규분포에서 얻을 수 있다.

## 8.5 Stata 예제

data file: S_data8_1.dta*

예제 데이터는 20개 국가(ctr)의 1972년~2001년(year)의 1인당 의료보건지출($loghex$)과 1인당 GDP($loggdp$) 변수를 포함하고 있다. 그룹의 수($n$)는 20개인데 비해 시점($T$)은 32개로 거시 패널데이터 유형이다. 두 변수의 장기적 균형 관계인 공적분을 확인하기 위해서 먼저 $loghex$와 $loggdp$ 변수의 시계열 그래프를 그려본다. xtline 명령어를 이용하여 ctr=1부터 ctr=4까지 국가의 선그래프를 작성한다. 두 변수가 시간에 따라 꾸준히 증가하는 패턴으로 나타나기 때문에 공적분 관계가 존재할 가능성이 있다.

* 예제 데이터는 Persyn and Westerlund(2008)에서 인용하였다.

**그림 8.1 패널 선그래프**

```
. use S_data8_1, clear

. order ctr year

. tsset ctr year
       panel variable:  ctr (strongly balanced)
        time variable:  year, 1 to 32
                delta:  1 unit

.
. xtline loghex loggdp if ctr<=4
```

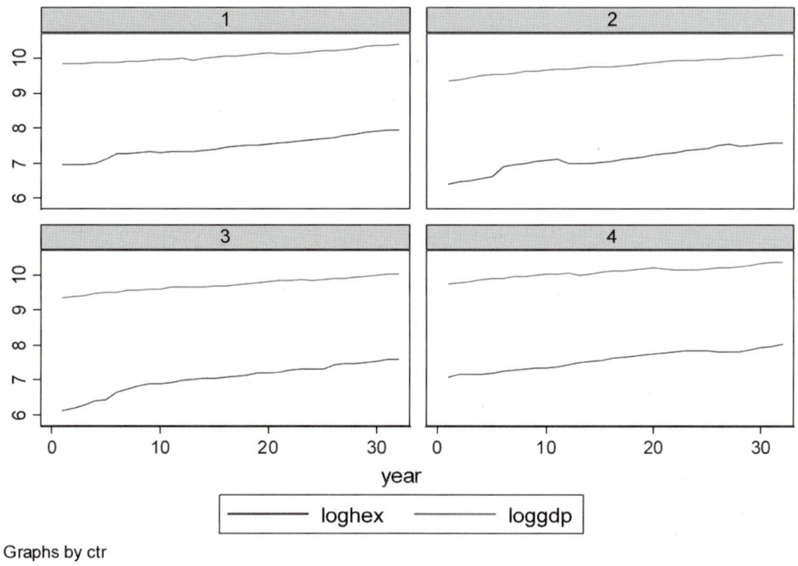


공적분 검정을 위해 식 8.19의 패널 선형회귀모형을 설정한다. 두 변수가 공적분 관계라면 $\beta_i$는 그룹별 공적분 벡터로 해석한다.

$$loghex_{it} = \alpha + \beta_i loggdp_{it} + u_i + e_{it} \tag{8.19}$$

공적분 검정의 1단계로 두 변수가 비정상적 변수인지 확인해야 한다. 패널 단위근 검정을 위해 IPS(Im-Pesaran-Shin) 검정통계량을 계산한다.* 그림 8.2의 패널 단위근 검정에 따르면 귀무가설(모든 패널 그룹이 단위근을 가진다)을 기각하지 못한다. 식 8.19의 두 변수가 단위근을 가지고 있기 때문에 오차항 $e_{it}$가 $I(1)$이면 공적분 관계가 있다고 판단할 수 있다.

---

* IPS 검정에 대한 자세한 설명은 민인식 · 최필선(2017) 14장을 참고하라.

**그림 8.2 패널 단위근 검정**

```
. xtunitroot ips loghex, lags(1)
Im-Pesaran-Shin unit-root test for loghex
-----------------------------------------
Ho: All panels contain unit roots           Number of panels  =     20
Ha: Some panels are stationary              Number of periods =     32

AR parameter: Panel-specific                Asymptotics: T,N -> Infinity
Panel means:  Included                                   sequentially
Time trend:   Not included

ADF regressions: 1 lag
------------------------------------------------------------------------------
                     Statistic      p-value
------------------------------------------------------------------------------
 W-t-bar              -0.0273       0.4891
------------------------------------------------------------------------------

. xtunitroot ips loggdp, lags(1)
Im-Pesaran-Shin unit-root test for loggdp
-----------------------------------------
Ho: All panels contain unit roots           Number of panels  =     20
Ha: Some panels are stationary              Number of periods =     32

AR parameter: Panel-specific                Asymptotics: T,N -> Infinity
Panel means:  Included                                   sequentially
Time trend:   Not included

ADF regressions: 1 lag
------------------------------------------------------------------------------
                     Statistic      p-value
------------------------------------------------------------------------------
 W-t-bar               4.1958       1.0000
------------------------------------------------------------------------------
```

$loghex$와 $loggdp$의 공적분 관계를 검정하기 위해 Kao 검정을 먼저 실행하자. Stata에서 xtcointtest kao 명령어를 사용한다. xtcointtest 명령어는 Stata 15버전 이상에서만 사용할 수 있다는 점에 유의해야 한다. xtcointtest kao 명령어 다음에 식 8.19의 종속변수와 독립변수를 입력한다. 독립변수는 2개 이상 입력할 수 있다. Kao 검정에서 귀무가설과 대립가설은 다음과 같다.

$H_0$ : 공적분 관계가 존재하지 않는다.

$H_1$: 모든 그룹에서 공적분 관계가 존재한다.

그림 8.3의 결과에서 "Cointegrating vector : same"이라는 표현을 통해 식 8.19에서

$\beta_i = \beta$로 가정하고 있다는 것을 알 수 있다. 모든 그룹에서 공적분 벡터 값은 서로 같다고 가정한다. "Panel means: Included"는 식 8.19에서 그룹 이질성인 $u_i$를 포함하였다고 해석한다. "AR Parameter : Same"은 오차항의 단위근 검정을 위한 DF 회귀(식 8.3)에서 $\rho_i = \rho$로 모든 그룹에서 서로 같다고 가정한다. "Augmented lags : 1"은 ADF 회귀(식 8.6)에서 $\Delta\hat{e}_{it-1}$(lag 1)까지만 포함한다는 의미이다. Bartlett Kernel을 이용한 래그 선택 결과(2.15 lags)는 식 8.4와 식 8.5의 검정통계량에서 분산 추정치를 얻을 때 사용된다.

### 그림 8.3 Kao 공적분 검정

```
. xtcointtest kao loghex loggdp

Kao test for cointegration
--------------------------
Ho: No cointegration                          Number of panels       =     20
Ha: All panels are cointegrated               Number of periods      =     30

Cointegrating vector: Same
Panel means:          Included                Kernel:              Bartlett
Time trend:           Not included            Lags:                2.15 (Newey-West)
AR parameter:         Same                    Augmented lags:      1
-------------------------------------------------------------------------------
                                              Statistic            p-value
-------------------------------------------------------------------------------
 Modified Dickey-Fuller t                      -1.8915             0.0293
 Dickey-Fuller t                               -1.9781             0.0240
 Augmented Dickey-Fuller t                     -2.3019             0.0107
 Unadjusted modified Dickey-Fuller t           -1.1249             0.1303
 Unadjusted Dickey-Fuller t                    -1.5835             0.0567
-------------------------------------------------------------------------------
```

그림 8.3의 Kao 검정결과에서 Modified DF $t$와 DF $t$는 식 8.4와 식 8.5의 검정통계량에 해당한다. 앞서 언급하였듯이 독립변수와 오차항의 내생성을 허용한다. ADF $t$는 식 8.7에 해당하는 검정통계량이고, ADF 회귀식(식 8.6)을 추정하여 얻을 수 있다. "Augmented lags : 1"은 ADF 검정통계량과 연관되어 있다. xtcointtest kao에서 lags( ) 옵션을 주지 않으면 lags(1)이 자동으로 설정된다. Unadjusted modified DF $t$와 Unadjusted DF $t$ 검정통계량은 식 8.19의 모형에서 외생성(exogeneity)과 오차항 $e_{it}$이 자기상관(serial correlation)이 없는 경우 사용한다.

$$\text{Unadjusted DF } t = \sqrt{\frac{5t_\rho}{4}} + \sqrt{\frac{15n}{8}} \tag{8.20}$$

$$\text{Unadjusted modified DF } t = \frac{\sqrt{n}\,T(\hat{\rho}-1)+3\sqrt{n}}{\sqrt{51/5}} \tag{8.21}$$

식 8.20에서 $t_\rho$는 DF 회귀의 $\rho$에 대한 $t$ 검정통계량이고 식 8.21에서 $\hat{\rho}$은 DF 회귀에서 얻은 $\hat{\rho}$이다. 그림 8.3의 Kao 검정 결과 Unadjusted modified $t$를 제외하고 모두 귀무가설을 기각한다. 따라서 모든 그룹에서 공적분 관계가 존재한다고 해석한다.

그림 8.4에서는 xtcointtest kao 명령문에서 lags(2) 옵션을 추가하였다. ADF 회귀에서 $\Delta\hat{e}_{it-1}$과 $\Delta\hat{e}_{it-2}$를 포함한다는 의미이다. 그림 8.3과 비교하면 5개 중 4개의 검정통계량에는 변화가 없고, 단지 ADF $t$ 검정통계량만 차이가 있다.

### 그림 8.4 Kao 공적분 검정: lags(2) 옵션

```
. xtcointtest kao loghex loggdp, lags(2)

Kao test for cointegration
--------------------------
Ho: No cointegration                          Number of panels      =     20
Ha: All panels are cointegrated               Number of periods     =     30

Cointegrating vector: Same
Panel means:          Included                Kernel:           Bartlett
Time trend:           Not included            Lags:             2.15 (Newey-West)
AR parameter:         Same                    Augmented lags:   2
------------------------------------------------------------------------------
                                              Statistic         p-value
------------------------------------------------------------------------------
 Modified Dickey-Fuller t                      -1.8915          0.0293
 Dickey-Fuller t                               -1.9781          0.0240
 Augmented Dickey-Fuller t                     -2.7058          0.0034
 Unadjusted modified Dickey-Fuller t           -1.1249          0.1303
 Unadjusted Dickey-Fuller t                    -1.5835          0.0567
------------------------------------------------------------------------------
```

Pedroni 공적분 검정은 xtcointtest pedroni 명령어를 사용한다. ar( ) 옵션을 사용하지 않으면 식 8.8~8.10에 해당하는 검정통계량을 사용한다. DF와 ADF 회귀에서 $\rho$ 대신 그룹별 $\rho_i$를 허용한다. 그림 8.5에서 "AR parameter: Panel specific" 표현이 이에 해당한다. xtcointtest kao 명령문과 유사하게 lags( ) 옵션을 사용하지 않으면 ADF 회귀에서 $\Delta\hat{e}_{it-1}$만 포함한다. 검정결과는 Modified PP $t$ 검정통계량만 유의하지 않고 나머지 검정통계량에서는 귀무가설을 기각한다. 공적분 관계가 존재한다고 판단할 수 있다.

### 그림 8.5 Pedroni 공적분 검정

```
. xtcointtest pedroni loghex loggdp

Pedroni test for cointegration
------------------------------
Ho: No cointegration                         Number of panels     =    20
Ha: All panels are cointegrated              Number of periods    =    31

Cointegrating vector: Panel specific
Panel means:          Included               Kernel:            Bartlett
Time trend:           Not included           Lags:              3.00 (Newey-West)
AR parameter:         Panel specific         Augmented lags:    1
-------------------------------------------------------------------------------
                                             Statistic          p-value
-------------------------------------------------------------------------------
 Modified Phillips-Perron t                   -0.6361           0.2624
 Phillips-Perron t                            -2.9597           0.0015
 Augmented Dickey-Fuller t                    -2.1360           0.0163
-------------------------------------------------------------------------------
```

그림 8.6에서는 ar(same) 옵션을 추가하였다. “AR parameter: same”에서 해당 옵션의 내용을 확인할 수 있다. DF와 ADF 회귀에서 $\rho_i = \rho$ 로 서로 같다고 가정하고 있다. 검정통계량은 식 8.12~8.15에 해당한다. 검정통계량의 $p$-값이 모두 0.05보다 작기 때문에 귀무가설을 기각한다. 모든 그룹에서 공적분 관계가 존재하면 공적분 벡터는 그룹별로 서로 다르다고 판단한다.

### 그림 8.6 Pedroni 검정: 동일 AR 모수

```
. xtcointtest pedroni loghex loggdp, ar(same)

Pedroni test for cointegration
------------------------------
Ho: No cointegration                         Number of panels     =    20
Ha: All panels are cointegrated              Number of periods    =    31

Cointegrating vector: Panel specific
Panel means:          Included               Kernel:            Bartlett
Time trend:           Not included           Lags:              3.00 (Newey-West)
AR parameter:         Same                   Augmented lags:    1
-------------------------------------------------------------------------------
                                             Statistic          p-value
-------------------------------------------------------------------------------
 Modified variance ratio                      -1.7097           0.0437
 Modified Phillips-Perron t                   -2.6798           0.0037
 Phillips-Perron t                            -3.3429           0.0004
```

```
 Augmented Dickey-Fuller t                    -3.3160          0.0005
------------------------------------------------------------------------------
```

Westerlund 검정을 위해서는 xtcointtest westerlund 명령어를 사용한다. 아래 그림 8.7과 같이 특별한 옵션을 사용하지 않으면 귀무가설과 대립가설은 다음과 같다.

$H_0$ : 공적분 관계가 존재하지 않는다.

$H_1$ : 특정 그룹에서만 공적분 관계가 존재한다.

여기에서는 Kao와 Pedroni 검정과 달리 대립가설이 "모든 패널 그룹에서 공적분 관계가 존재한다"가 아니다. Westerlund 검정에서는 "특정 그룹에서만 공적분 관계가 존재한다"를 검정할 수 있다.

그림 8.7에서는 식 8.17에 제시된 검정통계량을 계산한다. "AR parameter : Panel specific"에서 예상할 수 있듯이 DF 회귀에서 그룹별 AR 모수인 $\rho_i$를 가정한다. DF 회귀만 사용하기 때문에 Augmented lags 표현이 그림 8.7에 없다는 것을 알 수 있다. 검정결과는 Kao와 Pedroni 검정과 같이 귀무가설을 기각한다. 즉 "공적분 관계가 없다"는 귀무가설을 기각한다.

### 그림 8.7 Westerlund 검정

```
. xtcointtest westerlund loghex loggdp

Westerlund test for cointegration
----------------------------------
Ho: No cointegration                        Number of panels      =    20
Ha: Some panels are cointegrated            Number of periods     =    32

Cointegrating vector: Panel specific
Panel means:          Included
Time trend:           Not included
AR parameter:         Panel specific
------------------------------------------------------------------------------
                                            Statistic         p-value
------------------------------------------------------------------------------
 Variance ratio                              -3.7238          0.0001
------------------------------------------------------------------------------
```

그림 8.8에서는 allpanels 옵션을 추가하였다. 귀무가설과 대립가설은 다음과 같다.

$H_0$ : 공적분 관계가 존재하지 않는다.

$H_1$ : 모든 그룹에서 공적분 관계가 존재한다.

아래 그림 8.8에서 "Ha: all panels are cointegrated" 표현이 $H_1$에 해당한다. 식 8.18에 해당하는 검정통계량을 사용한다.

위 귀무가설과 대립가설을 검정하기 위해서는 DF 회귀에서 $\rho_i = \rho$로 가정해야 한다. "AR parameter: same" 표현에서 이를 확인할 수 있다. 검정결과는 앞의 그림 8.7과 같이 귀무가설을 기각한다. 모든 패널 그룹에서 $loghex$와 $loggdp$ 변수는 공적분 관계(장기적 균형 관계)가 존재한다고 판단할 수 있다.

**그림 8.8 Westerlund 검정: 동일 AR 모수**

```
. xtcointtest westerlund loghex loggdp, allpanels

Westerlund test for cointegration
--------------------------------
Ho: No cointegration                          Number of panels      =     20
Ha: All panels are cointegrated               Number of periods     =     32

Cointegrating vector: Panel specific
Panel means:          Included
Time trend:           Not included
AR parameter:         Same
-----------------------------------------------------------------------------
                                              Statistic          p-value
-----------------------------------------------------------------------------
 Variance ratio                                 -3.4582          0.0003
-----------------------------------------------------------------------------
```

## 8.6 Stata do file

```
use S_data8_1, clear
order ctr year
tsset ctr year

xtline loghex loggdp if ctr<=4
xtunitroot ips loghex, lags(1)
xtunitroot ips loggdp, lags(1)

xtcointtest kao loghex loggdp
```

```
xtcointtest kao loghex loggdp, lags(2)

xtcointtest pedroni loghex loggdp
xtcointtest pedroni loghex loggdp, ar(same)

xtcointtest westerlund loghex loggdp
xtcointtest westerlund loghex loggdp, allpanels
```

# CHAPTER 09 | 동적 패널회귀모형

## 9.1 패널 동적 OLS 추정량

Stock and Watson(1993)에서는 단일 시계열에서 공적분 벡터가 존재하는 경우 효율적인 추정량을 얻는 동적 OLS(DOLS: dynamic OLS) 추정량을 소개하였다. Pedroni(2001)는 DOLS 추정량을 패널데이터 모형으로 확장시켰다. 패널 선형회귀모형에 공적분 벡터가 존재하는 경우 장기적 균형 관계를 추정하는 방법으로 패널 동적 OLS(PDOLS)를 소개하고자 한다.

식 9.1은 패널 그룹별로 이질적인(heterogenous) 공적분 벡터를 가정한 패널 선형회귀모형이다.

$$y_{it} = \alpha + \beta_i x_{it} + \sum_{j=-p}^{p} \gamma_j \Delta x_{it-j} + u_i + e_{it} \tag{9.1}$$

여기에서 $y_{it}$와 $x_{it}$ 변수는 비정상적인 패널 변수이다. $\beta_i$는 그룹 $i$에서 공적분 벡터이다. $\Delta x_{it-j}$는 오차항의 계열상관(serial correlation)을 통제하기 위해 $\Delta x_{it}$의 리드(lead)와 래그(lag)를 추가적인 설명변수로 포함한다. $x_{it}$가 $I(1)$이기 때문에 $\Delta x_{it}$는 $I(0)$임을 알 수 있다.

식 9.1 모형에 대해 OLS 추정량을 적용하여 그룹별 공적분 벡터 $\beta_i$ 추정치를 얻는다. 그런 다음 그룹 평균(group mean)을 PDOLS 추정량으로 사용한다. 각 그룹의 공적분 벡터에서 도출한 평균적인 공적분 벡터 $\beta$는 다음과 같이 계산한다.

$$\hat{\beta}_{PDOLS} = \frac{1}{n} \sum_{i=1}^{n} \left( \sum_{t=1}^{T} z_{it} z_{it}' \right)^{-1} \left( \sum_{t=1}^{T} z_{it} (y_{it} - \bar{y}_i) \right) \tag{9.2}$$

여기에서 $z_{it}$는 식 9.1에서 $x_{it}$와 $\Delta x_{it}$의 리드 및 래그를 모두 포함하는 벡터이다. $\hat{\beta}_{PDOLS}$에 대한 유의성 검정을 위해 $t$ 검정통계량을 계산해야 하는데, 다음 식에서 제시한 바와 같이 개별 공적분 벡터에 대한 $t$ 검정통계량 평균과 유사한 개념을 사용한다.

$$t_{\hat{\beta}(PDOLS)} = \frac{1}{\sqrt{n}} \sum_{i=1}^{n} t_{\hat{\beta}(i)} \tag{9.3}$$

여기에서 그룹별 공적분 벡터 $\beta_i$에 대한 $t$ 검정통계량 $t_{\hat{\beta}(i)}$는 다음과 같이 계산한다.

$$t_{\hat{\beta}(i)} = \hat{\beta}_i \left\{ \frac{1}{\hat{\sigma}_i^2} \sum_{i=1}^{T} (x_{it} - \bar{x}_i)^2 \right\}^{1/2} \tag{9.4}$$

여기에서 $\hat{\sigma}^2{}_i$은 식 9.1의 오차항 $e_{it}$의 그룹별 분산 추정치이다.

공적분 관계를 가지고 있는 비정상 시계열을 이용한 패널 선형회귀모형에서 장기적 균형 관계에 해당하는 $\beta$에 대해 효율적인 추정량을 얻기 위해서 식 9.2의 PDOLS를 사용하고 공적분 벡터의 유의성 검정을 위해 식 9.3의 $t$ 검정통계량을 계산한다. $t$ 검정통계량이 $\pm 2$보다 크면 장기적 균형 관계=0이라는 귀무가설을 기각한다.

## 9.2 MG 및 PMG 추정량

상대적으로 $T$가 많은 거시 패널데이터의 경우 다음과 같이 그룹별 기울기 모수(heterogeneous slope parameter)를 가정한 패널 모형을 설정하자.

$$y_{it} = \beta_i x_{it} + u_{it} \quad \text{where } u_{it} = \alpha_i + \lambda_i f_t + e_{it} \tag{9.5}$$

여기에서 $\beta_i$는 그룹별 기울기 모수에 해당한다. $u_{it}$는 관찰되지 않은 그룹 이질성(group heterogeneity) $\alpha_i$와 시간 가변적인 오차항 $e_{it}$이 포함되어 있다. 관찰되지 않은 시간 효과인 $f_t$ 역시 고려될 수 있다.

식 9.5가 식 9.1의 패널 선형회귀모형과 차이점은 첫째, $y_{it}$와 $x_{it}$가 안정적 패널 변수이다. 즉 $I(0)$ 변수이다. 둘째, $I(0)$ 변수이기 때문에 두 변수 간에 공적분 관계는 존재하지 않는다. Pesaran and Smith(1995)이 제안한 그룹평균(mean group: MG) 추정량은 다음과 같이 그룹별 $\beta_i$를 추정한 후 그룹평균으로 $\beta_{MG}$를 추정하는 아이디어이다.

$$\hat{\beta}_{MG} = \frac{1}{n} \sum_{i=1}^{n} \hat{\beta}_{i,OLS} \tag{9.6}$$

여기에서 $\hat{\beta}_{i,OLS}$는 그룹별 선형회귀모형을 OLS로 추정한 기울기에 해당한다.

Pesaran et al.(1999)와 Blackburne and Frank(2007)는 거시 패널데이터를 이용한 선형회귀모형에서 종속변수와 독립변수가 비정상 패널 변수이고 공적분 관계가 있는 경우에 사용할 수 있는 추정량을 소개한다. 소위 통합그룹평균(pooled mean group: PMG) 추정량이다. $y_{it}$와 $x_{it}$ 변수가 비정상 패널 변수이고 공적분 관계가 있다면 다음과 같이 오차수정모형

(error correction model: ECM)을 설정할 수 있다.*

$$\triangle y_{it} = \phi_i(y_{it-1} - \theta x_{it-1}) + \sum_{j=1}^{p} \lambda_{ij} \triangle y_{it-j} + \sum_{j=0}^{q} \delta_{ij} \triangle x_{it-j} + e_{it} \quad (9.7)$$

여기에서 $\phi_i$는 장기균형에 수렴하는 적응속도(adjustment speed)에 해당하는 계수이다. $\phi_i = 0$ 이라면 장기적 균형 관계가 유의하지 않다고 해석할 수 있다. $\theta$는 종속변수와 독립변수의 장기적 균형 관계(공적분 벡터)에 해당하며, 모든 그룹에서 서로 같은 값으로 제약되어 있다.

식 9.7은 비선형 회귀모형(non-linear regression)이기 때문에 Pesaran et al.(1999)은 OLS 대신 최우추정법(maximum likelihood estimation: MLE)을 적용한다.

식 9.7에서 얻은 $\hat{\theta}$, $\hat{\phi}$, $\hat{\lambda}$ , $\hat{\delta}$을 PMG 추정량이라고 부른다. $\hat{\theta}_{PMG}$은 모두 그룹에서 동일하기 때문에 쉽게 얻을 수 있다. 오차수정 계수(error-correction coefficient) $\hat{\phi}$은 다음과 같이 각 그룹의 추정치인 $\hat{\phi}_i$를 평균하여 계산한다.

$$\hat{\phi}_{PMG} = \frac{1}{n} \sum_{i=1}^{n} \hat{\phi}_i \quad (9.8)$$

단기 계수(short-run coefficients)에 해당하는 $\hat{\lambda}$과 $\hat{\delta}$ 역시 그룹별 추정치인 $\hat{\lambda}_i$와 $\hat{\delta}_i$의 평균으로 계산한다.

## 9.3 FMOLS 추정량

공적분 관계에 있는 변수를 이용하여 공적분 벡터(cointegrating vectors)를 추정하는 모형에 대해 설명하고자 한다. 다음과 같은 추정식을 생각해보자.

$$y_{it} = \alpha_i + \beta x_{it} + e_{it} \quad (9.9)$$

여기에서 공적분 벡터 $\beta$는 패널 그룹에 따라 이질적(heterogeneous) 또는 동질적(homogenous)이라고 가정할 수 있다. $\alpha_i$는 그룹 이질성에 해당한다.

식 9.9는 기본적으로 9.1절 모형과 유사하다. 9.2절 모형과는 차이가 있는데, $y_{it}$와 $x_{it}$ 변수는 $I(1)$이고 공적분 관계가 존재한다는 점이다. 식 9.9에 대한 OLS 추정량은 점근적으로 여전히 편의가 있고 정규분포를 따르지 않는 문제가 있다. 그 이유는 첫째, 회귀모형에서

* 시계열 데이터에서 ECM에 대한 자세한 설명은 민인식 · 최필선(2017) 7장을 참고하라.

사용된 변수가 *I*(0)이 아니라 비정상적 시계열 변수이다. 둘째, 공적분 관계가 있기 때문에 두 변수가 동시성(simultaneity)을 가질 수 있기 때문이다.

Pedroni(2001a, 2001b)는 다음과 같이 $\Delta x_{it}$ 변수의 리드 및 래그 변수를 이용하여 내생적 피드백(endogenous feedback)을 통제하고자 한다.

$$y_{it} = \alpha_i + \beta x_{it} + \sum_{j=-p}^{r} \gamma_{i,j} \Delta x_{it-j} + v_{it} \tag{9.10}$$

식 9.9의 잔차 $\hat{e}_{it}$와 식 9.10의 $\Delta x_{it}$ 를 벡터 $\omega_{it} = (\hat{e}_{it}, \Delta x_{it})$ 로 정의하자. 이 경우 $\omega_{it}$의 장기 공분산(long-run covariance)은 다음과 같이 쓸 수 있다.

$$\lim_{T \to \infty} var(\omega_{it}) = \Omega_i = \lim_{T \to \infty} E\left( \frac{1}{T} \left( \sum_{t=1}^{T} \omega_{it} \right) \left( \sum_{t=1}^{T} \omega_{it} \right)' \right) \tag{9.11}$$

$\omega_{it}$의 장기 공분산은 다음과 같이 3개 요소로 분해할 수 있다.

$$\Omega_i = \begin{bmatrix} \Omega_{11} & \Omega_{12} \\ \Omega_{21} & \Omega_{22} \end{bmatrix} = \Omega_i^0 + \Gamma_i + \Gamma_i' \tag{9.12}$$

여기에서 $\Omega_i^{\,0}$은 동시적 공분산 행렬(contemporaneous covariance matrix)이고, $\Gamma_i$은 그룹 $i$ 내의 시점 간 상관관계(자기상관)의 가중 합(weighted sum)이다. 식 9.10의 회귀모형에서 $\beta$에 대한 FMOLS(fully modified OLS) 추정량은 다음과 같이 쓸 수 있다.

$$\hat{\beta}_{FMOLS} = \frac{1}{n} \sum_{i=1}^{n} \left[ \left( \sum_{t=1}^{T} (x_{it} - \bar{x}_i)^2 \right)^{-1} \left( \sum_{t=1}^{T} (x - \bar{x}_i) y_{it}^* - T\hat{\gamma}_i \right) \right] \tag{9.13}$$

위 식에서 $y_{it}^{\,*}$와 $\hat{\gamma}_i$는 다음과 같이 계산하여 대입한다.

$$y_{it}^{\,*} = y_{it} - \bar{y}_i - \left( \hat{\Omega}_{21,i} / \hat{\Omega}_{22,i} \Delta x_{it} \right) \tag{9.14}$$

$$\hat{\gamma}_i = \hat{\Gamma}_{21,i} + \hat{\Omega}^0_{\ 21,i} - (\hat{\Omega}_{21,i} / \hat{\Omega}_{22,i})(\hat{\Gamma}_{21,i} + \hat{\Omega}^0_{\ 21,i}) \tag{9.15}$$

$\hat{\beta}_{FMOLS}$는 장기적 균형 관계를 갖는 거시변수 간 장기 탄력성(long-run elasticity)의 일치추정량으로 해석할 수 있다.

## 9.4 Stata 예제

data file: S_data9_1.dta*

예제 데이터는 8장에서 사용한 패널데이터와 같다. 20개 국가(ctr)의 1972년~2001년(year) 1인당 의료보건지출($loghex$)와 1인당 GDP($loggdp$) 변수를 포함하고 있다. 공적분 관계가 있는 거시변수 $loghex$와 $loggdp$의 장기적 균형관계를 얻기 위한 PDOLS 추정량은 그림 9.1에서 설명한다. PDOLS 추정량을 얻기 위해서는 xtpedroni 명령어를 사용할 수 있다.** PDOLS 추정을 위한 회귀모형은 다음과 같다.

$$loghex_{it} = \alpha + \beta_i loggdp_{it} + \sum_{j=-p}^{p} \gamma_j \Delta loggdp_{it-j} + u_i + e_{it} \tag{9.16}$$

### 그림 9.1 PDOLS 추정결과 (1)

```
. use S_data9_1, clear
. order ctr year
. tsset ctr year
       panel variable:  ctr (strongly balanced)
        time variable:  year, 1 to 32
                delta:  1 unit

. xtpedroni loghex loggdp , notest notdum
Please Wait: Calculating Statistics


Pedroni's PDOLS (Group mean average):
No. of Panel units: 20        Lags and leads: 2
Number of obs: 540            Avg obs. per unit: 27
Data has not been time-demeaned.

    --------------------------------------
         Variables |      Beta     t-stat
    ---------------+----------------------
            loggdp |     1.681      112.4
    --------------------------------------
```

식 9.16에서 선택한 두 거시변수 $loghex$와 $loggdp$는 $I(1)$이고 공적분 관계가 성립한다고 가정하자. xtpedroni 명령문에서 notest 옵션을 통해 Pedroni 공적분 검정결과를 제시하지 않게 한다. 공적분 관계는 8장에서 설명한 다양한 패널 공적분 검정을 통해 확인할 수 있다. nodum 옵션은 시간 변수에 해당하는 연도 더미(year dummies)를 식 9.16에 포함시키

* 예제 데이터는 Persyn and Westerlund(2008)에서 인용하였다.

** findit xtpedroni를 실행하여 먼저 해당 명령어를 설치해야 한다.

지 않기 위한 것이다. "Lags and leads: 2"는 식 9.16에서 $\Delta loggdp_{it}$의 리드와 래그를 최대 2까지 포함한다는 의미이다. 더 많은 리드와 래그를 포함고자 하면 lags( ) 옵션을 사용한다. "Group mean average"는 식 9.16에서 그룹별 공적분 벡터를 $\beta_i$로 가정하여 추정한 20개 $\hat{\beta}_i$의 평균을 추정치로 제시한다. 그림 9.1에서 "Beta=1.681"은 두 변수의 장기 탄력성으로 해석할 수 있다. GDP가 1% 증가하면 (장기적으로) 의료보건지출은 1.68% 증가하는 것으로 추정된다.

그림 9.2에서는 그림 9.1의 Beta=1.681 추정치를 얻는 과정에 대해 자세히 알아본다. 그룹별 $\hat{\beta}_i$를 추정한 후 그 평균치를 얻는 것이 기본적인 아이디어이다. 각 국가별로 식 9.16에 해당하는 시계열 회귀모형을 추정한 후 $loggdp$의 추정계수를 저장하여 평균하면 정확히 그림 9.1과 같은 결과를 얻는다는 것을 확인할 수 있다. 그림 9.2에서 beta 변수 평균은 그림 9.1의 Beta=1.681의 결과와 일치한다.

### 그림 9.2 PDOLS 추정결과 (2)

```
. gen beta=.
(640 missing values generated)

. forvalues i=1/20 {
  2.         qui reg loghex loggdp L2D.loggdp LD.loggdp D.loggdp
             F2D.loggdp FD.loggdp if ctr==`i'
  3.         replace beta=_b[loggdp] in `i'
  4. }
(1 real change made)
< 결과 중략>
(1 real change made)

. su beta

    Variable |       Obs        Mean    Std. Dev.       Min        Max
-------------+---------------------------------------------------------
        beta |        20    1.681178    .4874146   .8836915   2.968804
```

장기 패널데이터에서 MG와 PMG 추정량을 xtmg 명령어와 xtpmg 명령어를 이용하여 얻을 수 있다.* $loghex$와 $loggdp$ 변수가 공적분 관계가 없는 경우, 다음과 같이 그룹별 기울기(heterogenous slope)를 가지는 패널 선형회귀모형을 가정한다.

$$loghex_{it} = \alpha_i + \beta_i loggdp_{it} + e_{it} \tag{9.17}$$

* 2개 명령어는 먼저 인터넷에서 다운로드 받은 후 사용할 수 있다.

여기에서 패널 그룹별 $\hat{\beta}_i$를 추정한 후 가중치를 고려하지 않은 평균값을 구한 것이 $\beta$에 대한 MG 추정량으로 이해할 수 있다.

그림 9.3의 Stata 명령문을 살펴보면 xtmg 명령어 다음에 $y$ 변수와 $x$ 변수를 지정한다. $loggdp$ 변수의 추정치인 1.714는 국가별 선형회귀모형에서 얻는 $loggdp$ 기울기 계수의 평균과 같다.

#### 그림 9.3 그룹평균(MG) 추정량 (1)

```
. xtmg loghex loggdp
Pesaran & Smith (1995) Mean Group estimator

All coefficients present represent averages across groups (ctr)
Coefficient averages computed as unweighted means

Mean Group type estimation                      Number of obs      =       640
Group variable: ctr                             Number of groups   =        20

                                                Obs per group:
                                                             min =        32
                                                             avg =      32.0
                                                             max =        32

                                                Wald chi2(1)       =    254.85
                                                Prob > chi2        =    0.0000

------------------------------------------------------------------------------
      loghex |      Coef.   Std. Err.      z    P>|z|     [95% Conf. Interval]
-------------+----------------------------------------------------------------
      loggdp |   1.714576   .1074026    15.96   0.000     1.504071    1.925081
       _cons |  -10.08335     1.1193    -9.01   0.000    -12.27713   -7.889557
------------------------------------------------------------------------------
Root Mean Squared Error (sigma): 0.0836
```

식 9.5의 모형에서 시간 추세(time trend)를 포함하여 MG 추정량을 얻고자 한다면 그림 9.4와 같이 trend 옵션을 사용한다.

$$loghex_{it} = \alpha_i + \beta_i loggdp_{it} + \gamma_i trend_t + e_{it} \tag{9.18}$$

#### 그림 9.4 그룹평균(MG) 추정량 (2)

```
. xtmg loghex loggdp, trend

Pesaran & Smith (1995) Mean Group estimator
```

```
All coefficients present represent averages across groups (ctr)
Coefficient averages computed as unweighted means

Mean Group type estimation                      Number of obs      =        640
Group variable: ctr                             Number of groups   =         20

                                                Obs per group:
                                                              min =         32
                                                              avg =       32.0
                                                              max =         32

                                                Wald chi2(1)       =      15.76
                                                Prob > chi2        =     0.0001

------------------------------------------------------------------------------
      loghex |      Coef.   Std. Err.      z    P>|z|     [95% Conf. Interval]
-------------+----------------------------------------------------------------
      loggdp |   .7613608   .1917946     3.97   0.000     .3854502    1.137271
   __000007_t |   .0186322   .0044654     4.17   0.000     .0098802    .0273842
       _cons |  -.4677514   1.944212    -0.24   0.810    -4.278337    3.342834
------------------------------------------------------------------------------
Root Mean Squared Error (sigma): 0.0649
Variable __000007_t refers to a group-specific linear trend.
Share of group-specific trends significant at 5% level: 0.800 (= 16 trends)
```

그림 9.4에서 _000007_t 변수가 trend 변수에 해당한다. trend 변수는 그룹별로 생성하여 회귀모형에서 사용하게 된다. 추정계수가 0.0186이기 때문에 1년이 지나면 의료보건지출이 1.86%씩 증가한다고 해석할 수 있다. "Share of group-specific trends significant at 5% level: 0.8"은 전체 20개 국가에서 80%인 16개 국가에서 trend 변수가 통계적으로 유의하다고 해석한다.

거시 변수들이 공적분 관계에 있는 경우, 오차수정모형(ECM)은 xtpmg 명령어를 이용하여 추정할 수 있다. 다음 식에서는 ECM 추정계수 중 공적분 벡터에 해당하는 $\beta$는 모든 그룹에서 모두 동일하다고 가정한다.

$$\begin{aligned}\Delta loghex_{it} &= \phi_i(loghex_{it-1} - \beta\, loggdp_{it}) \\ &\quad + \alpha_i \Delta loghex_{it-1} + \gamma_i \Delta loggdp_{it} + e_{it} \end{aligned} \tag{9.19}$$

단기 추정계수인 $\alpha_i$, $\gamma_i$, 그리고 장기 조정(long-run adjustment) 계수인 $\phi_i$는 그룹별로 이질적이라고 설정되어 있다. 종속변수가 차분변수이기 때문에 그룹 이질성(group heterogeneity)에 해당하는 고정효과는 포함된 것으로 간주할 수 있다.

그림 9.5에 명령문과 결과가 나와 있다. xtpmg 명령문에서 $y$ 변수로 $\Delta loghex$ 변수를

입력해야 한다. $x$ 변수는 단기 관계식(short-run equation)에서 사용한 변수를 지정한다. LD.loghex는 $\Delta loghex_{it-1}$에 해당하고 D.loggdp는 $\Delta loggdp_{it}$ 에 해당한다. lr( ) 옵션에서 장기적 균형관계에 해당하는 변수를 입력한다. L.loghex는 $loghex_{it-1}$이고, $x$ 변수는 현재 시점인 $loggdp_{it}$ 이다. replace 옵션은 항상 포함하는 것을 추천한다.

**그림 9.5 통합그룹평균(PMG) 추정량 (1)**

```
. xtpmg D.loghex LD.loghex D.loggdp    , lr(L.loghex loggdp) replace

Pooled Mean Group Regression
(Estimate results saved as pmg)

Panel Variable (i): ctr                          Number of obs      =       600
Time Variable (t): year                          Number of groups   =        20
                                                 Obs per group: min =        30
                                                                avg =      30.0
                                                                max =        30

                                                 Log Likelihood     =  1305.477
------------------------------------------------------------------------------
    D.loghex |      Coef.   Std. Err.      z    P>|z|     [95% Conf. Interval]
-------------+----------------------------------------------------------------
__ec         |
      loggdp |   1.502531   .0290952    51.64   0.000     1.445506    1.559557
-------------+----------------------------------------------------------------
SR           |
        __ec |  -.1773763   .0321879    -5.51   0.000    -.2404634   -.1142892
             |
      loghex |
         LD. |   .1800774   .0480639     3.75   0.000     .0858738     .274281
             |
      loggdp |
         D1. |  -.1292962   .0801232    -1.61   0.107    -.2863349    .0277424
             |
       _cons |  -1.378633   .2620847    -5.26   0.000    -1.892309   -.8649561
------------------------------------------------------------------------------
```

그림 9.5에서 __ec에 있는 loggdp=1.50은 장기적 균형관계를 의미하는 공적분 벡터에 해당한다.* 앞서 설명하였듯이 모든 그룹에서 서로 같다고 제약하고 있다. SR에서 __ec 변수는 장기 조정속도(adjustment speed)에 해당한다. 각 그룹별로 서로 이질적 가정 하에서 그림 9.5 결과에서는 그룹별 추정치의 평균을 제시한다. LD.loghex 변수의 추정계수도 그룹별로 이질적이라는 가정하에서 추정치의 평균을 보여준다. D.loggdp 변수의 추정계수 역시 같

* ECM 모형 추정결과에 대한 해석은 민인식 · 최필선(2017) 7장을 참고하라.

은 방식으로 계산한다.

다음 식은 동적 고정효과(dynamic fixed effects) 모형이다.

$$
\begin{aligned}
\Delta loghex_{it} &= \phi(loghex_{it-1} - \beta\, loggdp_{it}) \\
&\quad + \alpha\, \Delta loghex_{it-1} + \gamma\, \Delta loggdp_{it} + e_{it}
\end{aligned}
\tag{9.20}
$$

위의 식 9.20 모형은 ECM을 추정하지만, 장기 조정과 단기 관계식(short-run equation)에서 추정계수가 그룹에서 동일하다는 제약조건을 가진다. 해당 명령문과 추정 결과가 그림 9.6에 나와 있다. 여기에서는 여전히 xtpmg 명령어를 사용하지만 옵션으로 dfe를 추가하였다. dfe는 동적 고정효과를 의미한다. 오차항의 그룹 내 상관관계(serial correlation)를 고려하여 cluster(ctr) 옵션을 추가한다.

**그림 9.6 통합그룹평균(PMG) 추정량 (2)**

```
. xtpmg D.loghex LD.loghex D.loggdp    , lr(L.loghex loggdp) dfe replace cluster(ctr)

------------------------------------------------------------------------------
Standard errors adjusted with cluster(ctr) option.
------------------------------------------------------------------------------
Dynamic Fixed Effects Regression: Estimated Error Correction Form
(Estimate results saved as DFE)
------------------------------------------------------------------------------
------------------------------------------------------------------------------
             |      Coef.   Std. Err.      z    P>|z|     [95% Conf. Interval]
-------------+----------------------------------------------------------------
__ec         |
      loggdp |   1.304822   .0990718    13.17   0.000     1.110644    1.498999
-------------+----------------------------------------------------------------
SR           |
        __ec |  -.1351594   .0226845    -5.96   0.000    -.1796201   -.0906986
             |
      loghex |
         LD. |   .1289086   .0520709     2.48   0.013     .0268515    .2309657
             |
      loggdp |
         D1. |  -.0400127   .0832967    -0.48   0.631    -.2032712    .1232458
             |
       _cons |  -.7626285    .228168    -3.34   0.001     -1.20983   -.3154273
------------------------------------------------------------------------------
```

9.3절에서 설명하였듯이 FMOLS 추정량은 공적분 관계에 있는 거시변수들이 포함된 회귀모형에서 장기적 관계에 대한 효율적이면서 일치추정량을 구하는 것이 목적이다. $loghex$와 $loggdp$ 변수가 공적분 관계에 있다고 가정하자. 또한 다음과 같이 공적분 벡터

$\beta_i$가 그룹별로 이질적라고 가정하자.

$$loghex_{it} = \alpha_i + \beta_i loggdp_{it} + \gamma_{1i} \Delta loggdp_{it+1} + \gamma_{2i} \Delta loggdp_{it} + \gamma_{3i} \Delta loggdp_{it-1} + e_{it} \quad (9.21)$$

이 식에서 그룹별 $\hat{\beta}_{i,FMOLS}$을 추정해야 한다. 앞의 식 9.13에서 제시된 추정량을 사용한다. 평균적인 공적분 벡터는 $\hat{\beta}_{FMOLS} = \frac{1}{n}\sum_{i=1}^{n}\hat{\beta}_{i,FMOLS}$ 공식으로 계산한다. Stata에서 FMOLS 추정을 위해서는 xtcointreg 명령어를 사용한다.* 그 결과가 그림 9.7에 나와 있다. $\Delta loggdp_{it}$의 리드 및 래그는 1로 지정했다.

### 그림 9.7 FMOLS 추정량 (1)

```
. xtcointreg loghex loggdp , full dlead(1) dlag(1)
Method of estimation: FMOLS
Number

Tab[61,1]
              loggdp
          r1       .
      beta_1    1.69
       Se._1    0.01
    t-stat_1  238.13
      beta_2    1.53
       Se._2    0.04
    t-stat_2   35.52
      beta_3    1.99
       Se._3    0.01
    t-stat_3  147.36
      beta_4    1.72
       Se._4    0.04
    t-stat_4   41.13
      beta_5    0.97
       Se._5    0.03
    t-stat_5   30.74

<결과 중략>
     beta_18    3.37
      Se._18    0.18
   t-stat_18   19.00
     beta_19    1.71
      Se._19    0.02
   t-stat_19   72.89
```

* findit xtcointreg를 실행하여 인터넷에서 다운로드 받아야 사용할 수 있다.

```
  beta_20    2.21
   Se._20    0.04
t-stat_20   53.51

Cave[1,2]
          beta  t-stat
loggdp    1.74  235.00

. mat def beta_mat=Tab[2..61,1]
. svmat beta_mat, name(beta_mat)
. capture drop id

. gen id=mod(_n,3) if beta_mat~=.
(580 missing values generated)

. replace id=3 if id==0
(20 real changes made)

. su beta_mat1 if id==1

    Variable |       Obs        Mean    Std. Dev.       Min        Max
-------------+--------------------------------------------------------
   beta_mat1 |        20     1.74157    .5518753   .9402099   3.370998

. su beta_mat1 if id==3

    Variable |       Obs        Mean    Std. Dev.       Min        Max
-------------+--------------------------------------------------------
   beta_mat1 |        20     52.5487    52.46721    11.9646   238.1331

. di r(sum)/sqrt(r(N))
235.00495
```

그림 9.7의 Stata 명령문에서 xtcointreg 다음에 $y$ 변수와 $x$ 변수를 지정한다. full 옵션을 추가하면 그룹별 $\hat{\beta}_{i,FMOLS}$ 추정치를 보여준다. dlead(1)과 dlag(1) 옵션에서는 차분 변수의 리드 및 래그를 지정한다. 평균적인 공적분 모수 추정치는 $\hat{\beta}_{FMOLS}=1.741$ 이고, $t$ 검정통계량은 2보다 훨씬 큰 235이기 때문에 공적분 벡터=0이라는 귀무가설을 기각한다. 그룹별 FMOLS 추정결과는 Tab 행렬에 자동으로 저장한다. svmat 명령어를 이용하여 Tab 행렬 값을 변수로 저장한다. $\hat{\beta}_{i,FMOLS}$는 id=1로 태그(tag)하였다. id=1인 행렬 값 평균은 정확히 $\hat{\beta}_{FMOLS}=1.741$ 와 일치함을 확인할 수 있다. "t-stat=235.0"은 식 9.3을 적용하여 계산할 수 있다. id=3은 그룹별 t-stat을 태그한다. 20개 t-stat의 합을 $\sqrt{n}$ 으로 나눈 결과는 정확히 235와 같다는 것을 알 수 있다.

xtcointreg 명령어는 9.1절의 PDOLS 추정량을 얻는 옵션을 포함하고 있다. 다음의 그림

9.8에서 보듯이 est(dols) 옵션을 추가하고 dlead(2)와 dlag(2) 옵션을 사용하면 정확히 그림 9.1에서 보여준 PDOLS 추정결과와 동일한 결과를 얻는다는 것을 알 수 있다. PDLOS와 FMOLS 공통점은 공적분 벡터의 불편추정량을 얻게 되지만 FMOLS가 더 효율적인 추정량이다. 평균적인 공적분 벡터=1.681은 그림 9.1의 "Group Mean Average Beta=1.68"과 같다.

### 그림 9.8 FMOLS 추정량 (2)

```
. xtcointreg loghex loggdp , full est(dols) dlead(2) dlag(2)
Method of estimation: dols
Number

Tab[61,1]
            loggdp
       r1        .
   beta_1     1.60
    Se._1     0.02
 t-stat_1    98.18
   beta_2     1.39
    Se._2     0.08
 t-stat_2    17.09
   beta_3     1.86
    Se._3     0.02
 t-stat_3   101.56

   < 결과 중략 >

  beta_18     2.97
   Se._18     0.12
t-stat_18    25.58
  beta_19     1.64
   Se._19     0.03
t-stat_19    55.51
  beta_20     2.31
   Se._20     0.03
t-stat_20    91.19

Cave[1,2]
           beta   t-stat
loggdp     1.68   293.49
```

## 9.5 Stata do file

```
use S_data9_1, clear
order ctr year
tsset ctr year
xtpedroni loghex loggdp , notest notdum
xtpedroni loghex loggdp , notest notdum full

gen beta=.
forvalues i=1/20 {
        qui reg loghex loggdp L2D.loggdp LD.loggdp D.loggdp   ///
F2D.loggdp FD.loggdp if ctr==`i'
        replace beta=_b[loggdp] in `i'
}
su beta

* xtmg
xtmg loghex loggdp
xtmg loghex loggdp, trend

gen trend=year-1
reg loghex loggdp trend if ctr==1

* xtpmg
xtpmg D.loghex LD.loghex D.loggdp   , lr(L.loghex loggdp) replace full
xtpmg D.loghex LD.loghex D.loggdp   , lr(L.loghex loggdp) dfe replace cluster(ctr)

* xtcointreg
use S_data9_1, clear
xtcointreg loghex loggdp , full dlead(1) dlag(1)
mat def beta_mat=Tab[2..61,1]
svmat beta_mat, name(beta_mat)

capture drop id
gen id=mod(_n,3) if beta_mat~=.
replace id=3 if id==0
su beta_mat1 if id==1
su beta_mat1 if id==3
di r(sum)/sqrt(r(N))

xtcointreg loghex loggdp , full est(dols) dlead(2) dlag(2)
```

# CHAPTER 10 패널 그랜저 인과관계

## 10.1 시계열 데이터에서 그랜저 검정

그랜저 검정은 두 시계열 시리즈의 인과관계(causal relationship)를 검정하기 위해 자주 활용되는 통계방법론이다(Granger 1969). 안정적인(stationary) 시계열 $y_t$는 자신의 과거 값의 선형함수에 의해 생성될 수 있다. 전형적인 자기회귀모형(autoregressive model)이다. 다음 식에서 오차항 $\epsilon_t$는 백색잡음(white noise)으로 가정한다.

$$y_t = \alpha_0 + \alpha_1 y_{t-1} + \alpha_2 y_{t-2} + \cdots + \alpha_p y_{t-p} + \epsilon_t \tag{10.1}$$

2개 이상 다변량 시계열 모형에서는 단일변량 AR 모형을 벡터자기회귀(Vector AutoRegression: VAR) 모형으로 확대할 수 있다.* VAR(1) 모형은 다음과 같이 쓸 수 있다.

$$y_t = \beta_{10} + \beta_{11} y_{t-1} + \beta_{12} x_{t-1} + \epsilon_{1t} \tag{10.2}$$

$$x_t = \beta_{20} + \beta_{21} y_{t-1} + \beta_{22} x_{t-1} + \epsilon_{2t} \tag{10.3}$$

식 10.2와 10.3에서 $y_t$와 $x_t$는 모두 안정적인 시계열이고 오차항 $\epsilon_{1t}$와 $\epsilon_{2t}$는 백색잡음이면서 서로 상관관계가 존재하지 않는다고 가정한다. VAR 모형을 활용하여 $y$ 변수가 $x$ 변수를(또는 반대 방향으로) 그랜저 인과(Granger-causes)하는지 검정할 수 있다. 가령 식 10.2로부터 $y_t$의 과거 값이 주어졌을 때 $x_t$의 과거 값들이 $y_t$를 예측하는 데 유용하다면 $x$ 변수는 $y$ 변수를 "그랜저 인과"한다고 해석한다.

식 10.2와 식 10.3을 일반화하여 VAR(p) 모형으로 쓰면 다음과 같다.

$$y_t = \alpha_0 + \sum_{i=1}^{p} \alpha_i y_{t-i} + \sum_{i=1}^{p} \beta_i x_{t-i} + \epsilon_{1t} \tag{10.4}$$

$$x_t = \gamma_0 + \sum_{i=1}^{p} \gamma_i y_{t-i} + \sum_{i=1}^{p} \delta_i x_{t-i} + \epsilon_{2t} \tag{10.5}$$

여기에서 오차항 $\epsilon_{1t}$와 $\epsilon_{2t}$는 서로 독립적이라고 가정한다.

식 10.4에서 $\sum \beta_i \neq 0$ 이고, 식 10.5에서 $\sum \gamma_i = 0$ 으로 추정되면 $x_t \rightarrow y_t$ 일방향 인과관

* Stata를 이용한 VAR 모형 추정과 해석은 민인식 · 최필선(2017) 15장을 참고하라.

계(unilateral causality)라고 판단한다. 반대로 식 10.4에서 $\sum\beta_i = 0$ 이고, 식 10.5에서 $\sum\gamma_i \neq 0$ 이면 $y_t \rightarrow x_t$ 일방향 인과관계라고 판단한다. 마지막으로 식 10.4에서 $\sum\beta_i \neq 0$ 이고, 동시에 식 10.5에서 $\sum\gamma_i \neq 0$ 이면 양방향 인과관계(bilateral causality) $x_t \leftrightarrow y_t$으로 판단한다.

그랜저 인과관계 검정을 위해서는 식 10.4와 10.5를 추정한 후 계수에 대한 가설검정을 거치게 된다. 식 10.4에서 다음과 같은 결합 검정(joint test) 결과를 해석한다.

$$H_0 : \beta_1 = \beta_2 = \cdots = \beta_p = 0$$

결합 검정 결과, 위 귀무가설을 기각하면 $x_t$ 변수는 $y_t$ 변수를 그랜저 인과 한다고 판단한다.

마찬가지로 식 10.5에서 다음 귀무가설을 결합검정 한다.

$$H_0 : \gamma_1 = \gamma_2 = \cdots = \gamma_p = 0$$

검정 결과, 위 귀무가설을 기각하면 $y_t$ 변수는 $x_t$ 변수를 그랜저 인과 한다고 판단한다.

## 10.2 패널데이터에서 그랜저 검정 (1)

패널데이터 구조에서 그랜저 인과관계 검정은 Dumitrescu and Hurlin(2012)이 제안한 검정 통계량을 사용할 수 있다. 이를 위해 Dumitrescu and Hurlin(이하 DH)는 다음과 같은 패널 선형회귀모형을 설정한다.

$$y_{it} = \alpha_i + \sum_{k=1}^{K}\gamma_{ik}y_{it-k} + \sum_{k=1}^{K}\beta_{ik}x_{it-k} + e_{it} \qquad (10.6)$$

여기에서 $y_{it}$와 $x_{it}$는 정상 시계열(stationary time series)이라고 가정한다. $\alpha_i$는 패널 그룹의 이질성(heterogeneity)에 해당하고 기울기 계수는 그룹($i$)에 다르다고 가정할 수 있다.* 시차 $K$는 모든 그룹에 같은 시차를 적용한다.** 따라서 패널 데이터가 균형 패널(balanced panel)인 경우에 가능하다.

10.1절에서 설명한 그랜저 인과검정과 유사하게 다음과 같이 귀무가설을 설정한다.

$$H_0 : \beta_{i1} = \beta_{i2} = \cdots = \beta_{iK} = 0 \quad \text{for all } i = 1, 2, \cdots, N \qquad (10.7)$$

* $\alpha_i$는 고정효과(fixed effects)로 가정한다.

** $T > 5 + 2K$ 조건을 만족해야 한다.

위 귀무가설을 기각하지 못한다면 $x \rightarrow y$의 인과관계는 없다고 판단한다.

DH 검정의 대립가설은 특정 그룹에서는 인과관계가 존재하고 다른 그룹에서는 인과관계가 존재하지 않는다는 것이다. 즉 $H_1$ 가설은 다음과 같이 쓸 수 있다.

$$H_1 : \begin{cases} \beta_{i1} = \cdots = \beta_{iK} = 0, & i = 1, 2, \cdots, N_1 \\ \beta_{i1} \neq 0 \text{ or} \cdots \text{ or } \beta_{iK} \neq 0, & i = N_1 + 1, \cdots, N \end{cases} \quad (10.8)$$

여기에서 $N_1$은 미리 알 수 없다고 가정한다. 만약 $N_1 = 0$이면 모든 그룹에서 인과관계가 존재한다고 해석한다.

DH 검정통계량은 다음과 같은 절차를 따른다. 식 10.6의 회귀모형을 각 그룹 $i$에 대해 실행한 후, 식 10.7의 귀무가설 검정을 위한 개별 Wald 검정통계량 $W_i$를 얻는다. 그렇게 하여 다음과 같이 모든 그룹을 평균한 Wald 검정통계량을 계산한다.

$$\overline{W} = \frac{1}{N} \sum_{i=1}^{N} W_i \quad (10.8)$$

DH는 시뮬레이션을 통해 $\overline{W}$의 근사적 분포를 도출하였고, $\overline{W}$를 패널 인과관계를 확인하는 데 사용할 수 있다고 증명하였다. $T$ (time period)가 그룹 수($N$)보다 충분히 크다면 다음과 같이 표준화된 검정통계량을 도출할 수 있다.

$$\overline{Z} = \sqrt{\frac{N}{2K}} \left( \overline{W} - K \right) \rightarrow N(0,1) \quad (10.9)$$

$T$가 충분히 크지 않은 경우에는 다음과 같이 근사적으로 표준화된 검정통계량을 사용한다.

$$\widetilde{Z} = \sqrt{\frac{N}{2K} \frac{T-3K-5}{T-2K-5}} \left[ \frac{T-3K-3}{T-3K-1} \overline{W} - K \right] \rightarrow N(0,1) \quad (10.10)$$

DH 검정에서는 식 10.9와 10.10의 검정통계량을 모두 사용한다. 표준정규분포에서 얻은 임계치(critical values)보다 검정통계량이 크다면 귀무가설을 기각한다. 결과적으로 그랜저 인과관계가 존재한다고 판단한다. $N$과 $T$가 충분히 큰 경우에는 식 10.9의 검정통계량이 적절하고, $N$은 크지만 $T$가 크지 않다면 식 10.10의 검정통계량이 적절하다.

식 10.6에서 시차 $K$를 선택하는 것은 AIC, BIC, 또는 HQIC와 같은 정보량 기준(information criterion)을 활용할 수 있다. 패널 데이터가 횡단적 상관관계(cross-sectional dependence), 즉 $cov(e_{it}, e_{jt}) \neq 0$ 인 경우 표준정규분포의 임계치 대신 $\tilde{Z}$ 통계량의 붓스트랩(bootstrapping) 과정으로 얻은 임계치를 사용하는 것을 추천한다.*

식 10.9와 10.10의 검정통계량은 균형패널에서만 적용된다. 불균형 패널에서는 각 그룹별 시차 $K_i$를 적용한다. 그룹별 시점 수인 $T_i$는 $T_i > 5 + 2K_i$ 조건을 만족해야 한다. 식 10.11 검정통계량 역시 표준정규분포의 임계치와 비교하여 귀무가설 기각 여부를 결정하게 된다.

$$\tilde{Z}^{Hnc} = \frac{\sqrt{N}\left[\overline{W} - \frac{1}{N}\sum_{i=1}^{N} K_i \times \frac{(T_i - 2K_i - 1)}{(T_i - 2K_i - 3)}\right]}{\sqrt{\frac{1}{N}\sum_{i=1}^{N} 2K_i \times \frac{(T_i - 2K_i - 1)^2 \times (T_i - K_i - 3)}{(T_i - 2K_i - 3)^2 \times (T_i - 2K_i - 5)}}} \tag{10.11}$$

## 10.3 패널데이터에서 그랜저 검정 (2)

패널 데이터 구조 하에서 그랜저 인과 여부를 검정하는 방법으로 패널 VAR 모형을 이용할 수 있다. 민인식 · 최필선(2017) 15장에서는 패널 VAR 모형에 대해 자세히 설명하고 있다. $x_{it} \rightarrow y_{it}$, $y_{it} \rightarrow x_{it}$, 그리고 양방향 인과관계를 검정하기 위해서 다음과 같이 이변량 패널 VAR 모형을 설정한다. 논의의 단순화를 위해 시차는 $K=1$로 가정하자.

$$y_{it} = \beta_t + \beta_{11} y_{it-1} + \beta_{21} x_{it-1} + \mu_{1i} + \epsilon_{1it} \tag{10.12}$$

$$x_{it} = \gamma_t + \gamma_{11} y_{it-1} + \gamma_{21} x_{it-1} + \mu_{2i} + \epsilon_{2it} \tag{10.13}$$

여기에서 $\mu_i$는 그룹 이질성을 의미하고, $\beta_t$는 시간 이질성(time heterogeneity)를 포함할 수 있다. 10.2절에서 제시한 식 10.6의 패널 회귀모형과 차이점은 시차 변수의 기울기 모수(slope parameters)를 시간불변(time-invariant)으로 가정한다. 모든 그룹($i$)에 대해 $\beta_i = \beta$ 및 $\gamma_i = \gamma$로 가정한다.

패널 그랜저 인과관계 검정의 귀무가설은 다음과 같다.

$$H_0 : \beta_{21} = 0 \ : \ x_{it} \rightarrow y_{it} \tag{10.14}$$

$$H_0 : \gamma_{11} = 0 \ : \ y_{it} \rightarrow x_{it} \tag{10.15}$$

식 10.14의 가설을 기각한다면 $x_{it} \rightarrow y_{it}$의 그랜저 인과관계가 있다고 판단한다. 마찬가지로 식 10.15의 가설을 기각한다면 $y_{it} \rightarrow x_{it}$의 그랜저 인과관계가 있다고 판단한다. 시차

* 붓스트랩의 자세한 과정은 Dumitrescu and Hurlin(2012)을 참고하라.

$K > 1$인 경우에는 시차 계수에 대한 Wald 검정을 실시한다.

위 가설을 검정하기 위해서는 패널 VAR(PVAR) 모형을 추정해야 한다. PVAR 모형에서 일치추정량을 얻기 위해서는 패널 GMM 추정량을 적용할 수 있다. 패널 VAR 모형에서 최적 시차를 선택하기 위한 정보량 기준(information criterion)으로서 MBIC(modified Bayes information criterion), MAIC(modified Akiake criterion), 그리고 MQIC(modified quasi-likelihood information criterion)를 최소화 하는 시차 $K$를 선택할 수 있다. PVAR에 대한 자세한 내용은 민인식 · 최필선(2017)의 15장을 참고하라.

## 10.4 Stata 예제

data file: S_data10_1.dta*

예제 데이터에서 관심 있는 두 변수는 $ffrate$(연준 금리)와 $consump$(소비) 변수이다. 시계열 데이터 구조이고, 시간에 해당하는 변수는 $t$ 변수이다. 두 변수의 그랜저 인과관계 검정을 위해 다음과 같이 선형 회귀모형을 설정하자.

$$ffrate_t = \alpha + \sum_i^K \beta_i\, ffrate_{t-i} + \sum_i^K \gamma_i\, consump_{t-i} + e_{1t} \tag{10.16}$$

$$consump_t = \delta + \sum_i^K \theta_i\, ffrate_{t-i} + \sum_i^K \lambda_i\, consump_{t-i} + e_{2t} \tag{10.17}$$

그랜저 인과관계 검정을 위해서는 관심 변수는 반드시 정상 시계열(stationary time series)여야 한다. 단위근 검정(unit root test) 결과를 제시하지는 않지만 단위근 검정 결과 $ffrate$와 $consump$ 변수는 단위근이 있다는 것을 확인할 수 있다. 따라서 차분된 변수에 기초하여 그랜저 인과 검정을 실행한다.

**그림 10.1 그랜저 인과관계 검정: 시계열 데이터 (1)**

```
. use S_data10_1 , clear
. tsset t
        time variable:  t, 1959q1 to 2010q3
                delta:  1 quarter

. gcause D.ffrate D.consump, lag(4) regress
Granger causality test                          Sample: 1960q2 to 2010q3
                                                               obs = 202
```

* 예제 데이터는 Persyn and Westerlund(2008)에서 인용하였다.

```
H0: D.consump does not Granger-cause D.ffrate

           F( 4, 193) =    1.11
             Prob > F =   0.3540

            chi2(4) =    4.64      (asymptotic)
        Prob > chi2 =  0.3264      (asymptotic)

      Source |       SS       df       MS              Number of obs =     202
-------------+------------------------------           F(8, 193)     =    3.64
       Model |  24.4235579     8  3.05294474           Prob > F      =  0.0006
    Residual |  161.809876   193  .838393139           R-squared     =  0.1311
-------------+------------------------------           Adj R-squared =  0.0951
       Total |  186.233434   201  .926534497           Root MSE      =  .91564

------------------------------------------------------------------------------
    D.ffrate |      Coef.   Std. Err.      t    P>|t|     [95% Conf. Interval]
-------------+----------------------------------------------------------------
      ffrate |
         LD. |   .3060651   .0720499     4.25   0.000     .1639588    .4481714
        L2D. |  -.2285204   .0747623    -3.06   0.003    -.3759765   -.0810643
        L3D. |   .1601207    .074035     2.16   0.032     .0140991    .3061424
        L4D. |   .0016719    .071293     0.02   0.981    -.1389416    .1422855
             |
     consump |
         LD. |   .0031749   .0020518     1.55   0.123     -.000872    .0072218
        L2D. |  -.0023008   .0022986    -1.00   0.318    -.0068343    .0022328
        L3D. |   .0015861    .002313     0.69   0.494    -.0029758    .0061481
        L4D. |  -.0027317   .0020701    -1.32   0.189    -.0068146    .0013513
             |
       _cons |  -.0035154    .104254    -0.03   0.973    -.2091389    .2021081
------------------------------------------------------------------------------
```

시계열 데이터를 정의하기 위해 먼저 tsset 명령문을 사용한다. 그랜저 인과 검정을 위해서는 Stata의 reg 명령문을 사용할 수도 있지만, 본 예제에서는 gcause 명령어를 사용한다. gcause 명령어는 Stata 기본 명령어가 아니기 때문에 따로 다운로드 받아서 사용해야 한다.* 앞서 설명하였듯이 차분된 두 변수 이름을 순서대로 입력한다. 먼저 위치한 변수가 D.ffrate 변수이기 때문에 식 10.15의 회귀모형을 추정하게 된다. lag( ) 옵션 부분에서 식 10.15의 시차 $K$를 연구자가 지정해 준다. 본 예제에서는 $K=4$를 설정했다. regress 옵션에서는 식 10.14의 회귀모형 추정결과를 보여준다. 식 10.15에서 그랜저 인과 검정을 위한 귀무가설은 다음과 같다.

$$H_0 : \gamma_1 = \gamma_2 = \cdots = \gamma_K = 0$$

* findit gcause라고 입력한 후 다운로드 및 설치한다.

위 귀무가설을 기각하면 $consump \to ffrate$의 인과관계가 있다고 판단한다. 검정통계량은 $F$ 검정통계량과 chi-square 검정통계량이 주어진다. $p$-값이 0.05보다 크기 때문에 귀무가설을 기각할 수 없다. 소비는 금리를 그랜저 인과하지 못한다고 통계적 판단을 내릴 수 있다.

그림 10.1의 $F$ 검정통계량은 다음과 같이 test 명령문을 이용해도 같은 결과를 얻을 수 있다. test 명령어 다음에 $consump$ 변수의 4개 시차 변수를 입력한다. $F$ 검정통계량은 그림 10.1에서 계산된 결과와 일치한다.

### 그림 10.2 test 명령문

```
. test LD.consump L2D.consump L3D.consump L4D.consump

 ( 1)  LD.consump = 0
 ( 2)  L2D.consump = 0
 ( 3)  L3D.consump = 0
 ( 4)  L4D.consump = 0

       F(  4,   193) =    1.11
            Prob > F =    0.3540
```

그림 10.1에서 $K=4$로 미리 설정하였지만, 최적 시차를 설정하기 위해서는 정보량 기준(information criterion)을 비교할 수 있다. 가령 $K=1$부터 $K=4$까지 중 최적 시차를 선택하기 위해서는 다음 그림 10.3과 같이 estat ic 명령문을 활용할 수 있다. AIC가 최소화되는 시차는 $K=3$이라는 것을 확인할 수 있다. 따라서 $K=3$으로 설정하고 그랜저 인과관계 검정을 하는 것을 추천한다.

### 그림 10.3 시차 선택

```
. forvalues i=1/4 {
  2.          qui gcause D.ffrate D.consump, lag(`i') regress
  3.          estat ic
  4. }

Akaike's information criterion and Bayesian information criterion

-----------------------------------------------------------------------------
       Model |          N   ll(null)  ll(model)      df         AIC        BIC
-------------+---------------------------------------------------------------
           . |        205  -281.2866  -274.8999       3    555.7999   565.7689
-----------------------------------------------------------------------------
```

```
Note: BIC uses N = number of observations. See [R] BIC note.

Akaike's information criterion and Bayesian information criterion

-----------------------------------------------------------------------------
       Model |          N   ll(null)  ll(model)      df         AIC        BIC
-------------+---------------------------------------------------------------
           . |        204  -280.2718   -269.335       5    548.6699   565.2605
-----------------------------------------------------------------------------
Note: BIC uses N = number of observations. See [R] BIC note.

Akaike's information criterion and Bayesian information criterion

-----------------------------------------------------------------------------
       Model |          N   ll(null)  ll(model)      df         AIC        BIC
-------------+---------------------------------------------------------------
           . |        203  -279.2955  -265.9495       7     545.899   569.0914
-----------------------------------------------------------------------------
Note: BIC uses N = number of observations. See [R] BIC note.

Akaike's information criterion and Bayesian information criterion

-----------------------------------------------------------------------------
       Model |          N   ll(null)  ll(model)      df         AIC        BIC
-------------+---------------------------------------------------------------
           . |        202  -278.4176  -264.2192       9    546.4383   576.2128
-----------------------------------------------------------------------------
Note: BIC uses N = number of observations. See [R] BIC note.
```

그림 10.4에서는 $ffrate \rightarrow consump$ 방향의 인과관계가 있는지 판단해 본다. D.consump 변수를 먼저 입력해야 함에 유의해야 한다. 귀무가설은 식 10.16에서 $ffrate$ 시차 변수의 계수가 모두 0이라고 가정한다.

$$H_0 : \theta_1 = \theta_2 = \cdots = \theta_K = 0$$

그림 10.4의 그랜저 인과 검정통계량 역시 $p$-값이 0.05보다 크다. 따라서 귀무가설을 기각하지 못하고 $ffrate \rightarrow consump$ 인과관계가 없다고 판단한다.

### 그림 10.4 그랜저 인과관계 검정: 시계열 데이터 (2)

```
. gcause D.consump D.ffrate , lag(4) regress
Granger causality test                              Sample: 1960q2 to 2010q3
                                                                  obs = 202
H0: D.ffrate does not Granger-cause D.consump

             F( 4, 193) =    0.26
```

```
              Prob > F =    0.9057

               chi2(4) =     1.07       (asymptotic)
           Prob > chi2 =   0.8987       (asymptotic)

      Source |       SS           df       MS      Number of obs   =       202
-------------+----------------------------------   F(8, 193)       =     25.40
       Model |  212725.651         8  26590.7064   Prob > F        =    0.0000
    Residual |  202082.878       193  1047.06154   R-squared       =    0.5128
-------------+----------------------------------   Adj R-squared   =    0.4926
       Total |  414808.528       201  2063.72402   Root MSE        =    32.358

------------------------------------------------------------------------------
   D.consump |      Coef.   Std. Err.      t    P>|t|     [95% Conf. Interval]
-------------+----------------------------------------------------------------
     consump |
         LD. |   .4960872   .0725109     6.84   0.000      .3530717    .6391026
        L2D. |    .225123   .0812301     2.77   0.006      .0649102    .3853357
        L3D. |   .0415243   .0817398     0.51   0.612     -.1196938    .2027423
        L4D. |   .0283854   .0731566     0.39   0.698     -.1159037    .1726746
             |
      ffrate |
         LD. |  -2.226928   2.546219    -0.87   0.383     -7.248916     2.79506
        L2D. |  -.1514762   2.642075    -0.06   0.954     -5.362524    5.059572
        L3D. |    .4676826   2.616372     0.18   0.858     -4.692671    5.628036
        L4D. |  -.5738446   2.519471    -0.23   0.820     -5.543077    4.395388
             |
       _cons |   10.84685     3.6843     2.94   0.004      3.580188    18.11351
------------------------------------------------------------------------------
```

data file: S_data10_2.dta

패널 데이터 구조에서 그랜저 인과관계 검정은 DH 검정과 PVAR 모형을 이용한 검정을 활용할 수 있다. 먼저 Stata에서 DH 검정을 실행하는 과정을 설명한다. 예제 데이터에서 관심 변수는 $kstock_{it}$와 $mvalue_{it}$ 변수이다.* DH 검정을 위해서는 먼저 xtgcause 명령어를 다운로드 받아 설치한다.** DH 검정을 위해 균형패널이고 시간 갭이 없는 패널 데이터를 사용하고 있다.

### 그림 10.5 DH 검정 (1)

```
. use S_data10_2, clear

. tsset com year
```

* kstock과 mvalue 변수는 정상 시계열 변수라고 가정하자.

** findit xtgcause라고 입력한다.

```
       panel variable:  company (strongly balanced)
        time variable:  year, 1935 to 1954
                delta:  1 year

.
. xtgcause kstock mvalue, lag(aic 3) regress

Reg for id==1 and lags==3

      Source |       SS           df       MS      Number of obs   =        17
-------------+----------------------------------   F(6, 10)        =    179.66
       Model |  6296480.7          6  1049413.45   Prob > F        =    0.0000
    Residual |  58412.5869        10  5841.25869   R-squared       =    0.9908
-------------+----------------------------------   Adj R-squared   =    0.9853
       Total |  6354893.29        16  397180.831   Root MSE        =    76.428

------------------------------------------------------------------------------
      kstock |      Coef.   Std. Err.      t    P>|t|     [95% Conf. Interval]
-------------+----------------------------------------------------------------
      kstock |
         L1. |   1.331353   .3264738     4.08   0.002     .6039244    2.058783
         L2. |  -.2546014   .5781043    -0.44   0.669    -1.542698    1.033495
         L3. |   .0688738    .338632     0.20   0.843    -.6856453    .8233929
             |
      mvalue |
         L1. |   .0698556   .0276061     2.53   0.030     .0083453     .131366
         L2. |   .0458114    .037195     1.23   0.246    -.0370643    .1286871
         L3. |   .0172458   .0309304     0.56   0.589    -.0516715    .0861631
             |
       _cons |  -548.5684   262.6445    -2.09   0.063    -1133.777    36.64006
------------------------------------------------------------------------------

============================== 결과 중략 ==============================

Reg for id==10 and lags==3

      Source |       SS           df       MS      Number of obs   =        17
-------------+----------------------------------   F(6, 10)        =    151.49
       Model |  181.826438         6  30.3044063   Prob > F        =    0.0000
    Residual |  2.00045721        10  .200045721   R-squared       =    0.9891
-------------+----------------------------------   Adj R-squared   =    0.9826
       Total |  183.826895        16   11.489181   Root MSE        =    .44726

------------------------------------------------------------------------------
      kstock |      Coef.   Std. Err.      t    P>|t|     [95% Conf. Interval]
-------------+----------------------------------------------------------------
      kstock |
         L1. |   2.360529   .2534505     9.31   0.000     1.795806    2.925252
         L2. |  -2.139519   .5005502    -4.27   0.002    -3.254814   -1.024223
         L3. |    .974955    .300262     3.25   0.009     .3059295     1.64398
             |
      mvalue |
```

```
         L1. |    .0073656    .0166554     0.44   0.668    -.0297449    .0444761
         L2. |   -.0128081    .0140053    -0.91   0.382    -.0440138    .0183976
         L3. |   -.0101331    .0143777    -0.70   0.497    -.0421686    .0219023
             |
       _cons |    .4412747     1.65704     0.27   0.795    -3.250842    4.133391
------------------------------------------------------------------------------

Dumitrescu & Hurlin (2012) Granger non-causality test results:
--------------------------------------------------------------
Optimal number of lags (AIC): 3 (lags tested: 1 to 3).
W-bar =          4.4179
Z-bar =          1.8305   (p-value = 0.0672)
Z-bar tilde =    0.5094   (p-value = 0.6104)
--------------------------------------------------------------
H0: mvalue does not Granger-cause kstock.
H1: mvalue does Granger-cause kstock for at least one panelvar (company).
```

xtgcause 명령문에서 먼저 입력한 변수가 종속변수가 된다. 따라서 그림 10.5의 명령문에서는 $mvalue \rightarrow kstock$ 방향의 인과관계를 판단하게 된다. lag(aic 3)은 AIC를 최소화는 lag를 선택하라는 의미이고, $K=1$부터 $K=3$까지 시도한 후 최소 AIC에 해당하는 시차를 선택하게 된다. DH 검정은 10.2절에서 설명하였듯이 그룹별 회귀모형을 추정한다. regress 옵션은 그 결과를 보여주는 옵션이다. 본 예제에서는 그룹이 10개이기 때문에 id=1부터 id=10까지 회귀모형 추정결과를 제시한다. 검정결과에서 Z-bar와 Z-bar tilde는 각각 식 10.9와 식 10.19의 검정통계량에 해당한다. W-bar는 식 10.8에 해당한다. Z-bar와 Z-bar tilde 검정통계량의 $p$-값이 5%보다 크기 때문에 $mvalue \rightarrow kstock$ 방향의 인과관계는 없다고 판단할 수 있다.

반대방향 인과관계인 $kstock \rightarrow mvalue$를 검정하기 위해서는 그림 10.5의 명령문에서 변수의 위치를 바꾸면 된다. 그림 10.6 검정결과에 따르면 최적 시차 $K=1$이 된다. 검정통계량의 $p$-값 역시 모두 0.05보다 크다. 따라서 귀무가설을 기각할 수 없다. 즉 $kstock$ 변수는 $mvalue$ 변수를 그랜저 인과한다고 말할 수 없다.

### 그림 10.6 DH 검정 (2)

```
. xtgcause mvalue kstock , lag(aic 3)

Dumitrescu & Hurlin (2012) Granger non-causality test results:
--------------------------------------------------------------
Optimal number of lags (AIC): 1 (lags tested: 1 to 3).
W-bar =          1.5674
Z-bar =          1.2687   (p-value = 0.2045)
```

```
Z-bar tilde =     0.7429   (p-value = 0.4575)
------------------------------------------------------------
H0: kstock does not Granger-cause mvalue.
H1: kstock does Granger-cause mvalue for at least one panelvar (company).
```

그림 10.7에서는 패널 VAR모형을 설정하고 패널 그랜저 인과관계를 검정하는 과정을 설명한다. 예제 데이터(S_data10_2.dta)를 계속 사용한다. 다음과 같이 PVAR 모형을 설정하자.

$$kstock_{it} = \beta_0 + \sum_j^K \beta_{1j} kstock_{it-j} + \sum_j^K \beta_{2j} mvalue_{it-j} + u_{1i} + \epsilon_{1it} \quad (10.18)$$

$$mvalue_{it} = \gamma_0 + \sum_j^{K_1} \gamma_{1j} kstock_{it-j} + \sum_j^K \gamma_{2j} mvalue_{it-j} + u_{2i} + \epsilon_{2it} \quad (10.19)$$

10.3절에서 설명하였듯이 여기에서 $\beta$와 $\gamma$ 계수는 모든 그룹에서 동일(homeogenous)하다는 가정을 하고 있다.

### 그림 10.7 패널 그랜저 인과검정: PVAR 모형

```
. use S_data10_2, clear

. tsset com year
       panel variable:  company (strongly balanced)
        time variable:  year, 1935 to 1954
                delta:  1 year

. pvar kstock mvalue, lag(2) instl(1/3) gmmstyle

Panel vector autoregresssion

GMM Estimation

Final GMM Criterion Q(b) =      .0405
Initial weight matrix: Identity
GMM weight matrix:     Robust
                                              No. of obs      =        170
                                              No. of panels   =         10
                                              Ave. no. of T   =     17.000

------------------------------------------------------------------------------
             |      Coef.   Std. Err.      z    P>|z|     [95% Conf. Interval]
-------------+----------------------------------------------------------------
kstock       |
      kstock |
         L1. |   2.079523   .4089378     5.09   0.000      1.27802    2.881026
```

```
         L2. | -1.065836   .5075155   -2.10   0.036   -2.060548   -.0711237
             |
      mvalue |
         L1. |  .0511002   .0361244    1.41   0.157   -.0197023    .1219028
         L2. | -.0378868   .0341748   -1.11   0.268   -.1048681    .0290946
-------------+----------------------------------------------------------------
mvalue       |
      kstock |
         L1. | -.4508306   2.358462   -0.19   0.848   -5.073332    4.171671
         L2. |  1.653515   3.037816    0.54   0.586   -4.300495    7.607525
             |
      mvalue |
         L1. |   .284696   .3066229    0.93   0.353   -.3162738    .8856658
         L2. |   .055171   .2935763    0.19   0.851    -.520228      .63057
------------------------------------------------------------------------------
Instruments : l(1/3).(kstock mvalue)

. pvargranger
  panel VAR-Granger causality Wald test
    Ho: Excluded variable does not Granger-cause Equation variable
    Ha: Excluded variable Granger-causes Equation variable

  +------------------------------------------------------+
  | Equation W Excluded |     chi2     df  Prob > chi2  |
  |---------------------+--------------------------------|
  |kstock               |                                |
  |              mvalue |    2.755      2        0.252  |
  |                 ALL |    2.755      2        0.252  |
  |---------------------+--------------------------------|
  |mvalue               |                                |
  |              kstock |    3.966      2        0.138  |
  |                 ALL |    3.966      2        0.138  |
  +------------------------------------------------------+
```

pvar 명령어를 이용하여 패널 GMM 추정량을 구한다.* 본 예제의 목적은 PVAR 모형 추정결과를 해석하는 것이라기보다는 패널 그랜저 검정이기 때문에 PVAR 추정결과에 대한 해석은 생략한다. 이에 대한 자세한 해석은 Abrigo and Love(2016)와 민인식 · 최필선(2017) 15장을 참고하라. pvar 명령문을 실행한 이후에만 pvargranger 명령문을 실행할 수 있음에 주의한다. 그림 10.7 예제에서 그랜저 검정의 귀무가설은 다음과 같다.

$$H_0 : \beta_{21} = \beta_{22} = 0 \ : \ mvalue \rightarrow kstock \text{ 방향}$$

$$H_0 : \gamma_{11} = \gamma_{12} = 0 \ : \ kstock \rightarrow mvalue \text{ 방향}$$

* pvar 관련 명령어는 Inessa Love 교수의 홈페이지에서 다운로드 받을 수 있다.
https://sites.google.com/a/hawaii.edu/inessalove/home/pvar
pvar 명령어는 본서의 실습데이터에도 포함되어 있다. 해당 폴더 내 모든 파일을 c:₩ado₩p 폴더에 복사한 후 해당 명령어를 사용한다.

pvargranger 첫 번째 결과는 $mvalue \rightarrow kstock$에 대한 그랜저 인과 검정결과이다. $p$-값이 0.05보다 크기 때문에 귀무가설을 기각할 수 없다. 검정통계량은 2.755이다. 인과관계가 없다고 해석한다. 두 번째 결과는 $kstock \rightarrow mvalue$에 대한 검정결과이다. 검정통계량은 3.966이고 $p$-값이 0.05보다 크기 때문에 역시 인과관계가 없다고 해석한다.

그림 10.8에서는 pvargranger 검정통계량이 어떻게 도출되는지에 대해 Stata 명령문으로 보여준다. pvar 명령어로 PVAR 모형을 그림 10.7과 같이 추정한다. $mvalue \rightarrow kstock$ 방향의 인과관계를 검정하기 위해서는 식 10.18에서 L1.mvalue와 L2.mvalue 변수의 계수가 모두 0이라는 것을 검정한다. test 명령어를 사용하고 있다. 주의할 점은 식 10.18에 해당하는 식의 이름인 [kstock]을 변수 이름 앞에 써주어야 한다. test 명령문 실행결과 검정통계량(2.76)은 정확히 그림 10.7 결과와 일치한다.

**그림 10.8 test 명령어를 이용한 패널 그랜저 검정**

```
. qui pvar kstock mvalue, lag(2) instl(1/3) gmmstyle

. test [kstock]L1.mvalue [kstock]L2.mvalue

 ( 1)  [kstock]L.mvalue = 0
 ( 2)  [kstock]L2.mvalue = 0

           chi2(  2) =    2.76
         Prob > chi2 =    0.2522
```

## 10.5 Stata do file

```
use S_data10_1, clear

tsset t
gcause D.ffrate D.consump, lag(4) regress
test LD.consump L2D.consump L3D.consump L4D.consump

forvalues i=1/4 {
        qui gcause D.ffrate D.consump, lag(`i') regress
        estat ic
}

gcause D.consump D.ffrate , lag(4) regress

* DH test
use S_data10_2, clear
tsset com year
```

```
xtgcause kstock mvalue, lag(aic 3) regress
xtgcause mvalue kstock , lag(aic 3)

* PVAR
use S_data10_2, clear
tsset com year

pvar kstock mvalue, lag(2) instl(1/3) gmmstyle
pvargranger

qui pvar kstock mvalue, lag(2) instl(1/3) gmmstyle
test [kstock]L1.mvalue [kstock]L2.mvalue
```

# CHAPTER 11 Two-part 모형 및 허들 모형

## 11.1 Two-part 모형

Two-part 모형은 제한적 종속변수(limited dependent variable)를 가지는 경우에 선택될 수 있다. 주어진 표본의 상당수에서 종속변수가 제한된 하한(lower bound) 값을 가지고 있다. 어떤 사건이 발생할 수도 있고, 발생하지 않을 수도 있는데 발생하는 경우에만 종속변수는 양(positive)의 값을 갖게 된다. 가령 1년 동안 병원에 1번 이상 갈 수도 있고, 한 번도 가지 않을 수 있는데 병원을 방문한 사람에게만 의료비가 관찰되는 상황이라고 생각할 수 있다. 병원에 가지 않은 사람은 의료비가 0의 하한값을 갖게 된다.

경제학에서는 구석해(corner solution)가 나타날 수 있는 이론모형을 추정하는 데 two-part 모형을 활용할 수 있다(Cole and Sherriff 1972; Todorovic and Woolhiser 1975). 노동공급(labor supply) 또는 기부금액 의사결정을 예로 들 수 있다. 노동시장에 참여하느냐 마느냐의 의사결정과 참여하는 경우 근로시간을 어느 정도 할 것인지의 의사결정을 하게 되는 상황이다. 기부금액 의사결정도 기부 여부를 먼저 결정한 후 기부금액을 얼마를 할 것인지를 결정하게 된다.

동일한 하한값이 상당수 관찰된다는 면에서 two-part 모형은 토빗(Tobit) 모형과 유사하다고 볼 수 있다. 그런데 토빗 모형에서는 참여여부(participation) 모형과 참여시 성과(outcome) 모형에 제약이 있다는 점에서 two-part 모형과 차이가 있다. 즉, 참여와 성과 모형에서 모두 같은 $x$ 변수를 사용해야 하고 $x$ 변수가 참여와 성과에 미치는 한계효과가 같은 방향이라는 제약이 있다. 가령 토빗 모형에서 $x$ 변수가 (노동시장) 참여확률에 미치는 효과가 양(+)이면 금액(노동시간)에 미치는 효과 역시 양(+)으로 추정되는 제약을 가진다.

Two-part 모형에서 종속변수 $y$는 0 또는 양의 값을 갖는 변수로 가정한다. 참여모형에서는 $\Pr(y>0|x)$을 구하는 것이 참여확률을 구하는 것과 같다. 이 확률이 다음과 같이 $x$ 변수의 함수로 나타난다고 가정한다.

$$\Pr(y>0|x) = F(\delta x) \tag{11.1}$$

여기에서 $F(\ )$는 오차항의 누적분포함수(cdf)로서 로지스틱 분포(logistic distribution) 또는 표준정규분포 분포(standard normal distribution) 함수를 사용하는 것이 일반적이다.

0보다 큰 값에 해당하는 $y$ (성과)에 대한 분포는 다음과 같이 가정한다.

$$f(y|y>0,x) = g(\gamma x) \tag{11.2}$$

여기에서 $g(\ )$ 는 $y|y>0$에 대한 적절한 확률밀도함수(probability density function: pdf)이다. 정규분포(normal distribution) 또는 지수분포(exponential distribution)를 사용할 수 있다.

임의의 $y$는 0 또는 0보다 큰 값을 가질 수 있기 때문에 각 $y_i$에 우도(likelihood)는 다음과 같이 쓸 수 있다.

$$f(y_i) = \{1-F(\delta x_i)\}^{I(y_i=0)}\{F(\delta x_i)g(\gamma x_i)\}^{I(y_i>0)} \tag{11.3}$$

여기에서 $I(\ )$는 괄호안의 조건이 성립하면 1이고, 그렇지 않으면 0을 갖는 지시함수(indicator function)이다. 전체 표본 $y_1, y_2, \cdots, y_n$ 에 대한 로그우도함수는 다음과 같이 쓸 수 있다.

$$\ln L = \sum_{i=1}^{n} I(y_i=0)\ln\{1-F(\delta x_i)\} + \sum_{i=1}^{n} I(y_i>0)[\ln F(\delta x_i) + \ln g(\gamma x_i)] \tag{11.4}$$

추정계수인 $\gamma$와 $\delta$는 식 11.4의 로그 우도함수를 최대화 하는 값으로 얻어질 수 있다. 로그 우도함수는 $y_i = 0$ 표본과 $y_i > 0$ 표본의 로그 우도 값의 합으로 구성되어 있다. 결과적으로 참여 모형과 성과 모형을 각각 추정하여 합한 우도함수 값과 식 11.4의 우도함수 값은 서로 같게 된다. 참여모형과 성과모형의 오차항은 서로 독립적(independent)이라고 가정한다.

$y$ 에 대한 조건부 기댓값은 다음과 같이 참여모형과 성과모형의 기댓값의 곱으로 계산된다.

$$E(y|x) = \Pr(y>0|x) \times E(y|y>0,x) \tag{11.5}$$

Two-part 모형의 추정과정은 다음과 같다. $y=0$과 $y>0$ 두 그룹을 나누는 참여여부(participation)는 프로빗(probit) 또는 로짓(logit) 모형으로 추정결과를 얻을 수 있다. 성과모형의 기대값인 $E(y|y>0) = g(\gamma x)$ 를 추정하기 위해서는 종속변수 $y$가 연속형 변수일 때 사용하는 회귀분석을 선택할 수 있다. 가령 OLS 추정 또는 GLM(generalized linear model) 추정량을 구한다.

경제학 분야에서 $y>0$ 관측치에 대해서 로그 선형모형을 설정하는 경우가 많다. 성과모형에서 로그 선형모형, 즉 $E(\ln y\,|y>0,x)$를 추정하는 것을 가정하자. 로그 선형모형에서 오차항을 정규분포로 가정하면 식 11.5에서 필요한 $E(y|y>0,x)$는 다음과 같이 계산할 수

있다.

$$E(y|y>0,x)=\exp(\gamma x+0.5\sigma^2) \tag{11.6}$$

여기에서 $\sigma^2$은 오차항의 분산 추정치로 대신하게 된다.

Cragg(1971)는 two-part 모형을 $y=0$을 결정하는 선택(또는 참여) 모형과 $y>0$을 결정하는 성과모형으로 구분하는 허들 모형을 제안한다. Cragg의 허들 모형에서 종속변수 $y_i$는 다음과 같이 정의된다.

$$y_i = s_i h_i^* \tag{11.7}$$

여기에서 $y_i$는 관찰된 종속변수로서 0 또는 0보다 큰 값으로 관찰된다. 선택 변수인 $s_i$는 $y_i=0$이면 1이고 $y_i>0$이면 1의 값을 갖는다. 선택 모형은 다음과 같이 전형적인 이항변수(binary) 모형으로 설정한다.

$$s_i = \begin{cases} 1, & \text{if } z\theta + e_1 > 0 \\ 0, & \text{if } z\theta + e_1 \le 0 \end{cases} \tag{11.8}$$

여기에서 오차항 $e_1$은 표준정규분포 또는 로지스틱 분포의 확률변수로 가정할 수 있다. $s_i=1$인 경우에만 잠재변수인 $h_i^*$를 관찰할 수 있다. Cragg(1971)은 성과모형으로 다음과 같이 선형모형(linear model) 또는 지수모형(exponential model)을 제안하였다. 식 11.8(참여여부 모형)과 식 11.9/식 11.10(성과모형)에서 $z$와 $x$ 변수는 서로 다른 조합을 허용할 수 있다.

$$h_i^* = \beta x_i + e_{2i} \quad \text{(절단 선형모형)} \tag{11.9}$$

$$h_i^* = \exp(\beta x_i + e_{2i}) \quad \text{(지수모형)} \tag{11.10}$$

식 11.9(절단 선형모형)에서 오차항 $e_{2i}$ 분포는 절단 정규분포(truncated normal distribution)로 가정한다. 이 경우 절단회귀(truncated regression)로 추정계수 $\hat{\beta}$을 얻을 수 있다. 종속변수 $h_i^*$가 $\mu$와 $\sigma^2$를 가진 정규분포이라면 절단 정규분포는 다음과 같이 쓸 수 있다.

$$f(h_i^*|h_i^*>0)=\frac{f(h_i^*)}{1-\Phi\left(-\frac{\mu}{\sigma}\right)}=\frac{\frac{1}{\sigma}\phi\left(\frac{h_i^*-\mu}{\sigma}\right)}{1-\Phi\left(-\frac{\mu}{\sigma}\right)} \tag{11.11}$$

여기에서 $\phi()$ 와 $\Phi()$는 각각 표준정규분포의 확률밀도함수(pdf)와 누적분포함수(cdf)에 해당한다. 식 11.11의 분포함수를 이용하여 우도함수를 구축한다. 그 우도함수를 최대화하는 $\hat{\beta}$을 추정할 수 있다.

식 11.10의 지수모형 양변에 로그를 취하면 다음과 같이 쓸 수 있다.

$$\log(h_i^*) = \beta x_i + e_{2i} \tag{11.12}$$

여기에서 오차항 $e_{2i}$는 $\mu = 0$인 정규분포로 가정한다. 따라서 $h_i^*$는 로그정규(log-normal) 분포를 따르게 된다. 위 식에서 $\beta$를 추정하기 위해서는 $s_i = 1$인 종속변수 $y_i$에 로그를 취한 후 OLS 추정량을 적용할 수 있다.

## 11.2 이중 허들 모형

Cragg(1971)의 허들모형은 단일 허들(single hurdle) 모형이라고 부른다. 참여가 결정되면 0보다 큰 값으로 나타나는 성과를 항상 관찰할 수 있다. 이에 비해 Jones(1989)는 이중 허들(double hurdle) 모형을 제안하였다. 담배소비의 경우 담배를 피우지 않기 때문에 담배소비가 0인 사람들이 있다. 그러나 담배가격이나 소득으로 인해 흡연자 중에서도 일시적으로 담배소비가 0인 것이 가능하다. 고기(meat) 소비의 경우에도 채식주의자이기 때문에 고기소비가 0인 사람들이 존재한다. 그런데 육식을 하지만 개인적인 사정으로 고기소비량이 0인 것이 가능하다. 또 다른 예로 미상환 대출금에 대한 연구에서도 대출금 자체가 없기 때문에 미상환 대출금이 0인 사람들이 존재한다. 그런데 대출금이 있더라도 대출상환을 연체하지 않았기 때문에 미상환 대출금이 0인 사람들 역시 존재하게 된다.

이중 허들 모형은 다음과 같이 프로빗 모형과 토빗 모형의 조합으로 쓸 수 있다(Engel and Moffatt 2014).

$$d_i^* = \alpha z_i + u_i \tag{11.13}$$

$$y_i^{**} = \beta x_i + v_i \tag{11.14}$$

$$\begin{bmatrix} u_i \\ v_i \end{bmatrix} \sim N\left[\begin{pmatrix} 0 \\ 0 \end{pmatrix}, \begin{pmatrix} 1 & 0 \\ 0 & \sigma^2 \end{pmatrix}\right] \tag{11.15}$$

식 11.13은 첫 번째 허들에 해당한다. 관찰된 $d_i$는 $d_i^* > 0$이면 1이고 $d_i^* \leq 0$이면 0인 이항변수로 주어진다. 식 11.13은 프로빗 또는 로짓 모형으로 추정할 수 있다. 식 11.14는 두 번째 허들에 해당하며 토빗 모형과 유사하게 나타난다. 식 11.13과 식 11.14의 오차항은 서로 독립적임을 식 11.15에서 가정하고 있다. $y_i^*$는 다음과 같이 0 또는 0보다 큰 값이 나타난다.

$$y_i^* = \max(y_i^{**},\ 0) \tag{11.16}$$

여기에서 알 수 있듯이 단일 허들모형과 달리 $d_i = 1$인 경우에도 $y_i^* = 0$이 관찰될 수 있다.

이중 허들 모형에서 관찰된 $y_i$는 다음과 같이 쓸 수 있다.

$$y_i = d_i y_i^* \tag{11.17}$$

여기에서 $y_i = 0$은 $d_i = 0$인 경우에도 나타날 수 있고 $d_i = 1$인 경우에도 나타날 수 있다는 것에 유의해야 한다.

Engel and Moffatt(2014)은 이중 허들 모형에 대해 다음과 같은 로그 우도함수를 제시한다.

$$\log L = \sum_{y_i = 0} \ln\left\{(1-\Phi(\alpha z_i))\Phi\left(\frac{\beta x_i}{\sigma}\right)\right\} + \sum_{y_i > 0} \ln\left\{\Phi(\alpha z_i)\frac{1}{\sigma}\phi\left(\frac{y_i - \beta x_i}{\sigma}\right)\right\} \tag{11.18}$$

여기에서 $\Phi()$는 표준정규분포의 cdf 이고, $\phi()$는 표준정규분포의 pdf이다. $\sigma$는 식 11.14 오차항의 표준편차에 해당한다. 위 로그 우도함수를 최대화하는 $\hat{\alpha}$와 $\hat{\beta}$을 추정하게 된다. 식 11.18은 식 11.4와 달리 $y_i = 0$과 $y_i > 0$ 그룹을 나눠서 따로 추정할 수 없다는 것에 유의해야 한다.

## 11.3 패널 이중 허들 모형

Dong and Kaiser(2008)는 횡단면 이중 허들 모형을 패널 이중 허들 모형으로 확장하였다. 이 연구에서는 우유 소비량 분석에 패널 이중 허들 모형을 적용하였다. 그룹 $i$가 참여그룹에 속하느냐 비참여 그룹에 속하느냐는 모든 시점에서 일정하게 유지된다고 가정한다. 따라서 첫 번째 허들은 다음과 같이 모형화 된다.

$$d_i^* = \alpha z_i + \epsilon_{1i}\ ,\ \epsilon_{1i} \sim N(0,1) \tag{11.19}$$

$$d_i = \begin{cases} 1, & \text{if } d_i^* > 0 \\ 0, & \text{if } d_i^* \le 0 \end{cases}$$

여기에서 아래 첨자가 $it$가 아니고 $i$라는 것에 유의해야 한다.

두 번째 허들은 일반적인 패널 확률효과 모형으로 설정한다. 관찰된 $y_{it}$는 식 11.21에 의해서 정의된다.

$$y_{it}^{**} = \beta x_{it} + u_i + \epsilon_{2\,it} \tag{11.20}$$

$$y_{it}^{*} = \max(y_{it}^{**}, 0)$$

$$y_{it} = d_i y_{it}^{*} \tag{11.21}$$

식 11.19와 식 11.20에 포함된 3개 오차항의 확률분포는 다음과 같이 다변량 정규분포로 가정한다.

$$\begin{pmatrix} \epsilon_{1\,i} \\ u_i \\ \epsilon_{2\,it} \end{pmatrix} \sim N\left[\begin{pmatrix} 0 \\ 0 \\ 0 \end{pmatrix}, \begin{pmatrix} 1 & \rho\sigma_u & 0 \\ \rho\sigma_u & \sigma_u^2 & 0 \\ 0 & 0 & \sigma^2 \end{pmatrix}\right] \tag{11.22}$$

여기에서 보듯이 $cov(u_i, \epsilon_{2it}) = 0$으로 가정하지만, $cov(u_i, \epsilon_{1i}) = \rho \neq 0$으로 가정하고 있다. 즉 상위 레벨($i$) 오차항은 서로 상관관계가 존재한다.

패널 이중 허들 모형의 특징은 식 11.19에 있다. 첫 번째 허들은 각 그룹 내에서는 동일하게 나타난다. 식 11.20에서 그룹 이질성 $u_i$는 확률효과(random effects)로 가정한다. 이를 통해 그룹 내 $t$ 시점 간 상관관계(within-group correlation)를 가정하고 있다.

Engel and Moffatt(2014)은 식 11.19~11.21 모형 하에서 우도함수를 구축한다. 패널 토빗 모형과 유사하게 우도함수를 얻을 수 있다. $d_i = 1$인 개인 $i$의 우도 값은 다음과 같다.*

$$L_i | (d_i = 1,\ u_i) = \prod_{t=1}^{T} \left\{1 - \Phi\left(\frac{\beta x_{it} + u_i}{\sigma}\right)\right\}^{I(y_{it}=0)} \left\{\frac{1}{\sigma}\phi\left(\frac{y_{it} - \beta x_{it} - u_i}{\sigma}\right)\right\}^{I(y_{it}>0)} \tag{11.23}$$

비참여그룹에서는 $y_{it}$의 값이 모든 시점에서 0일 때만 우도값을 갖기 때문에 $d_i = 0$인 개인 $i$에 대한 우도값은 다음과 같이 쓸 수 있다.

$$(L_i | d_i = 0) = 0 \quad \text{if} \ \sum_{t=1}^{T} y_{it} > 0$$

---

* 식 11.22 확률분포에서 $cov(u_i, \epsilon_{1i}) = \rho = 0$으로 가정하고 식 11.23의 우도함수를 도출한다.

$$(L_i | d_i = 0) = 1 \quad \text{if} \ \sum_{t=1}^{T} y_{it} = 0 \tag{11.24}$$

임의의 그룹 $i$는 $d_i = 0$과 $d_i = 1$ 어느 쪽에도 속할 수 있다. 따라서 식 11.23과 식 11.24의 가중합으로 다음과 같이 조건부 우도값을 쓸 수 있다.

$$(L_i | u_i) = \Phi(\alpha z_i)(L_i | d_i = 1, u_i) + (1 - \Phi(\alpha z_i))(L_i | d_i = 0) \tag{11.25}$$

식 11.25를 $u_i$에 대해 적분하면 ML 추정을 위한 마지막 우도 값을 도출할 수 있다. 다음 식에서 $L_i$는 식 11.25를 적분하여 계산한다.

$$L_i = \int_{-\infty}^{\infty} (L_i | u_i) f(u) du \tag{11.26}$$

$$\log L = \sum_{i=1}^{n} \ln L_i \tag{11.27}$$

여기에서 식 11.27이 패널 이중 허들 모형 추정을 위한 그룹 $i$의 우도 값으로 주어지게 된다.

$cov(u_i, \epsilon_{1i}) = \rho \neq 0$인 경우에 식 11.25의 가중치는 다음과 같이 계산하게 된다.*

$$\Phi\left(\frac{\alpha z_i + \rho \frac{u_i}{\sigma_u}}{\sqrt{1 - \rho^2}}\right) \tag{11.28}$$

$cov(u_i, \epsilon_{1i}) = \rho \neq 0$ 가정 하에서는 식 11.28을 가중치로 적용한 우도함수를 이용하여 모수를 추정할 수도 있지만 Engel and Moffatt(2014)는 다음과 같이 2단계 추정 방법을 통해 또 다른 일치추정량을 구하는 방법을 제시하였다.

- $cov(u_i, \epsilon_{1i}) = 0$으로 가정하고 패널 이중 허들 모형을 추정한다.
- 첫 번째 허들 모형(참여모형)을 프로빗 모형으로 추정하여 다음과 같이 Inverse Mills Ratio(IMR)을 계산한다.

$$IMR_i = \frac{\phi(\alpha z_i)}{\Phi(\alpha z_i)} \tag{11.29}$$

- 식 11.27의 우도함수에 기초한 패널 이중 허들 모형을 다시 추정한다. 단 두 번째 허들

* Engel and Moffatt(2014)를 참고한다.

인 식 11.20의 $x$ 변수로 위에서 구한 $IMR_i$을 추가적인 변수로 사용한다. $IMR_i$ 변수가 통계적으로 유의하다면 $cov(u_i, \epsilon_{1i}) \neq 0$이라고 판단할 수 있다.

패널 이중 허들 모형이 있다면 패널 단일 허들 모형(패널 two-part 모형)도 생각해 볼 수 있다. 그러나 Engel and Moffatt(2014)은 패널 단일 허들 모형의 문제점을 지적하고 있다. 단일 허들 모형에서는 첫 번째 허들을 통과하면 $y_{it}$는 모든 시점에서 양의 값을 가지게 된다. 만약 그룹 $i$에게 시간 흐름에 따라 0과 양의 값이 섞여서 관찰되는 경우에는 단일 허들 모형의 가정에 위배가 되는 상황이 발생한다. 이러한 이유 때문에 패널 데이터에서는 이중 허들 모형에만 분석의 초점을 맞춘다.

## 11.4 Stata 예제

data file: S_data11_1.dta*

횡단면 데이터를 이용하여 two-part 모형 또는 단일 허들 모형을 추정하기 위해서는 Stata에 내장된 명령어를 사용할 수도 있고, 사용자 작성(user-written) 명령어를 사용할 수 있다. 먼저 사용자 작성 명령어인 twopm 명령어를 소개한다.

예제 데이터에서 관찰된 $y_i$ 변수는 $hours$(운동시간)이다. 운동을 전혀 하지 않는 사람은 $hours = 0$이고, 운동을 조금이라도 하는 사람은 $hours > 0$인 값을 갖게 된다. $y$ 변수의 기초통계량이 그림 11.1에 나와 있다. 전체 평균은 0.8 시간이고, 운동을 하는 사람의 비율은 56%이다. 전체 표본에서 0으로 나타나는 표본은 44%로 매우 높은 비율임을 알 수 있다. 운동을 하는 사람들의 평균 운동시간은 1.5 시간이다.

* 예제 데이터는 Stata 매뉴얼 [R] churdle에서 인용하였다.

### 그림 11.1 *hours* 변수 기초통계량

```
. use S_data11_1, clear

. gen dy=1 if hours>0 & hours<.
(8,715 missing values generated)

. replace dy=0 if hours==0
(8,715 real changes made)
.
. su hours

    Variable |       Obs        Mean    Std. Dev.       Min        Max
-------------+--------------------------------------------------------
       hours |    19,831    .8800172    1.051221          0   5.308835

. tab dy
         dy |      Freq.     Percent        Cum.
------------+-----------------------------------
          0 |      8,715       43.95       43.95
          1 |     11,116       56.05      100.00
------------+-----------------------------------
      Total |     19,831      100.00

. su hours if dy==1
    Variable |       Obs        Mean    Std. Dev.       Min        Max
-------------+--------------------------------------------------------
       hours |    11,116    1.569955    .9424704    .000622   5.308835
```

다음과 같이 관찰된 $hours_i$는 다음과 같이 참여모형과 성과모형에 의해 결정된다. 오차항의 상관관계는 $cov(e_{1i}, e_{2i}) = 0$으로 가정한다.

$$hours_i = s_i \times hours_i^* \qquad (11.30)$$

$$\text{where} \quad s_i^* = \alpha z_i + e_{1i} \quad \text{(참여모형)}$$

$$(hours_i^* | hours_i^* > 0) = \beta x_i + e_{2i} \quad \text{(성과모형)}$$

식 11.30에서 $z_i$와 $x_i$가 서로 같다고 가정하고 추정한 결과가 그림 11.2에 나와 있다. $y$ 변수는 $hours$를 사용하고 (특별한 옵션을 사용하지 않는다면) $x$ 변수는 1부(first part)와 2부(second part)에 모두 사용된다. firstpart( )에서 probit 옵션은 식 11.30의 참여모형을 (로짓 모형이 아니라) 프로빗 모형으로 추정하라는 의미이다. secondpart( )에서 regress 옵션을 사용하면 식 11.30의 성과모형 오차항 $e_{2i}$에 대해 정규분포를 가정하고 OLS 추정을 하게 된다.

### 그림 11.2 two-part 모형 추정 (1)

```
. twopm hours age i.smoke distance i.single, firstpart(probit, nolog)
secondpart(regress)

Fitting probit regression for first part:
Fitting OLS regression for second part:

Two-part model
------------------------------------------------------------------------------
Log pseudolikelihood = -24250.458               Number of obs     =      19831

Part 1: probit
------------------------------------------------------------------------------
                                                Number of obs     =      19831
                                                LR chi2(4)        =    6746.17
                                                Prob > chi2       =     0.0000
Log likelihood = -10227.009                     Pseudo R2         =     0.2480

Part 2: regress
------------------------------------------------------------------------------
                                                Number of obs     =      11116
                                                F(   4,  11111)   =     602.05
                                                Prob > F          =     0.0000
                                                R-squared         =     0.1781
                                                Adj R-squared     =     0.1778
Log likelihood = -14023.449                     Root MSE          =     0.8546
------------------------------------------------------------------------------
       hours |      Coef.   Std. Err.      z    P>|z|     [95% Conf. Interval]
-------------+----------------------------------------------------------------
probit       |
         age |  -.0485148   .0006502   -74.61   0.000    -.0497892   -.0472404
             |
       smoke |
    smoking  |   .0034187   .0338835     0.10   0.920    -.0629917     .069829
             |
    distance |   -.005235   .0099666    -0.53   0.599    -.0247692    .0142992
             |
      single |
     single  |   .0262573   .0205997     1.27   0.202    -.0141174    .0666321
             |
       _cons |   2.492044   .0370352    67.29   0.000     2.419457    2.564632
-------------+----------------------------------------------------------------
regress      |
         age |   .0010002   .0005502     1.82   0.069    -.0000783    .0020786
             |
       smoke |
    smoking  |  -.6501297   .0266317   -24.41   0.000    -.7023269   -.5979324
             |
    distance |  -.0884074   .0081523   -10.84   0.000    -.1043855   -.0724292
             |
      single |
     single  |   .6892813   .0165945    41.54   0.000     .6567566    .7218059
```

```
             |
       _cons |   1.264938    .026253    48.18   0.000     1.213483    1.316393
------------------------------------------------------------------------------
```

그림 11.2 추정결과에서 probit에 해당하는 부분은 운동 참여 확률에 미치는 영향으로 해석한다. regress에 해당하는 부분은 운동을 참여하는 경우 운동시간에 미치는 효과로 해석할 수 있다. 가령 *age* 변수는 나이가 많을수록 운동할 확률은 감소하지만, 일단 운동에 참여하는 경우에는 나이가 많을수록 운동시간이 증가하는 효과를 보여주고 있다.

다음 그림 11.3의 추정결과를 보면, 참여모형과 성과모형을 따로 추정하더라도 같은 결과를 얻는 다는 것을 알 수 있다.

### 그림 11.3 two-part 모형 추정 (2)

```
. probit dy age i.smoke distance i.single, nolog

Probit regression                               Number of obs     =     19,831
                                                LR chi2(4)        =    6746.17
                                                Prob > chi2       =     0.0000
Log likelihood = -10227.009                     Pseudo R2         =     0.2480

------------------------------------------------------------------------------
          dy |      Coef.   Std. Err.      z    P>|z|     [95% Conf. Interval]
-------------+----------------------------------------------------------------
         age |  -.0485148   .0006502   -74.61   0.000    -.0497892   -.0472404
             |
    ========================== 결과 중략 ================================

. reg hours age i.smoke distance i.single if dy==1

      Source |       SS           df       MS      Number of obs   =    11,116
-------------+----------------------------------   F(4, 11111)     =    602.05
       Model |  1758.67492         4  439.668731   Prob > F        =    0.0000
    Residual |  8114.2288     11,111  .730287895   R-squared       =    0.1781
-------------+----------------------------------   Adj R-squared   =    0.1778
       Total |  9872.90372    11,115  .888250447   Root MSE        =    .85457

------------------------------------------------------------------------------
       hours |      Coef.   Std. Err.      t    P>|t|     [95% Conf. Interval]
-------------+----------------------------------------------------------------
         age |   .0010002   .0005502     1.82   0.069    -.0000784    .0020787
             |

========================== 결과 중략 ================================
```

식 11.30에서 $x$와 $z$ 변수에 서로 다른 조합을 사용하고자 하는 경우 다음 그림 11.4에서 보는 것과 같이 명령문을 변경한다. 첫 번째 괄호는 1부 모형을 써주고 두 번째 괄호에는 2부 모형을 입력해 준다. 주의할 점은 반드시 1부와 2부에서 $y$ 변수는 같은 이름을 사용해야 한다.

**그림 11.4 two-part 모형 추정 (3)**

```
. twopm (hours commute whours age) (hours age i.smoke distance i.single) ,
firstpart(probit, nolog) secondpart(regress)

Two-part model
------------------------------------------------------------------------------
Log pseudolikelihood =  -24238.29               Number of obs   =      19831

Part 1: probit
------------------------------------------------------------------------------
                                                Number of obs   =      19831
                                                LR chi2(3)      =    6770.51
                                                Prob > chi2     =     0.0000
Log likelihood = -10214.841                     Pseudo R2       =     0.2489

Part 2: regress
------------------------------------------------------------------------------
                                                Number of obs   =      11116
                                                F(   4,  11111) =     602.05
                                                Prob > F        =     0.0000
                                                R-squared       =     0.1781
                                                Adj R-squared   =     0.1778
Log likelihood = -14023.449                     Root MSE        =     0.8546
------------------------------------------------------------------------------
       hours |      Coef.   Std. Err.      z    P>|z|     [95% Conf. Interval]
-------------+----------------------------------------------------------------
probit       |
     commute |  -.2953345   .0624665    -4.73   0.000    -.4177666   -.1729024
      whours |   .0022974   .0069306     0.33   0.740    -.0112864    .0158811
         age |  -.0485347   .0006501   -74.65   0.000     -.049809   -.0472604
       _cons |   2.649945   .0499795    53.02   0.000     2.551987    2.747903
-------------+----------------------------------------------------------------
regress      |
         age |   .0010002   .0005502     1.82   0.069    -.0000783    .0020786
             |
       smoke |
     smoking |  -.6501297   .0266317   -24.41   0.000    -.7023269   -.5979324
             |
    distance |  -.0884074   .0081523   -10.84   0.000    -.1043855   -.0724292
             |
      single |
      single |   .6892813   .0165945    41.54   0.000     .6567566    .7218059
             |
```

```
      _cons |   1.264938    .026253    48.18   0.000     1.213483    1.316393
------------------------------------------------------------------------------
```

참여모형 중에서 식 11.10에서 설명한 지수모형(exponential model)을 추정하기 위해서는 secondpart( ) 옵션에서 다음 그림 11.5와 같이 log 옵션을 사용한다. 두 번째 모형의 결과 이름을 살펴보면 regress_log라고 쓰여 있는 것을 확인할 수 있다.

### 그림 11.5 two-part 모형 추정 (4)

```
. twopm hours age i.smoke distance i.single, firstpart(probit, nolog)
secondpart(regress, log)

=========================== 결과 중략 ==================================
regress_log  |
         age |   .0008368   .0005342     1.57   0.117    -.0002102    .0018839
             |
       smoke |
     smoking |  -.6431348   .0258567   -24.87   0.000     -.693813   -.5924566
             |
    distance |  -.0772879    .007915    -9.76   0.000    -.0928011   -.0617748
             |
      single |
      single |   .5975111   .0161116    37.09   0.000      .565933    .6290892
             |
       _cons |  -.0770619    .025489    -3.02   0.002    -.1270194   -.0271044
------------------------------------------------------------------------------
```

two-part 모형을 추정한 후 기댓값을 계산하기 위해서는 식 11.5 또는 식 11.6의 공식을 사용할 수 있다. 식 11.5 공식의 경우 margins 명령어를 이용하여 쉽게 계산할 수 있다. 그림 11.6에 명령문과 결과가 나와 있다. 옵션으로 atmeans를 사용하면 $x$ 와 $z$ 변수를 평균에서 고정시킨 후 무조건부 기댓값(unconditional expectation)인 $E(y)$을 추정한다.* 평균 운동시간은 0.92 시간으로 그림 11.1의 전체 평균과 유사하다는 것을 확인할 수 있다. at(age=(20 30 40 50)) 옵션을 추가하면 나머지 변수는 평균으로 고정하고 age 변수 값을 20~50까지 증가시킬 때 평균 운동시간을 예측한다.

* 2부(second part)에서 log 변환을 하는 경우에는 margins 명령문에서 predict(normal)을 사용하면 $E(y)$를 얻을 수 있다.

**그림 11.6 margins 명령어**

```
. qui twopm hours age i.smoke distance i.single, firstpart(probit, nolog)
secondpart(regress)

. margins, atmeans
Warning: cannot perform check for estimable functions.

Adjusted predictions                         Number of obs     =     19,831

Expression   : twopm combined expected values, predict()
at           : age             =    47.36635 (mean)
               0.smoke         =    .9020221 (mean)
               1.smoke         =    .0979779 (mean)
               distance        =    .9590183 (mean)
               0.single        =    .3953406 (mean)
               1.single        =    .6046594 (mean)

------------------------------------------------------------------------------
             |            Delta-method
             |     Margin   Std. Err.      z    P>|z|     [95% Conf. Interval]
-------------+----------------------------------------------------------------
       _cons |   .9188368    .008286   110.89   0.000     .9025965    .9350771
------------------------------------------------------------------------------

. margins, at(age=(20 30 40 50)) atmeans noatlegend
Warning: cannot perform check for estimable functions.

Adjusted predictions                         Number of obs     =     19,831

Expression   : twopm combined expected values, predict()

------------------------------------------------------------------------------
             |            Delta-method
             |     Margin   Std. Err.      z    P>|z|     [95% Conf. Interval]
-------------+----------------------------------------------------------------
         _at |
          1  |   1.455936   .0130329   111.71   0.000     1.430392     1.48148
          2  |    1.33287   .0099272   134.26   0.000     1.313413    1.352327
          3  |   1.121975   .0085348   131.46   0.000     1.105247    1.138703
          4  |   .8405206   .0083259   100.95   0.000     .8242022    .8568389
------------------------------------------------------------------------------
```

Stata의 빌트인 명령어인 churdle 명령어를 이용해도 two-part 모형의 추정결과를 얻을 수 있다. 그림 11.7에 명령문과 결과가 나와 있다. churdle 명령문에서는 성과모형(second part)은 식 11.9와 11.10에서 설명하였듯이 절단 선형모형과 지수모형 중 하나를 선택한다. 먼저 절단 선형모형의 경우에는 churdle linear 명령어를 선택한다. select 옵션에서 참여모형에 사용될 $z$ 변수를 지정해 준다. churdle 다음에 *hours* 변수를 쓴 후 성과모형에 사용될 $x$ 변수를 입력해 준다. 물론 $x=z$ 와 같이 변수를 지정하는 것도 가능하다. ll(0) 옵션은 $hours$가 0인 값이면 운동을 선택하지 않는 사람으로 지정해 준다. sigma 추정치는 참여모형 오차항의 표준편차 추정치에 해당한다.

**그림 11.7 churdle 명령문: 절단 선형모형**

```
. churdle linear hours age i.smoke distance i.single, select(commute whours age) ll(0)
nolog

Cragg hurdle regression                         Number of obs     =     19,831
                                                LR chi2(4)        =    9059.26
                                                Prob > chi2       =     0.0000
Log likelihood = -23340.044                     Pseudo R2         =     0.1625

------------------------------------------------------------------------------
       hours |      Coef.   Std. Err.      z    P>|z|     [95% Conf. Interval]
-------------+----------------------------------------------------------------
hours        |
         age |   .0015116    .000763     1.98   0.048     .0000162    .003007
             |
       smoke |
     smoking |   -1.06646   .0460578   -23.15   0.000    -1.156731   -.9761879
    distance |  -.1333868   .0126344   -10.56   0.000    -.1581497   -.1086238
             |
      single |
      single |   .9940893   .0258775    38.42   0.000     .9433703    1.044808
       _cons |   .9138855   .0396227    23.06   0.000     .8362264    .9915447
-------------+----------------------------------------------------------------
selection_ll |
     commute |  -.2953345   .0624665    -4.73   0.000    -.4177666   -.1729024
      whours |   .0022974   .0069306     0.33   0.740    -.0112864    .0158811
         age |  -.0485347   .0006501   -74.65   0.000     -.049809   -.0472604
       _cons |   2.649945   .0499795    53.02   0.000     2.551987    2.747903
-------------+----------------------------------------------------------------
lnsigma      |
       _cons |   .0083199   .0099648     0.83   0.404    -.0112107    .0278506
-------------+----------------------------------------------------------------
      /sigma |   1.008355    .010048                      .9888519    1.028242
------------------------------------------------------------------------------
```

그림 11.7에서 selection 결과는 프로빗 모형 추정결과이고, hours equation 부분은 절단 정규분포 회귀(truncated normal regression) 추정결과이다. Stata에서는 truncreg 명령문을 이용하면 그림 11.7의 hours equation과 같은 추정 결과를 얻을 수 있다. 그림 11.8에서 이를 확인할 수 있다. 절단 선형모형의 추정은 식 11.11에서 제시한 확률밀도함수에 기초하여 우도함수를 구축한 후 최우추정량을 구한다.

### 그림 11.8 truncreg를 이용한 절단 선형모형 추정

```
. truncreg hours age i.smoke distance i.single, ll(0) nolog
(note: 8,715 obs. truncated)

Truncated regression
Limit:   lower =          0                  Number of obs     =     11,116
         upper =       +inf                  Wald chi2(4)      =    1934.41
Log likelihood = -13125.203                  Prob > chi2       =     0.0000

------------------------------------------------------------------------------
       hours |      Coef.   Std. Err.      z    P>|z|     [95% Conf. Interval]
-------------+----------------------------------------------------------------
         age |   .0015116    .000763     1.98   0.048     .0000162     .003007
             |
       smoke |
     smoking |   -1.06646   .0460578   -23.15   0.000    -1.156731   -.9761879
    distance |  -.1333868   .0126344   -10.56   0.000    -.1581497   -.1086238
             |
      single |
      single |   .9940893   .0258775    38.42   0.000     .9433703    1.044808
       _cons |   .9138855   .0396227    23.06   0.000     .8362264    .9915447
-------------+----------------------------------------------------------------
      /sigma |   1.008355    .010048   100.35   0.000     .9886609    1.028048
------------------------------------------------------------------------------
```

churdle 명령문에서 지수모형을 추정하기 위해서는 churdle exponential 명령어를 이용한다. 나머지 옵션은 그림 11.7의 절단 선형모형과 동일하다. twopm 명령문을 이용해도 같은 추정치를 얻을 수 있다. twopm 명령문에서 1부와 2부를 각각 지정하고 secondpart (regress, log) 옵션을 사용하면 churdle exponential과 정확히 같은 결과를 얻는다. 그림 11.9에 명령문과 결과가 나와 있다.

### 그림 11.9 churdle 명령문: 지수모형

```
. churdle exponential hours age i.smoke distance i.single, select(commute whours age)
ll(0) nolog


Cragg hurdle regression                      Number of obs     =     19,831
                                             LR chi2(4)        =    8663.21
                                             Prob > chi2       =     0.0000
Log likelihood = -15666.195                  Pseudo R2         =     0.2166

------------------------------------------------------------------------------
       hours |      Coef.   Std. Err.      z    P>|z|     [95% Conf. Interval]
```

```
-------------+----------------------------------------------------------------
hours        |
         age |   .0008368   .0005341     1.57   0.117      -.00021    .0018836
             |
       smoke |
     smoking |  -.6431348   .0258509   -24.88   0.000    -.6938016    -.592468
    distance |  -.0772879   .0079132    -9.77   0.000    -.0927976   -.0617783
             |
      single |
      single |   .5975111    .016108    37.09   0.000     .5659401    .6290821
       _cons |  -.0770619   .0254833    -3.02   0.002    -.1270082   -.0271157
-------------+----------------------------------------------------------------
selection_ll |
     commute |  -.2953345   .0624665    -4.73   0.000    -.4177666   -.1729024
      whours |   .0022974   .0069306     0.33   0.740    -.0112864    .0158811
         age |  -.0485347   .0006501   -74.65   0.000     -.049809   -.0472604
       _cons |   2.649945   .0499795    53.02   0.000     2.551987    2.747903
-------------+----------------------------------------------------------------
lnsigma      |
       _cons |   -.186917   .0067067   -27.87   0.000     -.200062   -.1737721
-------------+----------------------------------------------------------------
      /sigma |   .8295126   .0055633                        .81868    .8404884
------------------------------------------------------------------------------

. twopm (hours commute whours age)(hours age i.smoke distance i.single) ,
firstpart(probit, nolog) secondpart(regress, log)

======================== 결과 생략 =====================================
```

그림 11.9의 churdle exponential을 이용하여 지수모형을 추정한 후 기댓값을 예측하고자 한다. 다음과 같은 조건부 기댓값과 무조건부 기댓값을 margins 명령문을 이용하여 얻을 수 있다.

조건부 기댓값: $E(y|y>0,x) = \exp(\beta x + 0.5\sigma^2)$

무조건부 기댓값: $\Pr(y>0|z) \times E(y|y>0,x) = \Phi(\theta z) \times \exp(\beta x + 0.5\sigma^2)$

그림 11.10에 결과가 나와 있다. 평균에서 고정했을 때 무조건부 기댓값은 0.98 시간이고, 조건부 기댓값은 1.7 시간으로 예측됨을 알 수 있다.

**그림 11.10 조건부 기댓값과 무조건부 기댓값**

```
. qui churdle exponential hours age i.smoke distance i.single, select(commute whours
age) ll(0) nolog

. margins, atmeans noatlegend

Adjusted predictions                         Number of obs     =     19,831
Model VCE    : OIM

Expression   : Conditional mean estimates of dependent variable, predict()

------------------------------------------------------------------------------
             |            Delta-method
             |     Margin   Std. Err.      z    P>|z|     [95% Conf. Interval]
-------------+----------------------------------------------------------------
       _cons |   .9884256   .0121046    81.66   0.000     .9647009     1.01215
------------------------------------------------------------------------------

. margins, atmeans predict(e(0,.)) noatlegend

Adjusted predictions                         Number of obs     =     19,831
Model VCE    : OIM

Expression      :  Conditional  mean  estimate  of  dependent  variable  in  (a,b),
predict(e(0,.))

------------------------------------------------------------------------------
             |            Delta-method
             |     Margin   Std. Err.      z    P>|z|     [95% Conf. Interval]
-------------+----------------------------------------------------------------
       _cons |   1.700254    .017302    98.27   0.000     1.666342    1.734165
------------------------------------------------------------------------------
```

**data file: S_data11_2.dta**

이중 허들(double hurdle) 모형을 추정하는 예제는 그림 11.11에서 보여준다. $y$ 변수는 $cigs$ 변수이다. 하루 담배 소비량이다. 비흡연자는 당연히 $cigs=0$이 될 것이다. 그러나 흡연자 임에도 불구하고 $cigs=0$을 허용한다. 식 11.18의 우도함수에서 알 수 있듯이 이중 허들 모형은 기본적으로 토빗 모형의 우도함수와 유사하지만, $d=0$과 $d=1$ 그룹에 들어갈 가중치를 포함한다.

Stata에서는 사용자 작성(user-written) 명령어인 dhreg 명령어를 다운로드 받은 후 사용한다.* dhreg 명령어 다음에 $y$ 변수와 식 11.14(상위 방정식; above equation)에 해당하는

* findit dhreg 명령문을 Stata에서 실행하면 다운로드 받을 수 있다.

$x$ 변수를 지정한다. hd 옵션에서는 식 11.13(허들 방정식; hurdle equation)에 해당하는 $z$ 변수를 지정할 수 있다. 이중 허들 모형 추정과 비교하기 위해 식 11.13과 식 11.14를 개별적으로 추정한 결과를 제시한다. 프로빗(식 11.13)과 토빗 모형(식 11.14)으로 추정한다. 이중 허들 모형에서는 $y=0$ 표본은 비흡연자와 흡연자이지만, $cigs=0$인 사람이 섞여 있기 때문에 상위 방정식과 허들 방정식을 따로 추정할 수 없다. 식 11.18의 우도함수를 추정한 결과는 마지막에 주어진다. 허들 방정식은 $y=0$ 그룹에 포함될 확률에 미치는 추정치라고 이해할 수 있다. age=-0.010은 나이가 많을수록 담배소비량이 양(+)이 확률이 감소한다고 해석할 수 있다. 상위 방정식은 담배소비량에 영향을 미치는 추정치라고 볼 수 있다. educ=1.41은 교육수준이 높을수록 흡연량이 많아진다고 해석할 수 있다.

그림 11.11 추정결과는 식 11.13(허들 방정식)과 식 11.14(상위 방정식) 오차항이 서로 독립적이라고 가정한 추정결과이다. estimation assuming independence라는 표현에서 독립성 가정을 알려주고 있다.

**그림 11.11 dhreg 명령문 실행결과**

```
. use S_data11_2, clear
. dhreg cigs educ restaurn lincome lcigpric, hd(educ age)
 starting values for hurdle

Probit regression                               Number of obs     =        807
                                                LR chi2(2)        =      25.22
                                                Prob > chi2       =     0.0000
Log likelihood =  -524.8965                     Pseudo R2         =     0.0235

------------------------------------------------------------------------------
     __000002 |      Coef.   Std. Err.      z    P>|z|     [95% Conf. Interval]
-------------+----------------------------------------------------------------
        educ |  -.0636355    .015479    -4.11   0.000    -.0939738   -.0332972
         age |  -.0098002   .0027602    -3.55   0.000    -.0152101   -.0043902
       _cons |   .8936363   .2446555     3.65   0.000     .4141203    1.373152
------------------------------------------------------------------------------
 starting values conditional on hurdle being passed

Tobit regression                                Number of obs     =        807
                                                   Uncensored     =        310
Limits: lower = 0                                  Left-censored  =        497
        upper = +inf                               Right-censored =          0

                                                LR chi2(4)        =      18.53
                                                Prob > chi2       =     0.0010
Log likelihood = -1770.9446                     Pseudo R2         =     0.0052

------------------------------------------------------------------------------
```

```
        cigs |      Coef.   Std. Err.      t    P>|t|     [95% Conf. Interval]
-------------+----------------------------------------------------------------
        educ |  -1.256684   .4224474    -2.97   0.003    -2.085916   -.427453
    restaurn |  -7.775993   2.900515    -2.68   0.007    -13.46948  -2.082506
     lincome |    4.01885   1.803877     2.23   0.026     .4779783   7.559721
    lcigpric |  -3.528395   14.30052    -0.25   0.805     -31.5992   24.54241
       _cons |  -14.47111   59.89233    -0.24   0.809    -132.0351   103.0929
-------------+----------------------------------------------------------------
      /sigma |   28.86851   1.340616                      26.23699   31.50004
------------------------------------------------------------------------------

estimation assuming independence
maximum likelihood estimates of double hurdle model

N = 807
log likelihood = -1730.8729
chi square hurdle equation = 25.999755
p hurdle equation = 2.261e-06
chi square above equation = 26.952991
p above equation = .00002032
chi square overall = 41.198768
p overall = 2.646e-07

--------------------------------------------------------------------------------
             |      coef          se           z           p   lower CI  upper CI
-------------+------------------------------------------------------------------
hurdle       |
        educ | -.1157583    .0267886   -4.321176    .0000155   -.168263 -.0632536
         age | -.0109381     .003417    -3.20113    .0013689  -.0176352  -.004241
       _cons |  1.791516    .4237463    4.227804    .0000236   .9609889  2.622044
above        |
        educ |  1.417726    .4822956    2.939539     .003287   .4724445  2.363008
    restaurn | -5.714402    2.718475   -2.102062    .0355479  -11.04252 -.3862891
     lincome |  5.051948     1.43069    3.531127    .0004138   2.247847  7.856048
    lcigpric |   .222316    11.89116    .0186959    .9850837  -23.08394  23.52857
       _cons |  -47.6639     49.3323   -.9661805    .3339539  -144.3534  49.02562
sigma        |
       _cons |  16.12371     1.13264    14.23551           0   13.90377  18.34364
--------------------------------------------------------------------------------
```

**data file: S_data11_3.dta**

예제 데이터는 Engel and Moffatt(2014)이 시뮬레이션으로 생성한 가상 데이터를 저자들이 변형하여 사용한다. 그룹 변수는 $i$ 변수이고 시간변수는 $t$ 변수이다. 그룹은 100명이고, 각 그룹은 $T=10$을 가지고 있다. 따라서 총 표본 수는 1,000개이다. 종속변수 $y$는 0 또는 0보다 큰 값을 나타낸다. 그림 11.12 결과에서 알 수 있듯이 1,000개 표본 중에서 0을 가진 관측치 비율은 43%이다. dy 변수의 within S.D이 0이 아니기 때문에 패널 그룹 $i$에서 0과 1이 동시에 관찰되는 경우가 있다는 것을 알 수 있다.

식 11.19의 허들 방정식(hurdle equation)에서 $z$ 변수는 $z_{it}$가 아니라 $z_i$임에 유의해야 한다. 패널 데이터 구조에서 허들 방정식에 포함되는 설명변수는 반드시 시간불변 변수여야 한다. 그림 11.12의 xtsum 명령문 결과를 살펴보면, $z$ 변수는 within S.D=0이다. 이를 통해 시간불변 변수임을 확인할 수 있다. 식 11.20의 상위 방정식(above equation)의 설명변수는 $x$ 변수이고, 시간 가변적인 변수임을 xtsum 명령문 결과를 통해 알 수 있다.

**그림 11.12 패널 이중 허들 모형에서 $y$ 변수**

```
. use S_data11_3, clear

. tsset i t
       panel variable:  i (strongly balanced)
        time variable:  t, 1 to 10
                delta:  1 unit

. gen dy=(y>0)

. tab dy

         dy |      Freq.     Percent        Cum.
------------+-----------------------------------
          0 |        567       56.70       56.70
          1 |        433       43.30      100.00
------------+-----------------------------------
      Total |      1,000      100.00

. xtsum dy x z

Variable         |      Mean   Std. Dev.       Min        Max |    Observations
-----------------+--------------------------------------------+----------------
dy       overall |      .433   .4957386          0          1 |     N =    1000
         between |             .4467741          0          1 |     n =     100
         within  |             .2189702      -.467      1.233 |     T =      10
                 |                                            |
x        overall |  .4948358   .2885657    .002378   .9998127 |     N =    1000
         between |             .0771527   .2429046   .7198273 |     n =     100
         within  |             .2781568  -.1514512   1.074398 |     T =      10
                 |                                            |
z        overall |  .4741325   .2576047   .0274759   .9977336 |     N =    1000
         between |              .258773   .0274759   .9977336 |     n =     100
         within  |                    0   .4741325   .4741325 |     T =      10
```

그림 11.13에서는 패널 이중 허들 모형 추정결과를 보여준다. hd(z) 옵션에서 알 수 있듯이 허들 방정식에서 설명변수는 시간불변 $z_i$ 변수만 포함될 수 있다. 상위 방정식에서 설명변수는 시간가변 변수 $x_{it}$를 사용하고 있다. 물론 상위 방정식에서는 시간불변 변수도 설명

변수로 포함할 수 있다.

허들 방정식의 결과는 프로빗 모형 추정 결과를 보여준다. 패널 그룹이 100개이기 때문에 프로빗 모형에 사용된 표본의 크기는 100개임을 알 수 있다. 각 그룹은 0 또는 1의 값을 갖게 된다. $T$ 기간 동안 종속변수 $y$가 한 번이라도 양(+)의 값을 가지고 있다면 잠재적 소비자로 간주한다. 두 번째 추정 결과는 확률효과를 포함한 패널 토빗 모형 추정이다. 잠재적 소비자로 판정된 그룹은 51명이고, 표본 크기는 모두 510개이다. 510개 관측치를 가지고 패널 토빗 모형을 추정한 결과를 제시하고 있다.

마지막 추정 결과는 프로빗 모형과 패널 토빗 모형을 동시에 추정한 결과이다. 식 11.27 로그우도함수를 이용하여 추정하게 된다. uncorr 옵션은 식 11.22 오차항 가정에서 $cov(u_i, \epsilon_{1i}) = \rho = 0$으로 둔다. sigma_u는 패널 그룹 이질성 $u_i$의 표준편차 추정치이고, sigma_e는 오차항 $\epsilon_{2it}$의 표준편차 추정치를 의미한다. uncorr 옵션을 제외하면 $cov(u_i, \epsilon_{1i}) = \rho \neq 0$을 고려하여 우도함수를 만들고 $\rho$ 추정치를 얻을 수 있다.

추정결과에 대한 해석은 다음과 같다. $z$ 값이 증가할수록 잠재적 소비자 그룹에 포함될 가능성이 크다. 그러나 $x$ 값이 증가할수록 소비자들의 소비량은 줄어들게 된다.

### 그림 11.13 xtdhreg 명령문 결과

```
. xtdhreg y x , hd(z) uncorr
 hurdle equation
Probit regression                                 Number of obs     =        100
                                                  LR chi2(1)        =      40.35
                                                  Prob > chi2       =     0.0000
Log likelihood = -49.120134                       Pseudo R2         =     0.2911

------------------------------------------------------------------------------
        _dum |      Coef.   Std. Err.      z    P>|z|     [95% Conf. Interval]
-------------+----------------------------------------------------------------
           z |   3.843712   .7144904     5.38   0.000     2.443337    5.244087
       _cons |  -1.765832   .3579488    -4.93   0.000    -2.467398   -1.064265
------------------------------------------------------------------------------

Random-effects tobit regression                   Number of obs     =        510
                                                     Uncensored     =        433
Limits: lower = _hrd                                 Left-censored  =         77
        upper = +inf                                 Right-censored =          0

Group variable: i                                 Number of groups  =         51
Random effects u_i ~ Gaussian                     Obs per group:
                                                                min =         10
                                                                avg =       10.0
                                                                max =         10
```

```
Integration method: mvaghermite                  Integration pts.  =         12

                                                 Wald chi2(1)      =       2.35
Log likelihood  = -726.96606                     Prob > chi2       =     0.1251

------------------------------------------------------------------------------
           y |      Coef.   Std. Err.      z    P>|z|     [95% Conf. Interval]
-------------+----------------------------------------------------------------
           x |  -.2429987   .1584589    -1.53   0.125    -.5535723    .067575
       _cons |   1.436982   .1451008     9.90   0.000      1.15259   1.721375
-------------+----------------------------------------------------------------
    /sigma_u |   .8106691   .0937117     8.65   0.000     .6269974   .9943407
    /sigma_e |   .9806052   .0359476    27.28   0.000     .9101492   1.051061
-------------+----------------------------------------------------------------
         rho |   .4059773   .0583644                      .2970604   .5227528
------------------------------------------------------------------------------

 estimate double hurdle model

                                                 Number of obs     =      1,000
                                                 Wald chi2(1)      =      28.87
Log likelihood = -775.78202                      Prob > chi2       =     0.0000

 ( 1)  [transformed_rho]_cons = 0
----------------------------------------------------------------------------------
                 |      Coef.   Std. Err.      z    P>|z|     [95% Conf. Interval]
-----------------+----------------------------------------------------------------
hurdle           |
               z |   3.847214    .716052     5.37   0.000     2.443778   5.250651
           _cons |   -1.76446   .3583682    -4.92   0.000    -2.466849  -1.062071
-----------------+----------------------------------------------------------------
above            |
               x |  -.2368427   .1587437    -1.49   0.136    -.5479746   .0742892
           _cons |   1.487007   .1398283    10.63   0.000     1.212948   1.761065
-----------------+----------------------------------------------------------------
sigma_u          |
           _cons |   .8132849   .0855929     9.50   0.000     .6455258   .9810439
-----------------+----------------------------------------------------------------
sigma_e          |
           _cons |   .9821726   .0359172    27.35   0.000     .9117761   1.052569
-----------------+----------------------------------------------------------------
transformed_rho  |
           _cons |          0  (omitted)
----------------------------------------------------------------------------------

 generate estimate of correlation in error terms, with confidence interval

        rho:  tanh([transformed_rho]_cons)

------------------------------------------------------------------------------
```

```
             |      Coef.   Std. Err.      z    P>|z|     [95% Conf. Interval]
-------------+----------------------------------------------------------------
         rho |          0  (omitted)
------------------------------------------------------------------------------

 estimates of joint significance

chi square hurdle equation = 28.867131
p hurdle equation = 7.752e-08
chi square above equation = 2.2260092
p above equation = .13570396
chi square overall = 31.087605
p overall = 1.776e-07
```

그림 11.14에서는 그림 11.13의 프로빗 모형의 추정 결과를 직접 계산하는 Stata 코드를 소개한다. 앞서 설명하였듯이 $y_{it}$ 변수값이 $T$ 기간 동안 한 번이라도 양의 값을 가지면 1, 그렇지 않으면 0인 더미변수를 만들어야 한다. 그 변수를 이용하여 프로빗 모형을 추정하게 된다. new_y 변수는 프로빗 모형에서 필요한 종속변수가 된다. egen의 tag 함수를 이용하여 각 패널 그룹에서 1개만 표본을 선택한다. 마지막 프로빗 모형 추정결과는 정확히 그림 11.13의 프로빗 모형의 결과와 같다는 것을 확인할 수 있다.

**그림 11.14 프로빗 모형 추정결과**

```
. by i, sort: egen new_y=total(y)

. recode new_y (0=0) (0/max=1)
(new_y: 510 changes made)

. egen tag1=tag(i)

. tab new_y if tag1==1

      new_y |      Freq.     Percent        Cum.
------------+-----------------------------------
          0 |         49       49.00       49.00
          1 |         51       51.00      100.00
------------+-----------------------------------
      Total |        100      100.00


. probit new_y z if tag1==1, nolog
Probit regression                               Number of obs     =        100
                                                LR chi2(1)        =      40.35
                                                Prob > chi2       =     0.0000
Log likelihood = -49.120134                     Pseudo R2         =     0.2911
```

```
--------------------------------------------------------------------------------
       new_y |      Coef.   Std. Err.      z    P>|z|     [95% Conf. Interval]
-------------+------------------------------------------------------------------
           z |   3.843712   .7144904     5.38   0.000     2.443337    5.244087
       _cons |  -1.765832   .3579488    -4.93   0.000    -2.467398   -1.064265
--------------------------------------------------------------------------------
```

## 11.5 Stata do file

```
use S_data11_1, clear

gen dy=1 if hours>0 & hours<.
replace dy=0 if hours==0

su hours
tab dy
su hours if dy==1

* twopm 명령어
twopm hours age i.smoke distance i.single, firstpart(probit, nolog)
secondpart(regress)

probit dy age i.smoke distance i.single, nolog
reg hours age i.smoke distance i.single if dy==1

twopm (hours commute whours age) (hours age i.smoke distance i.single) , ///
firstpart(probit, nolog) secondpart(regress)

twopm hours age i.smoke distance i.single, firstpart(probit, nolog) ///
secondpart(regress, log)

qui twopm hours age i.smoke distance i.single, firstpart(probit, nolog) ///
secondpart(regress)
margins, atmeans
margins, at(age=(20 30 40 50)) atmeans noatlegend

* churdle 명령어
churdle linear hours age i.smoke distance i.single, select(commute whours age) ///
ll(0) nolog

truncreg hours age i.smoke distance i.single, ll(0) nolog

churdle exponential hours age i.smoke distance i.single, ///
select(commute whours  age) ll(0) nolog

twopm (hours commute whours age)(hours age i.smoke distance i.single) , ///
```

```
firstpart(probit, nolog) secondpart(regress, log)

qui churdle exponential hours age i.smoke distance i.single,  ///
select(commute whours age) ll(0) nolog
margins, atmeans noatlegend
margins, atmeans predict(e(0,.)) noatlegend

* double hurdle 모형
use S_data11_2, clear
dhreg cigs educ restaurn lincome lcigpric, hd(educ age)

* 패널 double hurdle 모형
use S_data11_3, clear
tsset i t

gen dy=(y>0)
tab dy
xtsum dy x z

xtdhreg y x , hd(z) uncorr

by i, sort: egen new_y=total(y)
recode new_y (0=0) (0/max=1)
egen tag1=tag(i)
tab new_y if tag1==1
probit new_y z if tag1==1, nolog
```

# CHAPTER 12 | Heckman 선택 모형

## 12.1 Heckman 선택 모형: 연속형 종속변수

11장에서 설명한 two-part 모형은 참여 모형(participation model)과 성과 모형(outcome model)으로 구분되어 있다. 두 모형의 오차항은 서로 독립적이라고 가정하고 있다. Heckman (1976) 선택(selection) 모형은 선택방정식(selection equation)과 회귀방정식(regression equation)으로 구분된다는 점에서 two-part 모형과 유사한 면이 있다.*

회귀방정식은 종속변수 $y_{2i}$에 대한 선형회귀모형으로 표현한다. 그러나 종속변수 $y_{2i}$는 항상 관찰되는 것은 아니고, 다음의 식 12.2에서 $y_{1i}=1$ 또는 $\alpha z_i + v_i$이 0보다 클 때만 관찰된다.

$$y_{2i} = \beta x_i + u_i \quad : \text{회귀방정식} \tag{12.1}$$

$$y_{1i}^{*} = \alpha z_i + v_i \quad : \text{선택방정식} \tag{12.2}$$

$$y_{1i} = \begin{cases} 1, & \text{if } y_{1i}^{*} > 0 \\ 0, & \text{if } y_{1i}^{*} \le 0 \end{cases}$$

Two-part 모형에서는 $cov(u_i, v_i)=0$을 가정함에 비해 Heckman 모형에서는 오차항 구조에 대해 다음과 같이 독립이 아니라고 가정한다.

$$u_i \sim N(0,\ \sigma^2) \quad \text{and} \quad v_i \sim N(0,\ 1)$$

$$corr(u_i,\ v_i) = \rho \tag{12.3}$$

이처럼 오차항이 서로 상관관계가 있기 때문에 $E(y_{2i}|\,x)$와 $E(y_{2i}|x,\ \alpha z_i + v_i > 0)$ 이 동일하지 않다. 따라서 식 12.1의 회귀방정식만 따로 추정하는 아이디어로는 Heckman 선택 모형의 모수에 대해 일치추정량을 얻을 수 없다.

Two-part 모형에서는 성과 변수인 $y$ 변수는 0보다 큰 값으로 관찰되는데 비해 Heckman 모형에서는 $y_{1i}=0$인 경우에 $y_{2i}$는 아예 관찰되지 않고 결측치(missing value)로 주어진다. $y_{1i}=1$ 의 경우 관찰되는 $y_{2i}$ 변수는 반드시 양의 값으로 관찰될 필요는 없다.

* 선택방정식은 참여 모형, 그리고 회귀방정식은 성과 모형과 매칭된다고 이해할 수 있다.

음의 값으로 주어지더라도 이론적으로 문제는 없다.

경제학에서 자주 언급되는 Heckman 선택 모형 예는 임금 방정식이다. 노동시장에 진입한 사람에 대해서만 임금이 관찰되고 비경제활동인 사람은 임금이 관찰되지 않는다. 노동시장 진입이 무작위적이라면 관찰된 임금만 가지고 회귀모형을 추정하면 된다. 그러나 노동시장 진입 여부는 임금과 관련 있을 수 있다. 즉 자신이 받고자 하는 임금보다 제안된 임금이 낮다고 생각하면 노동시장에 아예 진입하지 않을 것이다. 따라서 이미 노동시장에 진입한 표본만 가지고 임금 방정식을 추정한다면 추정치에 편의(bias) 가능성이 있다.

회귀방정식(임금)과 선택방정식(노동시장 진입 여부)을 구분하기 위해서는 식 12.1과 식 12.2의 $x_i$와 $z_i$ 변수 조합에 차이가 있어야 한다. 가령 $z_i$는 $x_i$에 포함되지 않는 추가적인 변수가 필요하다. 노동시장 예제에서는 자녀 숫자(the number of children)가 그 변수가 될 수 있다. 자녀 숫자는 여성의 노동시장 진입에는 영향을 미치지만 임금에는 영향을 미치지 않을 수 있다. 이처럼 설명변수 조합이 서로 달라야 하는 것을 제외조건(exclusion restriction)이라고 부른다. 그러나 현실적으로 $x_i$와 $z_i$ 조합을 서로 다르게 하는 것이 쉽지 않을 수 있다. 식 12.2에 해당하는 함수의 비선형성(non-linearity)에 의존하여 식 12.1과 식 12.2의 모수를 식별하는 것이 이론적으로는 가능하다. 다만 실증분석에는 비선형성에 의존하는 모수 식별 조건이 충분하지 않을 수 있다는 단점이 있다.

Heckman 모형 추정방법은 MLE를 사용할 수 있다. 개인 $i$의 로그 우도 값인 $\log L_i$을 다음과 같이 두 가지 경우로 나누어 쓸 수 있다.*

- $y_{2i}$가 관찰되는 경우 또는 $y_{1i}=1$ 인 경우:

$$\log L_i^1 = \ln\Phi\left\{\frac{\alpha z_i + (y_{2i} - \beta x_i)(\rho/\sigma)}{\sqrt{1-\rho^2}}\right\} - \frac{1}{2}\left(\frac{y_{2i}-\beta x_i}{\sigma}\right)^2 - \ln\left(\sigma\sqrt{2\pi}\right)$$

- $y_{2i}$가 관찰되지 않는 경우 또는 $y_{1i}=0$ 인 경우:

$$\log L_i^0 = \ln\Phi(-\alpha z_i)$$

여기에서 $\Phi()$ 는 표준정규분포의 누적분포함수(cdf)이다. 위 식을 이용하면 전체 표본에 대한 로그 우도함수는 다음이 된다.

* Stata 매뉴얼 [R] heckman을 참고하라.

$$\log L = \sum_{y_{1i}=0} \log L_i^0 + \sum_{y_{1i}=1} \log L_i^1 \tag{12.4}$$

Heckman(1979)은 일치추정량을 얻을 수 있는 2단계(two-step) 추정방법도 제시하고 있다. 먼저 1단계에서는 선택방정식인 식 12.2를 다음과 같은 프로빗 모형으로 추정한다.

$$\Pr(y_{1i}=1|z_i) = \Phi(\alpha z_i) \tag{12.5}$$

위 식을 이용하여 Inverse Mills Ratio(IMR)을 다음과 같이 정의한다.

$$IMR_i = \frac{\phi(\hat{\alpha} z_i)}{\Phi(\hat{\alpha} z_i)} \tag{12.6}$$

여기에서 $\phi()$ 는 표준정규분포의 확률밀도함수(pdf)이다.

다음으로 2단계 추정은 회귀방정식에 있는 모수를 추정하는 과정이다.

$$E(y_{2i} \mid x_i, y_{1i}=1) = \beta x_i + E(u_i \mid \alpha z_i + v_i > 0) \tag{12.7}$$

여기에서 $u_i$와 $v_i$가 이변량 정규분포(bivariate normal distribution)를 따르면 $E(u_i \mid \alpha z_i + v_i > 0) \neq 0$는 다음과 같이 쓸 수 있다.

$$E(u_i \mid \alpha z_i + v_i > 0) = \rho\sigma IMR_i \tag{12.8}$$

결과적으로 $IMR_i$ 변수를 추가적인 설명변수로 포함한 다음과 같은 모형에 OLS 추정을 적용하면 식 12.1(회귀방정식)의 모수를 얻을 수 있다.*

$$y_{2i} = \beta x_i + \lambda IMR_i + \epsilon_i \tag{12.9}$$

여기에서 $\lambda \equiv \rho\sigma$ 로 정의한다.

Heckman 선택 모형을 추정한 후 세 가지 기댓값을 계산할 수 있다. 선택방정식에서 노동시장 진입 확률 $\Pr(y_{1i}=1|z_i)$은 식 12.5에 주어져 있다. 회귀방정식 결과를 이용하면 다음과 같이 조건부 기댓값과 무조건부 기댓값을 예측할 수 있다.

$$E(y_{2i}| y_{1i}=1) = \beta x_i + \gamma IMR_i \tag{12.10}$$

$$E(y_{2i}^*) = \Pr(y_{1i}=1) E(y_{2i}|y_{1i}=1) \tag{12.11}$$

* 식 12.9에서 $E(\epsilon_i|\alpha z_i + v_i) = 0$ 으로 가정한다.

식 12.11의 무조건부 기댓값을 계산할 때 비참여 그룹은 $y_{2i}=0$ 로 가정하고 계산한다. $\Pr(y_{1i}=1)$이 0보다 크고 1보다 작기 때문에 식 12.11은 식 12.10보다 항상 작은 값으로 계산된다.

## 12.2 Heckman 선택 모형: 순서형 종속변수

De Luca and Perrotti(2011)는 회귀방정식의 종속변수가 연속형 변수 대신 순서형 범주 변수일 때 추정하는 방법을 제시한다. 선택방정식의 오차항은 순서형 종속변수 회귀모형과 서로 상관관계가 존재한다고 가정한다.*

순서형 회귀방정식에서 종속변수 $y_{2i}=\{1,2,\cdots,H\}$ 는 $H$개 범주를 가지고 있고, 각 범주에 대한 확률은 다음과 같이 정의한다.

$$\Pr(y_{2i}=h)=\Pr(c_{h-1}<\beta x_i+u_i\le c_h) \tag{12.12}$$

선택방정식은 12.1절과 마찬가지로 $y_{1i}^{*}=(\alpha z_i+v_i)>0$ 이면 $y_{2i}$가 관찰된다. 회귀방정식과 선택방정식 오차항에 대한 분포는 다음과 같이 이변량 정규분포로 가정하고 상관관계를 $\rho$로 가정한다.

$$\begin{aligned} &u_i \sim N(0,1) \quad \text{and} \quad v_i \sim N(0,1) \\ &corr(u_i,v_i)=cov(u_i,v_i)=\rho \end{aligned} \tag{12.13}$$

Heckman 순서형 프로빗 모형의 추정치를 얻기 위해서는 최우추정을 적용할 수 있다(De Luca and Perotti 2011). $y_{2i}\in S$는 순서형 범주 변수가 관찰되는 경우를 의미한다.

- $y_{2i}$가 관찰되는 경우 또는 $y_{1i}=1$ 인 경우:

$$\log L^1=\sum_{h=1}^{H}\sum_{y_{2i}\in S}\ln\{\Phi_2(\alpha z_i,c_h-\beta x_i,-\rho)-\Phi_2(\alpha z_i,c_{h-1}-\beta x_i,-\rho)\}$$

- $y_{2i}$가 관찰되지 않는 경우 또는 $y_{1i}=0$ 인 경우:

$$\log L^0=\sum_{y_{2i}\notin S}\ln\Phi(-\alpha z_i) \tag{12.14}$$

식 12.14에서 $\Phi_2(\,)$는 이변량 정규분포의 cdf를 의미한다. $\phi_2$는 이변량 정규분포 pdf이

---

* 선택편의(selection bias)가 없는 순서형 프로빗/로짓 모형은 민인식 · 최필선(2019d) 10장을 참고하라.

다. $\Phi_2$은 닫힌 형식(closed form)은 존재하지 않고, 수치적분(numerical integration)으로 그 값을 얻을 수 있다. 이변량 정규분포의 누적분포과 확률밀도 함수는 식 12.15와 같이 정의한다. $A$와 $B$는 표준 정규확률 변수를 뜻한다.

$$\Phi_2(a, b, \rho) = \Pr(A \le a, B \le b, \rho) = \int_{-\infty}^{a}\int_{-\infty}^{b} \phi_2(A, B, \rho)\, dA\, dB$$

$$\text{where } \phi_2(A, B, \rho) = \frac{1}{2\pi\sqrt{1-\rho^2}} \exp\left(-\frac{1}{2(1-\rho^2)}[A^2 + B^2 - 2AB]\right) \tag{12.15}$$

순서형 회귀방정식과 선택방정식을 연결하는 모수는 $\rho$이다. 따라서 $\rho = 0$이면, 선택방정식의 프로빗 모형과 순서형 프로빗 모형을 각각 추정하여 우도함수 값을 더해준 것과 순서형 Heckman 선택 모형 추정 결과는 서로 일치하게 된다.

## 12.3 패널 Heckman 선택 모형

패널 Heckman 선택 모형은 횡단면 Heckman 선택 모형을 패널 데이터 구조로 확장한 모형이다. 회귀방정식에서 관찰되는 $y_{2it}$는 무작위적이지 않고 선택방정식과 서로 상관관계가 존재하게 된다. 패널 데이터 모형이기 때문에 선택방정식과 회귀방정식의 오차항은 패널 그룹 내 상관관계(within-group correlation)를 고려해야 한다.

회귀방정식 모형은 다음과 같이 패널 확률효과 모형으로 가정한다.*

$$y_{2it} = \beta x_{it} + \nu_i + \epsilon_{2it} \tag{12.16}$$

또한 선택방정식 역시 그룹 이질성(group heterogeneity)을 포함하여 모델링한다.

$$y_{1it} = I(y^*_{1it} = \alpha z_{it} + u_i + \epsilon_{1it} > 0) \tag{12.17}$$

여기에서 $I()$는 지시함수(indicator function)이다. $y_{1it} = 1$이면 $y_{2it}$는 관찰되고 그렇지 않으면 $y_{2it}$는 관찰되지 않는다.

식 12.16과 12.17에 포함된 그룹 이질성($u_i$와 $\nu_i$)은 상위 레벨 $i$ 오차항이기 때문에 서로 상관관계를 가진다고 가정한다. 이변량 정규분포로서 평균은 모두 0이고 공분산 행렬은 다음과 같다.

---

* Stata 매뉴얼 [xt] xtheckman을 참고하고 있다. Stata 16 버전 이상에서 확인 가능하다.

$$\begin{pmatrix} \sigma_u^2 & \rho_1\sigma_u\sigma_v \\ \rho_1\sigma_u\sigma_v & \sigma_v^2 \end{pmatrix} \tag{12.18}$$

시간 가변 오차항 $\epsilon_{1it}$와 $\epsilon_{2it}$ 역시 이변량 정규분포를 따르고 평균은 0이다. 그리고 공분산 행렬은 다음과 같다.

$$\begin{pmatrix} 1 & \rho_2\sigma_2 \\ \rho_2\sigma_2 & \sigma_2^2 \end{pmatrix} \tag{12.19}$$

서로 레벨이 다른 오차항은 상관관계가 없다고 가정하고 있다.

$$cov(\epsilon_{1it}, u_i) = 0$$
$$cov(\epsilon_{1it}, v_i) = 0$$
$$cov(\epsilon_{2it}, u_i) = 0$$
$$cov(\epsilon_{2it}, v_i) = 0$$

패널 데이터 구조임에도 불구하고 횡단면 Heckman 모형으로 추정하면 그룹 이질성(그룹 내 상관관계)을 고려하지 못하기 때문에 비효율적(inefficient)인 추정량이 얻어진다. 패널 데이터 구조와 내생적 선택편의(endogenous sample selection)를 고려하여 추정하기 위해 최우추정법을 적용한다.*

Wooldridge(2010)에 따르면 확률효과 $u_i$와 $\nu_i$가 주어졌을 때 $y_{2it}$와 $y_{1it}$의 결합 확률분포는 다음과 같이 계산된다.

$$f(y_{1it}, y_{2it}|u_i, \nu_i) = \begin{cases} \Phi\left(\dfrac{up_{it}}{\sqrt{1-\rho_2^2}}\right) & \text{if } y_{1it} = 0 \\ \Phi\left(\dfrac{-low_{it}}{\sqrt{1-\rho_2^2}}\right) + \phi\left(\dfrac{y_{2it} - \beta x_{it}}{\sigma_2}\right) & \text{if } y_{1it} = 1 \end{cases} \tag{12.20}$$

여기에서 $low_{it}$와 $up_{it}$는 각각 하한(lower limit)과 상한(upper limit)을 의미하며, 선택 여부($y_{1it}$)에 따라 다음과 같이 계산된다.

$$low_{it} = \begin{cases} -\infty & \text{if } y_{1it} = 0 \\ -\alpha z_{it} - u_i - \dfrac{\rho_2}{\sigma_2}(y_{2it} - \beta x_{it} - \nu_i) & \text{if } y_{1it} = 1 \end{cases}$$

* 내생적 선택편의를 고려하면서 동시에 고정효과를 고려한 패널 Heckman 선택 모형은 현재까지 연구되지 않은 상태이다.

$$up_{it} = \begin{cases} -\alpha z_{it} - u_i & \text{if } y_{1it} = 0 \\ \infty & \text{if } y_{1it} = 1 \end{cases}$$

그룹 $i$에 대한 우도함수는 다음과 같이 식 12.20을 확률효과에 대해 적분하면 구할 수 있다.

$$L_i = \int\int \prod_{t=1}^{T} f(y_{2it}, y_{1it} | u_i, \nu_i)\phi_2(u_i, \nu_i, \Sigma_{uv})du_i d\nu_i \tag{12.21}$$

여기에서 $\phi_2()$는 이변량 정규분포 pdf이고, $\Sigma_{uv}$는 식 12.18의 공분산 행렬이다.

식 12.21의 이변량 적분을 다루기 위해 Stata에서는 Gauss-Hermite quadrature(GHQ) 변환으로 근사하여 계산한다.* 결과적으로 패널 그룹 $i = 1, 2, \cdots, N$ 에 대한 로그 우도함수는 다음과 같이 쓸 수 있다.

$$\log L = \sum_{i=1}^{N} \log L_i^{GHQ} \tag{12.22}$$

여기에서 $L_i^{GHQ}$는 식 12.21을 GHQ 변환 과정을 통해 근사한(approximate) 우도함수로 정의된다.

## 12.4 Stata 예제

data file: S_data12_1.dta

Stata에서 Heckman 선택 모형을 추정하기 위해서는 heckman 명령어를 사용한다. heckman 명령어는 최우추정과 2단계 추정을 모두 사용할 수 있다. $y_{2i}$는 $wwage75$(조사 대상 여성의 1975년 시간당 임금)이다. $wwage75$ 변수의 기초통계량이 그림 12.1에 나와 있다. $wwage75$ 변수의 최소값에서 알 수 있듯이 임금이 0인 여성이 있다. 임금이 0으로 기록된 여성은 비경제활동에 해당한다. $y1$ 변수는 노동시장 진입 여성 숫자를 알려준다. 428명은 노동시장에 진입하여 $wwage75$ 값을 관찰할 수 있으며, 325명은 비경제활동 인구이고, 따라서 임금이 관찰되지 않는다. 그러나 본 예제 데이터에서 비경제활동 인구의 임금은 0으로 기록되어 있다.

* 자세한 변환 과정은 Stata 매뉴얼 [xt] xtheckman을 참고할 수 있다. Stata 16 버전 이상에서만 매뉴얼을 참고할 수 있다.

**그림 12.1 *wwage75* 변수의 기초통계량**

```
. use S_data12_1, clear
(1975 PSID data from Mroz, 1987)

. su wwage75

    Variable |       Obs        Mean    Std. Dev.       Min        Max
-------------+--------------------------------------------------------
     wwage75 |       753    2.374565    3.241829          0         25

. gen y1=1 if wwage75>0 & wwage75<.
(325 missing values generated)

. replace y1=0 if wwage75==0
(325 real changes made)

. tab y1

         y1 |      Freq.     Percent        Cum.
------------+-----------------------------------
          0 |        325       43.16       43.16
          1 |        428       56.84      100.00
------------+-----------------------------------
      Total |        753      100.00
```

그림 12.2에서는 12.1절의 식 12.4의 로그 우도함수에 기초한 최우추정량 결과를 제시한다. heckman 명령어를 사용하고 $y_{2i}$에 해당하는 $wwage75$ 변수를 종속변수로 지정하고 $x$ 변수를 입력한다. select( ) 옵션에서는 그림 12.1에서 만든 $y1$ 변수를 종속변수로 사용하고 $z$ 변수를 입력한다. $wwage75$에 해당하는 결과에서 weduc=2.281은 여성의 교육연수가 증가할수록 노동시장에 참여한 여성의 임금이 증가한다고 해석할 수 있다. $y1$ 부분에서 weduc=0.571은 여성의 교육연수가 높아질수록 노동시장 참여확률이 높다고 해석한다.

**그림 12.2 횡단면 Heckman 선택 모형: 최우추정 명령문 (1)**

```
. heckman wwage75 wifeage c.wifeage#c.wifeage wexper smsa weduc nwinc ,
select(y1=wifeage kl6 k618 weduc) nolog

Heckman selection model                         Number of obs     =       753
(regression model with sample selection)              Selected    =       428
                                                      Nonselected =       325

                                                Wald chi2(6)      =     57.68
Log likelihood = -1490.352                      Prob > chi2       =    0.0000
```

```
------------------------------------------------------------------------------------
                    |      Coef.   Std. Err.      z    P>|z|     [95% Conf. Interval]
--------------------+---------------------------------------------------------------
wwage75             |
            wifeage |   .2541277   .1382146     1.84   0.066    -.0167679    .5250234
                    |
c.wifeage#c.wifeage |  -.0035276   .0016042    -2.20   0.028    -.0066717   -.0003835
                    |
             wexper |   .0473565   .0128874     3.67   0.000     .0220976    .0726154
               smsa |  -.0367854   .2089022    -0.18   0.860    -.4462261    .3726554
              weduc |   2.281992   .3844319     5.94   0.000      1.52852    3.035465
              nwinc |   .0245091   .0098731     2.48   0.013     .0051581      .04386
              _cons |   -4.56977   2.990556    -1.53   0.126    -10.43115    1.291613
--------------------+---------------------------------------------------------------
y1                  |
            wifeage |   -.012888   .0057604    -2.24   0.025    -.0241782   -.0015979
                kl6 |  -.1653679   .0493763    -3.35   0.001    -.2621437   -.068592
               k618 |   .0070957   .0181353     0.39   0.696    -.0284489    .0426403
              weduc |   .5713426   .0948602     6.02   0.000       .38542    .7572652
              _cons |   .5248849   .2645105     1.98   0.047     .0064538    1.043316
--------------------+---------------------------------------------------------------
            /athrho |   2.812697   .2240966    12.55   0.000     2.373476    3.251918
           /lnsigma |   1.458273   .0396873    36.74   0.000     1.380488    1.536059
--------------------+---------------------------------------------------------------
                rho |   .9928156   .0032084                      .9827931    .9970091
              sigma |    4.29853   .1705971                       3.97684    4.646243
             lambda |   4.267648   .1753134                       3.92404    4.611256
------------------------------------------------------------------------------------
LR test of indep. eqns. (rho = 0):   chi2(1) =   163.44   Prob > chi2 = 0.0000
```

그림 12.2에서 rho=0.9928은 식 12.3에서 정의한 회귀방정식과 선택방정식 오차항의 상관관계인 $\rho$ 추정치이다. 상관관계가 매우 높다는 것을 알 수 있다. 그림 12.2의 맨 아래에 있는 LR 검정결과는 $H_0 : \rho = 0$에 대한 가설검정 결과이다. 귀무가설을 기각하기 때문에 Heckman 선택 모형이 적절하다는 의미이다. 만약 귀무가설을 기각하지 못한다면 회귀방정식과 선택방정식은 각각 OLS와 프로빗 모형으로 따로 추정하면 된다.

그림 12.3은 select 옵션에서 그림 12.2와 차이가 있다. $wwage75 = 0$인 표본을 모두 결측치로 바꾸어 주면 select 옵션에서 굳이 $y1$ 변수를 지정하지 않고 $z$ 변수만 입력하더라도 그림 12.2와 같은 추정 결과를 얻을 수 있다. $y_{2i}$ 변수가 관찰되지 않은 경우에 (0이 아니고) 이미 결측치로 기록되어 있다면 select 옵션에서 $y_{1i}$ 변수를 다시 지정할 필요가 없다.

**그림 12.3 Heckman 선택 모형: 최우추정 명령문 (2)**

```
. replace wwage75=. if wwage75==0
(325 real changes made, 325 to missing)

. heckman wwage75 wifeage c.wifeage#c.wifeage wexper smsa weduc nwinc , select(wifeage
kl6 k618 weduc) nolog

Heckman selection model                          Number of obs     =        753
(regression model with sample selection)                Selected     =        428
                                                        Nonselected =        325

                                                 Wald chi2(6)      =      57.68
Log likelihood = -1490.352                       Prob > chi2       =     0.0000

======================== 결과 생략 =========================================
```

최우추정량의 대안으로 12.1절 식 12.9에서 설명한 2단계 추정량을 선택할 수 있다. heckman 명령문에서 twostep 옵션을 추가한다. lambda 추정치는 식 12.9에서 추가적인 설명변수인 $IMR_i$의 추정계수가 된다. lambda 계수가 0과 유의하게 다르다면 회귀방정식과 선택방정식이 서로 상관관계가 있다고 판단할 수 있다. lambda 유의성 검정을 위해 test 명령문을 사용하였고 $p$-값이 0.05보다 크기 때문에 $H_0 : \lambda = 0$ 귀무가설을 기각할 수 없다.* 두 방정식은 서로 상관관계가 유의하지 않다고 판단한다.** 그림 12.4의 마지막 결과에서는 $\lambda = \rho\sigma$ 임을 보여주고 있다. 2단계 추정을 통해 $\hat{\lambda}$과 $\hat{\sigma}$을 얻을 수 있기 때문에 위 공식을 통해 우리는 $\hat{\rho}$ 값을 구할 수 있다.

**그림 12.4 Heckman 선택 모형: 2단계 추정량**

```
. heckman wwage75 wifeage c.wifeage#c.wifeage wexper smsa weduc nwinc ,
select(y1=wifeage kl6 k618 weduc) twostep

Heckman selection model -- two-step estimates    Number of obs     =        753
(regression model with sample selection)                Selected     =        428
                                                        Nonselected =        325

                                                 Wald chi2(6)      =      32.83
                                                 Prob > chi2       =     0.0000
```

* 상관관계가 유의하지 않은 이유는 제외조건(exclusion restriction)이 충분하지 않기 때문일 수도 있다.

** 본 예제는 Stata 명령문을 위한 예제이기 때문에 그림 12.2(최우추정량)와 그림 12.4(2단계 추정량)의 결과가 다른 이유에 대해서는 따로 설명하지 않는다.

```
------------------------------------------------------------------------------------
                    |      Coef.   Std. Err.      z    P>|z|     [95% Conf. Interval]
--------------------+---------------------------------------------------------------
wwage75             |
            wifeage |   .0571258   .2235317     0.26   0.798    -.3809882    .4952398
                    |
c.wifeage#c.wifeage |  -.0008318    .002614    -0.32   0.750    -.0059551    .0042916
                    |
             wexper |   .0335733   .0226252     1.48   0.138    -.0107713    .0779179
               smsa |   .4056853   .3336867     1.22   0.224    -.2483287    1.059699
              weduc |   1.643868   .3901461     4.21   0.000     .8791953     2.40854
              nwinc |   .0251027   .0161149     1.56   0.119    -.0064819    .0566872
              _cons |   1.295426   4.728529     0.27   0.784     -7.97232    10.56317
--------------------+---------------------------------------------------------------
y1                  |
            wifeage |  -.0409692   .0073903    -5.54   0.000    -.0554538   -.0264846
                kl6 |  -.8788963   .1111079    -7.91   0.000    -1.096664   -.6611288
               k618 |   -.065606   .0397569    -1.65   0.099    -.1435281     .012316
              weduc |   .4880067   .1098863     4.44   0.000     .2726336    .7033798
              _cons |   2.088173   .3601952     5.80   0.000     1.382204    2.794143
--------------------+---------------------------------------------------------------
/mills              |
             lambda |   .4358999   .7927658     0.55   0.582    -1.117893    1.989692
--------------------+---------------------------------------------------------------
                rho |    0.13663
              sigma |  3.1904448
------------------------------------------------------------------------------------

. test lambda

 ( 1)  [/mills]lambda = 0

           chi2(  1) =    0.30
         Prob > chi2 =    0.5824


 di  3.1904448* 0.13663
.43591047
```

그림 12.5에서는 IMR 변수를 생성하여 다음 식을 OLS로 추정한 결과를 보여준다. 이 결과는 정확히 그림 12.4의 $wwage75$ 부분 추정결과와 일치한다는 것을 확인할 수 있다. IMR 변수를 만들기 위해서는 mills( ) 옵션을 사용하고 연구자가 변수이름을 지정하면 된다. 생성된 IMR 변수를 다음과 같이 추가적인 설명변수로 두고 회귀방정식을 추정한다.

$$wwage75_i = \beta x_i + \lambda IMR_i + \epsilon_i$$

위 회귀방정식은 $wwage75 > 0$인 표본에 대해서만 실행해야 함에 유의해야 한다.

### 그림 12.5 IMR 변수 생성

```
. qui heckman wwage75 wifeage c.wifeage#c.wifeage wexper smsa weduc nwinc ,
select(y1=wifeage kl6 k618 weduc) twostep mills(IMR)


. reg wwage75 wifeage c.wifeage#c.wifeage wexper smsa weduc nwinc IMR if y1==1

      Source |       SS           df       MS      Number of obs   =       428
-------------+----------------------------------   F(7, 420)       =      5.11
       Model |  367.387023         7  52.4838604   Prob > F        =    0.0000
    Residual |  4311.66591       420  10.2658712   R-squared       =    0.0785
-------------+----------------------------------   Adj R-squared   =    0.0632
       Total |  4679.05293       427  10.9579694   Root MSE        =     3.204

-------------------------------------------------------------------------------------
            wwage75 |      Coef.   Std. Err.      t    P>|t|     [95% Conf. Interval]
--------------------+----------------------------------------------------------------
            wifeage |   .0571258   .2256378     0.25   0.800    -.3863943    .5006459
                    |
c.wifeage#c.wifeage |  -.0008318   .0026388    -0.32   0.753    -.0060187    .0043552
                    |
             wexper |   .0335733   .0228422     1.47   0.142     -.011326    .0784725
               smsa |   .4056853   .3368448     1.20   0.229    -.2564264    1.067797
              weduc |   1.643868   .3928571     4.18   0.000     .8716566    2.416078
              nwinc |   .0251027   .0162662     1.54   0.124    -.0068706    .0570759
                IMR |   .4358999   .7990256     0.55   0.586    -1.134687    2.006487
              _cons |   1.295426   4.772451     0.27   0.786    -8.085438    10.67629
-------------------------------------------------------------------------------------
```

그림 12.6에서는 heckman 명령문 추정 후 margins 명령어를 이용하여 예측값을 구하는 예제를 보여준다. 여성의 나이가 30세~60세로 증가할 때 다음 세 가지 예측값을 계산한다.

predict(psel) : $\Pr(y_{1i}=1)$

predict(ycond) : $E(y_{2i}|y_{1i}=1)$

predict(yexpected) : $\Pr(y_{1i}=1)\times E(y_{2i}|y_{1i}=1)$

margins 명령문에서 predict( ) 옵션을 지정하여 연구자가 원하는 예측값을 지정한다. predict(psel)은 노동시장에 참여할 확률을 의미한다. predict(ycond)는 노동시장에 참여하는 여성의 임금 기댓값이다. predict(yexpected)는 비경제활동 여성의 임금을 0으로 간주하였을 때 임의의 여성의 임금 기댓값이다. 그림 12.6의 마지막 계산과정에서 알 수 있듯이 predict(psel)과 predict(ycond)를 곱하면 predict(yexpected) 값이 얻어진다.

그림 12.6 margins 명령어 활용

```
. qui heckman wwage75 wifeage c.wifeage#c.wifeage wexper smsa weduc nwinc ,
select(y1=wifeage kl6 k618 weduc) nolog

. margins , at(wifeage=(30 40 50 60)) predict(psel) noatlegend atmeans

Adjusted predictions                    Number of obs     =        753
Model VCE    : OIM

Expression   : Pr(y1), predict(psel)

------------------------------------------------------------------------------
             |            Delta-method
             |     Margin   Std. Err.      z    P>|z|     [95% Conf. Interval]
-------------+----------------------------------------------------------------
         _at |
          1  |   .6061857    .033557    18.06   0.000     .5404152    .6719563
          2  |   .5558718   .0191219    29.07   0.000     .5183936    .5933501
          3  |   .5046398   .0243142    20.75   0.000     .4569848    .5522947
          4  |    .453331    .042899    10.57   0.000     .3692505    .5374115
------------------------------------------------------------------------------

. margins , at(wifeage=(30 40 50 60)) predict(ycond) noatlegend atmeans

Adjusted predictions                    Number of obs     =        753
Model VCE    : OIM

Expression   : E(wwage75|Zg>0), predict(ycond)

------------------------------------------------------------------------------
             |            Delta-method
             |     Margin   Std. Err.      z    P>|z|     [95% Conf. Interval]
-------------+----------------------------------------------------------------
         _at |
          1  |   4.203353   .2803987    14.99   0.000     3.653782    4.752924
          2  |   4.599519   .1607624    28.61   0.000     4.284431    4.914608
          3  |   4.306749   .1773808    24.28   0.000     3.959089    4.654409
          4  |   3.324004   .4855526     6.85   0.000     2.372339     4.27567
------------------------------------------------------------------------------

. margins , at(wifeage=(30 40 50 60)) predict(yexpected) noatlegend atmeans

Adjusted predictions                    Number of obs     =        753
Model VCE    : OIM

Expression   : E(wwage75*|Pr(y1)), predict(yexpected)

------------------------------------------------------------------------------
             |            Delta-method
             |     Margin   Std. Err.      z    P>|z|     [95% Conf. Interval]
-------------+----------------------------------------------------------------
         _at |
```

```
       1 |   2.548013   .2290685    11.12   0.000     2.099047    2.996979
       2 |   2.556743   .1259949    20.29   0.000     2.309798    2.803689
       3 |   2.173357   .1473342    14.75   0.000     1.884587    2.462127
       4 |   1.506874   .2766132     5.45   0.000      .964722    2.049026
------------------------------------------------------------------------------


. di .6061857* 4.203353
2.5480125
```

data file: S_data12_2.dta*

회귀방정식의 종속변수가 순서형이면서 선택편의가 존재하는 모형을 추정하기 위해서 Stata의 heckoprobit 명령어를 사용한다. 종속변수는 $satisfaction$ 변수이다. 그림 12.7에서 알 수 있듯이 $satisfaction$ 변수는 4개 범주를 가지고 있고, 1(very dissatisfactory)~4 (very satisfactory)는 순서가 의미를 지닌다. 이 변수는 직장만족도를 의미하기 때문에 비경제 활동 여성은 이 값이 결측치로 나타난다. 따라서 전체 표본은 5,000명이지만 $satisfaction$ 변수는 3,480명에서만 값이 관찰된다. $work$ 변수는 직장 여부를 나타내는 더미변수이다. $work=1$이면 노동시장에 진입하였다는 뜻이다.

### 그림 12.7 종속변수 기초통계량

```
. use S_data12_2, clear
(Job satisfaction, female)

. tab satisfaction

     Job satisfaction |      Freq.     Percent        Cum.
----------------------+-----------------------------------
    Very Dissatisfied |        130        3.74        3.74
A Little Dissatisfied |        528       15.17       18.91
            Satisfied |      1,185       34.05       52.96
       Very Satisfied |      1,637       47.04      100.00
----------------------+-----------------------------------
                Total |      3,480      100.00

. tab work

   Employed |      Freq.     Percent        Cum.
------------+-----------------------------------
          0 |      1,520       30.40       30.40
          1 |      3,480       69.60      100.00
```

* 예제 데이터는 Stata 매뉴얼 [R] heckoprobit에서 인용하였다.

```
------------+-----------------------------------
      Total |      5,000      100.00
```

그림 12.8에서는 회귀방정식(종속변수: $satisfaction$)과 선택방정식(종속변수: $work$)이 서로 상관관계가 없다고 가정하고 각각 추정한 결과이다. 식 12.13에서 $\rho = 0$이라면 그림 12.8의 추정결과가 적절하다. oprobit 결과에서는 상수항 추정치가 주어지는 대신 cut1, cut2, cut3 추정치가 주어진다. 분계점(cutoff point) 추정치에 대해서는 민인식·최필선(2019d) 10장을 참고하라.

### 그림 12.8 순서형 프로빗과 프로빗을 각각 추정한 결과

```
. probit work education age i.married##c.children , nolog

Probit regression                               Number of obs     =      5,000
                                                LR chi2(5)        =    1028.51
                                                Prob > chi2       =     0.0000
Log likelihood = -2556.8237                     Pseudo R2         =     0.1675

------------------------------------------------------------------------------------
              work |      Coef.   Std. Err.      z    P>|z|     [95% Conf. Interval]
-------------------+----------------------------------------------------------------
         education |   .0511841   .0068824     7.44   0.000     .0376948    .0646734
               age |   .0289035   .0026827    10.77   0.000     .0236456    .0341615
         1.married |   .6325306   .0738061     8.57   0.000     .4878734    .7771878
          children |   .5182566   .0298241    17.38   0.000     .4598025    .5767107
                   |
married#c.children |
                 1 |  -.1400956   .0370745    -3.78   0.000    -.2127603   -.0674308
                   |
             _cons |  -2.219464   .1281082   -17.32   0.000    -2.470551   -1.968377
------------------------------------------------------------------------------------

. oprobit satisfaction education age if work==1, nolog

Ordered probit regression                       Number of obs     =      3,480
                                                LR chi2(2)        =     727.77
                                                Prob > chi2       =     0.0000
Log likelihood = -3570.2616                     Pseudo R2         =     0.0925

------------------------------------------------------------------------------
satisfaction |      Coef.   Std. Err.      z    P>|z|     [95% Conf. Interval]
-------------+----------------------------------------------------------------
   education |   .1530479   .0070751    21.63   0.000      .139181    .1669147
         age |   .0269981   .0024596    10.98   0.000     .0221773    .0318188
-------------+----------------------------------------------------------------
       /cut1 |   1.040977   .1185986                      .8085284    1.273426
```

```
       /cut2 |   2.057698   .1184396                          1.825561    2.289836
       /cut3 |    3.15104   .1230883                          2.909792    3.392289
------------------------------------------------------------------------------
```

그림 12.9에서는 $\rho \neq 0$이라고 가정하고 heckoprobit 명령문을 실행한 결과를 보여준다. 앞선 heckman 명령문과 유사하게 select( ) 옵션에서 선택방정식의 종속변수와 설명변수를 입력한다. 그러나 회귀방정식 종속변수 $satisfaction$은 $work=0$이면 결측치이기 문에 select( ) 옵션에서 $work$ 변수를 지정하지 않더라도 같은 결과를 보여준다.

결과를 보면, $\hat{\rho}=0.631$ 으로서 0과 유의하게 다르다고 판단하고 직장만족도와 노동시장 진입 여부는 양의 상관관계를 가지고 있다고 결론 내릴 수 있다. 이에 대한 가설검정은 맨 마지막에 LR 검정 결과로 제시하고 있다. $p$-값이 0.05보다 작다는 것을 확인할 수 있다. LR 검정통계량은 다음과 같이 제약된 모형(그림 12.8 결과)과 제약되지 않은 모형(그림 12.9 결과)의 로그 우도함수 차이를 이용하여 계산한다.

$$LR = -2 \times (\log L_{\rho=0} - \log L_{\rho \neq 0}) \tag{12.23}$$

**그림 12.9 heckoprobit 추정 결과**

```
. heckoprobit satisfaction education age, select(work=education age
i.married##c.children) nolog

Ordered probit model with sample selection      Number of obs     =      5,000
                                                      Selected     =      3,480
                                                      Nonselected =      1,520

                                                Wald chi2(2)      =     842.42
Log likelihood = -6083.037                      Prob > chi2       =     0.0000

------------------------------------------------------------------------------------
                   |      Coef.   Std. Err.      z    P>|z|     [95% Conf. Interval]
-------------------+----------------------------------------------------------------
satisfaction       |
         education |   .1536381   .0068266    22.51   0.000     .1402583    .1670179
               age |   .0334463   .0024049    13.91   0.000     .0287329    .0381598
-------------------+----------------------------------------------------------------
work               |
         education |   .0512494   .0068095     7.53   0.000      .037903    .0645958
               age |   .0288084   .0026528    10.86   0.000      .023609    .0340078
         1.married |   .6120876   .0700055     8.74   0.000     .4748794    .7492958
          children |   .5140995   .0288529    17.82   0.000     .4575489    .5706501
                   |
married#c.children |
```

```
            1 |  -.1337573   .035126    -3.81   0.000    -.202603   -.0649117
              |
        _cons |  -2.203036   .125772   -17.52   0.000   -2.449545   -1.956528
--------------+----------------------------------------------------------------
        /cut1 |   1.728757  .1232063    14.03   0.000    1.487277    1.970237
        /cut2 |    2.64357   .116586    22.67   0.000    2.415066    2.872075
        /cut3 |   3.642911  .1178174    30.92   0.000    3.411993    3.873829
      /athrho |   .7430919  .0780998     9.51   0.000    .5900191    .8961646
--------------+----------------------------------------------------------------
          rho |   .6310096  .0470026                      .5299093    .7144252
-------------------------------------------------------------------------------
LR test of indep. eqns. (rho = 0):   chi2(1) =    88.10   Prob > chi2 = 0.0000


. heckoprobit satisfaction education age,  select(education age i.married##c.children)
nolog

=============================== 결과 생략 ========================================
```

그림 12.10에서는 heckoprobit 추정 이후 예측값을 구하는 명령어를 자세히 제시한다.

1) predict(pmargin): $y_{2i}$가 각 순서형 범주에 속할 확률을 계산해 준다. $c_h$는 범주 $h$에 대한 분계점을 의미한다.

$$\Pr(y_{2i}=h)=\Phi(c_h-\beta x_i)-\Phi(c_{h-1}-\beta x_i) \tag{12.24}$$

2) predict(p1)와 predict(p0): predict(p1)은 $y_{1i}=1$이면서 $y_{2i}=h$ (범주 $h$)를 선택할 결합확률(joint probability)이다. predict(p0)는 $y_{1i}=0$이면서 $y_{2i}=h$ (범주 $h$)를 선택할 결합확률(joint probability)이다. $\Phi_2$는 이변량 정규분포의 cdf를 의미한다.

$$\begin{aligned}\Pr(y_{2i}=h, y_{1i}=1)=&\ \Phi_2(-\alpha z_i, c_h-\beta x_i, -\rho)\\ &-\Phi_2(-\alpha z_i, c_{h-1}-\beta x_i, -\rho)\end{aligned} \tag{12.25}$$

3) predict(pcond1)와 predcit(pcond0): predict(pcond1)은 $y_{1i}=1$이 주어졌을 때 $y_{2i}=h$ 범주를 선택하는 조건부 확률(conditional probability)이다. predict(pcond0)도 유사하게 정의할 수 있다. 식 12.26에서 분자는 식 12.25, 그리고 분모는 식 12.27을 이용하여 계산한다.

$$\Pr(y_{2i}=h|\,y_{1i}=1)=\frac{\Pr(y_{2i}=h, y_{1i}=1)}{\Pr(y_{1i}=1)} \tag{12.26}$$

4) predict(psel): 선택방정식에서 $y_{1i}=1$일 확률을 계산한다.

$$Pr(y_{1i}=1)=\Phi(\alpha z_i) \tag{12.27}$$

predict(pmargin outcome(2)) 옵션은 임의의 여성이 직장만족도=2를 선택할 확률이다. 30세인 여성은 25.4%이고, 40세인 여성은 18.6%이다. 그림 12.9의 추정결과에서 age=0.034로 양의 추정치이다. 나이가 증가할수록 직장만족도가 높아진다. 따라서 상대적으로 낮은 만족도=2를 선택할 확률은 나이가 많을수록 낮아진다고 예상할 수 있다. 다른 범주의 확률을 계산하고자 하면 outcome( )에서 범주 숫자를 바꾸면 된다.

predict(p1 outcome(2))와 predict(p0 oucome(2))은 식 12.25에 대한 확률이다. p1과 p0를 동시에 옵션으로 사용하면 $Pr(y_{2i}=2, y_{1i}=1)$와 $Pr(y_{2i}=2, y_{1i}=0)$를 각각 계산해서 제시한다. "1 1 =0.119" 해석은 30세 여성이 노동시장에 진출하고 동시에 만족도=2를 가질 결합 확률이 11.9%로 해석한다. "2 1 =0.134"는 30세인 여성이 비경제활동이면서 직장만족도=2를 가질 확률이 13.4%이다.

predict(pcond1 outcome(2))와 predict(pcond0 oucome(2))은 조건부 확률을 계산한다. "1 1=0.179"는 노동시장에 진출한 30세 여성이 직장만족도=2를 가질 확률은 17.9%이다. "2 1=0.405"는 비경제활동인 30세 여성이 직장만족도=2를 가질 확률은 40.5%이다.

predict(psel) 옵션은 식 12.27에 해당하는 확률이다. "1=0.666"은 다른 조건은 평균에 있는 30세 여성이 노동시장에 참여할 확률은 66.6%이다. "2=0.765"는 같은 조건이고 나이만 40세로 많아지면 노동시장에 참여할 확률은 76.5%이다. 그림 12.9의 work equation에서 age=0.0288이기 때문에 여성 나이가 많아질수록 $Pr(y_{1i}=1)$이 높아지게 된다.

### 그림 12.10 margins 명령어

```
. qui heckoprobit satisfaction education age, select(work=education age
i.married##c.children) nolog

. margins , at(age=(30 40)) atmeans noatlegend predict(pmargin outcome(2))

Adjusted predictions                          Number of obs     =      5,000
Model VCE    : OIM

Expression   : Pr(satisfaction=2), predict(pmargin outcome(2))

------------------------------------------------------------------------------
             |            Delta-method
             |     Margin   Std. Err.      z    P>|z|     [95% Conf. Interval]
```

```
-------------+----------------------------------------------------------------
         _at |
          1  |   .2540653   .0100586    25.26   0.000     .2343509    .2737797
          2  |    .185623   .0083537    22.22   0.000       .16925    .2019961
------------------------------------------------------------------------------

. margins , at(age=(30 40)) atmeans noatlegend predict(p1 outcome(2)) predict(p0
outcome(2))

Adjusted predictions                            Number of obs     =      5,000
Model VCE    : OIM

1._predict   : Pr(satisfaction=2,work=1), predict(p1 outcome(2))
2._predict   : Pr(satisfaction=2,work=0), predict(p0 outcome(2))

------------------------------------------------------------------------------
             |            Delta-method
             |     Margin   Std. Err.      z    P>|z|     [95% Conf. Interval]
-------------+----------------------------------------------------------------
_predict#_at |
        1 1  |   .1197567   .0058419    20.50   0.000     .1083068    .1312065
        1 2  |   .0959823   .0046965    20.44   0.000     .0867773    .1051873
        2 1  |   .1343086   .0067903    19.78   0.000     .1209999    .1476173
        2 2  |   .0896407   .0060147    14.90   0.000     .0778521    .1014293
------------------------------------------------------------------------------

.  margins  ,  at(age=(30  40))  atmeans  noatlegend  predict(pcond1  outcome(2))
predict(pcond0 outcome(2))

Adjusted predictions                            Number of obs     =      5,000
Model VCE    : OIM

1._predict   : Pr(satisfaction=2|work=1), predict(pcond1 outcome(2))
2._predict   : Pr(satisfaction=2|work=0), predict(pcond0 outcome(2))

------------------------------------------------------------------------------
             |            Delta-method
             |     Margin   Std. Err.      z    P>|z|     [95% Conf. Interval]
-------------+----------------------------------------------------------------
_predict#_at |
        1 1  |    .179092   .0082034    21.83   0.000     .1630137    .1951703
        1 2  |   .1253715   .0059129    21.20   0.000     .1137825    .1369606
        2 1  |    .405384    .017729    22.87   0.000     .3706358    .4401323
        2 2  |   .3823984   .0233934    16.35   0.000     .3365482    .4282486
------------------------------------------------------------------------------

. margins , at(age=(30 40)) atmeans noatlegend predict(psel)

Adjusted predictions                            Number of obs     =      5,000
Model VCE    : OIM

Expression   : Pr(work), predict(psel)
```

```
------------------------------------------------------------------------------
             |            Delta-method
             |     Margin   Std. Err.      z    P>|z|     [95% Conf. Interval]
-------------+----------------------------------------------------------------
         _at |
          1  |    .668688   .0095372    70.11   0.000     .6499954    .6873805
          2  |   .7655829    .007692    99.53   0.000     .7505068    .7806589
------------------------------------------------------------------------------
```

data file: S_data12_3.dta[*]

패널 데이터 구조에서 내생적 선택편의를 고려한 Heckman 모형 추정을 위해 Stata에서 xtheckman 명령어를 이용할 수 있다. xtheckman 명령어는 Stata 16/17 버전 에서만 사용할 수 있다. Stata 15 버전 사용자는 gsem 명령어를 이용하여 추정하는 것이 가능하다.[**] 본 소절에서는 xtheckman 명령어를 이용한 추정과정과 해석에 대해서 논의한다.

xtheckman에서는 회귀방정식 종속변수는 연속형 변수인 경우에만 사용할 수 있다. $y_{2it}$는 $wage_{it}$로서 노동시장에 참여하고 있는 사람의 임금이다. 같은 개인이 반복적으로 관찰되는 패널 데이터 구조이다. 그룹 변수는 $personid$이고, 시간 변수는 $year$이다. 선택방정식 종속변수인 $y_{1it}$는 $working_{it}$이고 {0, 1}의 값을 갖는다. 그림 12.11에서는 패널 Heckman 모형 추정결과를 제시한다.

### 그림 12.11 xtheckman 실행 결과

```
. use S_data12_3, clear
(Wages for 20 to 77 year olds, 2013-2016)

. tsset personid year
       panel variable:  personid (strongly balanced)
        time variable:  year, 2013 to 2016
                delta:  1 unit


. xtheckman wage c.age##c.age tenure, select(working = c.age##c.age market) nolog

Random-effects regression with selection          Number of obs     =      2,400
                                                        Selected    =      1,928
                                                        Nonselected =        472

Group variable: personid                          Number of groups  =        600
```

* 예제 데이터는 Stata 매뉴얼 [xt] xtheckman에서 인용하였다.

** Stata 매뉴얼 [SEM] Example 45g를 참고하라.

```
                                           Obs. per group:
                                                         min =          4
                                                         avg =        4.0
                                                         max =          4

Integration method: mvaghermite            Integration pts.  =          7

                                           Wald chi2(3)      =    2827.78
Log likelihood =  -5376.445                Prob > chi2       =     0.0000

------------------------------------------------------------------------------------------
                                     |      Coef.   Std. Err.      z    P>|z|     [95% Conf. Interval]
-------------------------------------+----------------------------------------------------
wage                                 |
                                 age |   .5722234   .0477613    11.98   0.000     .4786129    .6658339
                                     |
                         c.age#c.age |  -.0042448   .0005329    -7.97   0.000    -.0052893   -.0032003
                                     |
                              tenure |   .5927719   .0169866    34.90   0.000     .5594787     .626065
                               _cons |   5.651812   1.038011     5.44   0.000     3.617347    7.686277
-------------------------------------+----------------------------------------------------
working                              |
                                 age |   .2305309   .0207988    11.08   0.000     .1897661    .2712958
                                     |
                         c.age#c.age |  -.0026832   .0002241   -11.97   0.000    -.0031225   -.0022439
                                     |
                              market |   .1894934    .019038     9.95   0.000     .1521796    .2268072
                               _cons |  -3.276904   .4352836    -7.53   0.000    -4.130045   -2.423764
-------------------------------------+----------------------------------------------------
                         var(e.wage) |   4.458219   .2235342                      4.040939    4.918588
-------------------------------------+----------------------------------------------------
              corr(e.working,e.wage) |   .4091115   .1391856     2.94   0.003     .1065022     .642359
-------------------------------------+----------------------------------------------------
                var(wage[personid])  |   2.493737   .2547628                      2.041226    3.046564
             var(working[personid])  |   .3831411   .0830963                       .250466    .5860961
-------------------------------------+----------------------------------------------------
corr(working[personid],wage[personid])|  .6021096   .0845675     7.12   0.000     .4106863    .7426953
------------------------------------------------------------------------------------------
```

그림 12.11의 "Random effects with sample selection"에서 알 수 있듯이 회귀방정식과 선택방정식에서 그룹 이질성(group heterogeneity)은 모두 고정효과가 아닌 확률효과로 간주하고 있다. 위 결과에서 추정계수의 해석은 횡단면 Heckman 모형과 같은 방식으로 해석하기 때문에 추가적으로 설명하지 않는다. 그러나 추정계수 아래에 제시된 var( )와 corr( ) 추정치에 대한 이해가 필요하다.

- var(e.wage): 식 12.16(회귀방정식) 오차항 $\epsilon_{2it}$의 분산 추정치($\sigma_2^2$)
- corr(e.working, e.wage): 식 12.19에서 오차항 $\epsilon_{1it}$와 $\epsilon_{2it}$의 상관관계($\rho_2$)
- var(wage[personid]): 식 12.18에서 오차항 $\nu_i$의 분산 추정치($\sigma_\nu^2$)
- var(woking[personid]): 식 12.18에서 오차항 $u_i$의 분산 추정치($\sigma_u^2$)
- corr(wage[personid], working[personid]): 식 12.18에서 오차항 $u_i$와 $\nu_i$의 상관관계 ($\rho_1$)

위 추정치 중에서 corr(e.working, e.wage)= $\rho_2$와 corr(wage[personid], working[personid])= $\rho_1$이 0과 유의하게 다른지가 내생적 선택편의를 결정한다. 둘 중 하나의 모수라도 0과 유의하게 다르다면 내생적 Heckman 선택 모형이 적절하다고 판단할 수 있다. 위 결과에서는 $p$-값이 0.05보다 작기 때문에 귀무가설을 기각하게 된다. var(wage[personid])와 var(woking[personid])이 0과 유의하게 다르다면 패널 확률효과 모형이 통합(pooling) 모형보다 더 적절하다는 의미이다. 위 결과에서는 두 모수 역시 0과 유의하게 다르다고 판단할 수 있다.

그림 12.12에서는 xtheckman 명령문 이후 예측값을 얻기 위해서 사용할 수 있는 명령어 margins와 marginsplot을 설명한다. predict(psel) 옵션은 노동시장 참여 확률을 주어진 설명 변수 값에서 계산한다. 여기에서는 $market$ 변수가 -5에서 6까지 증가할 때 $\Pr(y_{it}=1)$을 예측한 값이다. 확률효과 $u_i=0$으로 간주하고 계산한다. marginsplot에 의해 그려진 그래프에 따르면 $market$이 좋아질수록 노동시장 진입 확률이 높아진다는 것을 알 수 있다.

**그림 12.12 margins 명령어: predict(psel) 옵션**

```
. margins , at(market=(-5(1)6)) atmeans noatlegend predict(psel)

Adjusted predictions                          Number of obs     =      2,400
Model VCE    : OIM

Expression   : Pr(working==yes), predict(psel)

------------------------------------------------------------------------------
             |            Delta-method
             |     Margin   Std. Err.      z    P>|z|     [95% Conf. Interval]
-------------+----------------------------------------------------------------
         _at |
          1  |   .7317704   .0292454    25.02   0.000     .6744504    .7890903
          2  |   .7820986   .0231329    33.81   0.000     .7367589    .8274382
```

```
    3  |   .8265001   .0181135    45.63   0.000     .7909984    .8620018
============================== 결과 중략 ==============================
    9  |   .9717507   .0061134   158.96   0.000     .9597687    .9837326
   10  |   .9806938   .0050191   195.39   0.000     .9708565    .9905311
   11  |   .9871069   .0039916   247.30   0.000     .9792835    .9949304
   12  |   .9915882     .00307   322.99   0.000     .9855712    .9976053
------------------------------------------------------------------------------
```

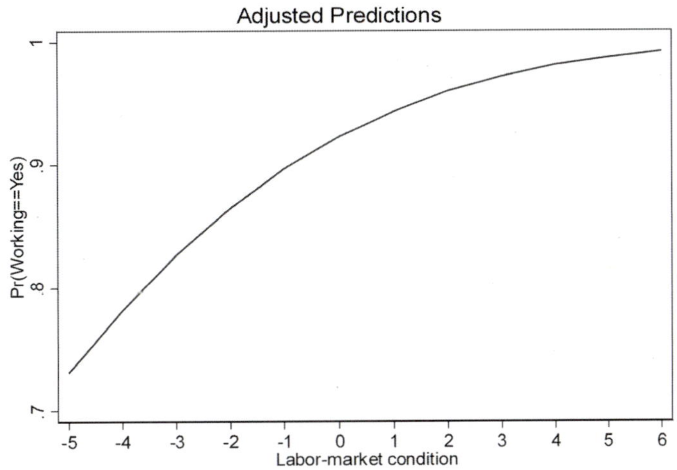


그림 12.13에서는 predict(ycond) 옵션을 사용하고 있다. *market* 변수가 -5에서 6까지 증가할 때 노동시장 진입 시 조건부 기댓값인 $E(y_{2it}|\ y_{1it}=1)$를 예측한 결과이다. 예측 그래프에 따르면 labor market 시장이 좋아질수록 여성 임금은 낮아지는 경향이 있다. 회귀방정식과 선택방정식의 확률효과는 모두 0으로 가정하고 계산한다. 그림 12.11을 보면 *market* 변수는 선택방정식에만 포함되고 회귀방정식에는 포함되어 있지 않다. 그럼에도 불구하고 두 방정식이 서로 상관관계가 있기 때문에 *market* 변수가 회귀방정식 종속변수인 임금에도 영향을 미치고 있다.

**그림 12.13 margins 명령어: predict(ycond) 옵션**

```
. margins , at(market=(-5(1)6)) atmeans noatlegend predict(ycond)

Adjusted predictions                            Number of obs     =      2,400
Model VCE    : OIM

Expression   : mean of wage, predict(ycond)

------------------------------------------------------------------------------
```

```
             |            Delta-method
             |     Margin   Std. Err.      z    P>|z|     [95% Conf. Interval]
-------------+----------------------------------------------------------------
         _at |
          1  |   26.32776    .1228292   214.34   0.000     26.08702     26.5685
          2  |   26.23657    .1191628   220.17   0.000     26.00301    26.47012
          3  |   26.15467    .1170338   223.48   0.000     25.92528    26.38405
          4  |   26.08222    .1160608   224.73   0.000     25.85474    26.30969
           ============================== 결과 중략 ==========================
         10  |   25.83078    .1178805   219.13   0.000     25.59974    26.06182
         11  |   25.81319    .1182241   218.34   0.000     25.58147     26.0449
         12  |   25.80014    .1185183   217.69   0.000     25.56785    26.03243
------------------------------------------------------------------------------

. marginsplot, noci recast(line)
```

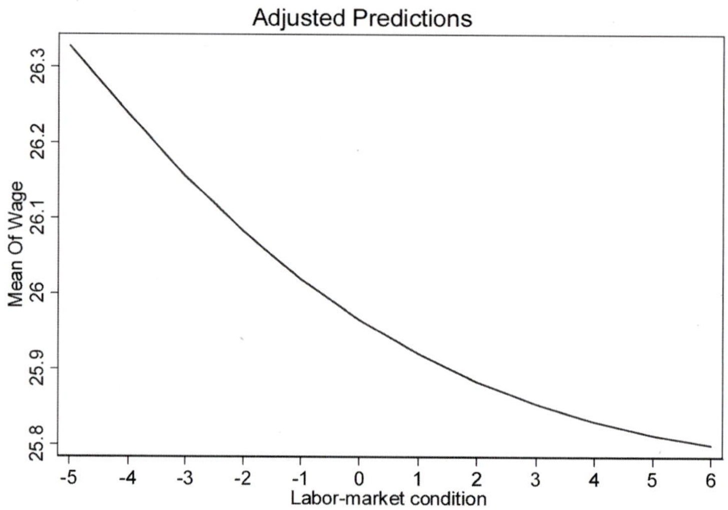


## 12.5 Stata do file

```
use S_data12_1, clear
su wwage75
gen y1=1 if wwage75>0 & wwage75<.
replace y1=0 if wwage75==0
tab y1

heckman wwage75 wifeage c.wifeage#c.wifeage wexper smsa ///
weduc nwinc , select(y1=wifeage kl6 k618 weduc) nolog

replace wwage75=. if wwage75==0
```

```
heckman wwage75 wifeage c.wifeage#c.wifeage wexper smsa ///
weduc nwinc , select(wifeage kl6 k618 weduc) nolog

heckman wwage75 wifeage c.wifeage#c.wifeage wexper smsa ///
weduc nwinc , select(y1=wifeage kl6 k618 weduc) twostep
test lambda

di  3.1904448* 0.13663

qui heckman wwage75 wifeage c.wifeage#c.wifeage wexper ///
smsa weduc nwinc , select(y1=wifeage kl6 k618 weduc) ///
twostep mills(IMR)

reg wwage75 wifeage c.wifeage#c.wifeage wexper smsa ///
weduc nwinc IMR if y1==1

qui heckman wwage75 wifeage c.wifeage#c.wifeage wexper ///
smsa weduc nwinc , select(y1=wifeage kl6 k618 weduc) nolog

margins , at(wifeage=(30 40 50 60)) predict(psel) ///
noatlegend atmeans
margins , at(wifeage=(30 40 50 60)) predict(ycond) ///
noatlegend atmeans

margins , at(wifeage=(30 40 50 60)) predict(yexpected) ///
noatlegend atmeans
di .6061857* 4.203353

use S_data12_2, clear
tab satisfaction

probit work education age i.married##c.children , nolog
oprobit satisfaction education age if work==1, nolog

heckoprobit satisfaction education age, ///
 select(work=education age i.married##c.children) nolog
heckoprobit satisfaction education age, ///
 select(education age i.married##c.children) nolog

qui heckoprobit satisfaction education age, ///
 select(work=education age i.married##c.children) nolog

margins , at(age=(30 40)) atmeans noatlegend ///
predict(pmargin outcome(2))
margins , at(age=(30 40)) atmeans noatlegend ///
predict(p1 outcome(2)) predict(p0 outcome(2))
margins , at(age=(30 40)) atmeans noatlegend ///
predict(pcond1 outcome(2)) predict(pcond0 outcome(2))
```

```
margins , at(age=(30 40)) atmeans noatlegend predict(psel)

use S_data12_3, clear
tsset personid year
xtheckman wage c.age##c.age tenure, ///
select(working = c.age##c.age market) nolog

margins , at(market=(-5(1)6)) atmeans noatlegend predict(psel)
marginsplot, noci recast(line)
margins , at(market=(-5(1)6)) atmeans noatlegend predict(ycond)
marginsplot, noci recast(line)
```

# CHAPTER 13 | Zero-inflated 모형

## 13.1 Zero-inflated 포아송 모형

종속변수가 가산(count) 유형이면서 이산분포(discrete distribution)를 따르면 포아송 모형(Poisson model) 또는 음이항 모형(negative binomial model)을 활용하여 추정한다.*

일반적인 포아송 모형에서 각 확률사건은 다음과 같이 포아송 확률밀도함수(pdf)로 정의한다. 확률변수 $Y$는 이산분포 중 하나인 포아송 분포를 따른다고 가정한다. 종속변수는 $y=\{0,1,2,\cdots\}$ 으로 취할 수 있다. 포아송 분포는 평균과 분산이 동일한 분포이다. 포아송 회귀모형에서는 다음과 같이 평균 모수 $\lambda$가 $x$의 지수함수 형태로 주어진다.

$$\Pr(Y=y)=\frac{e^{-\lambda}\lambda^{y}}{y!} \tag{13.1}$$
$$E(y)=\lambda=\exp(\beta x)$$
$$var(y)=\lambda=\exp(\beta x)$$

만약 종속변수 $y$가 취하는 값 중에서 하한값인 0이 과다하게 많은 경우에 zero-inflated 포아송 모형을 사용할 수 있다. 이 경우 $y=0$에 해당하는 값은 포아송 분포에서 생성되었다고 보기 어렵다고 판단한다. 가령 $\lambda=0.2$이면 식 13.1 공식을 이용하면 $\Pr(Y=0)=0.82$임을 계산할 수 있다. 즉 전체 표본의 82%가 0 값을 가지게 되면 $\Pr(Y>3)\approx 0$ 이게 된다. 과다하게 0이 많음에도 불구하고 일반적인 포아송 모형을 사용하면 적합도(goodness of fit: GOF)가 낮은 것으로 알려져 있다.

ZIP(zero-inflated Poisson) 모형은 $p$ 확률로 항상 0이 나타나는 확률 모형, 그리고 $1-p$ 확률로 포아송 분포를 취하는 모형을 혼합한 모형(finite mixture model)이라고 이해할 수 있다.** Lambert(1992)가 제안한 ZIP 모형은 다음과 같은 혼합 분포 모형으로 표현할 수 있다.

$$f(y)=\sum_{i=0}^{1}\pi_i f_i(y|x,z) \tag{13.2}$$

* Stata를 이용한 포아송 또는 음이항 모형 추정은 민인식 · 최필선(2019d) 9장을 참고할 수 있다.

** 포아송 분포를 따르더라도 0이 나타날 수 있다.

여기에서 $\pi_0$과 $\pi_1$은 0 그룹(항상 0 그룹)과 1 그룹(포아송 분포)에 해당하는 확률이며 $\pi_0 + \pi_1 = 1$이 된다. $f_i()$는 $i$ 그룹에 해당하는 조건부 확률밀도함수로 정의한다. 0 그룹과 1 그룹으로 구분하는 확률 $\pi$는 다음과 같이 표현되며, 로짓/프로빗 모형으로 설정할 수 있다.

$$\pi_{0i} = F(\gamma z_i) \text{ 그리고 } \pi_{1i} = 1 - F(\gamma z_i) \tag{13.3}$$

여기에서 $F()$는 로지스틱 분포함수 또는 표준 정규분포함수에 해당한다.

1 그룹에 속하는 $y_i$는 포아송 분포를 따르고 평균 $\lambda_i$는 $x_i$의 함수로 표현된다. $y_i = 0$이면 $\Pr(y_i = 0) = \exp(-\lambda_i)$ 임을 알 수 있다.

$$\Pr(y_i = j) = \frac{\exp(-\lambda_i)\lambda_i^j}{j!} \quad \text{for } j \geq 0 \tag{13.4}$$

관찰된 종속변수 $y_i$는 0 또는 양의 정수로 관찰된다. $\Pr(y_i = 0)$과 $\Pr(y_i = j)$은 다음과 같이 정의된다.

$$\Pr(y_i = 0|x, z) = F(\gamma z_i) + (1 - F(\gamma z_i))\exp(-\lambda_i) \tag{13.5}$$

$$\Pr(y_i = j|x, z) = (1 - F(\gamma z_i)) \times \exp(-\lambda_i)\frac{\lambda_i^j}{j!}, \; j = 1, 2, 3, \cdots \tag{13.6}$$

위 두 식을 이용하면 ZIP 모형을 추정하기 위한 로그 우도함수를 계산할 수 있다.

$$\begin{aligned} \log L = & \sum_{i \in \{0\}} \ln\{F(\gamma z_i) + (1 - F(\gamma z_i)\exp(-\lambda_i)\} \\ & + \sum_{i \in \{1,2,3,\cdots\}} \ln(1 - F(\gamma z_i)) - \lambda_i + y_i(\beta x_i) - \ln(y_i!) \end{aligned} \tag{13.7}$$

ZIP 모형 추정 후 얻을 수 있는 예측값으로 기대횟수(predicted number of events)를 계산할 수 있다. 포아송 분포의 모수 $\lambda$가 기댓값이기 때문에 ZIP에서 기대횟수는 다음과 같이 계산한다.(Cameron and Trivedi 2013)

$$E(y_i) = (1 - F(\gamma z_i) \times \lambda_i = (1 - F(\gamma z_i)) \times \exp(\beta x_i) \tag{13.8}$$

0 그룹에 속할 확률은 로짓/프로빗 모형에서 $\Pr(y = 0)$ 확률을 구하는 것과 같다.*

* 0 그룹에 속하는 사건을 "사건발생"으로 간주한다.

$$\Pr(y_i = 0 \mid i \notin Poisson) = F(\gamma z_i) \tag{13.9}$$

1 그룹은 포아송 분포를 따르면서 $y = \{0, 1, 2, \cdots\}$ 중 1개 값을 가질 확률이다. 이들 사건 중에서 $\Pr(y_i = 0)$과 $\Pr(y_i = 1)$은 다음과 같다.

$$\Pr(y_i = 0 \mid i \in Poisson) = (1 - F(\gamma z_i)) \times \exp(-\lambda_i) \tag{13.10}$$

$$\Pr(y_i = 1 \mid i \in Poisson) = (1 - F(\gamma z_i)) \times \exp(-\lambda_i)\ \lambda_i \tag{13.11}$$

여기에서 $\lambda_i = \exp(\beta x_i)$ 이다.

## 13.2 Zero-inflated 음이항 모형

포아송 분포를 가정한 가산(count) 모형은 평균과 분산이 $\lambda$로 같다는 제약조건이 있다. 가산 모형의 종속변수 $y$ 의 분신은 평균에 비해 큰 경우가 현실에시 자주 발견된다. 이와 같은 과대신포(over-dispersion)를 모형화하고자 음이항(negative binomial) 분포를 사용한다.*

음이항 분포에서는 종속변수 $y$가 $\lambda^*$ 모수를 가진 포아송 분포를 따른다고 가정한다. $\lambda^*$는 관찰된 $x$ 변수뿐 아니라 오차항 $\nu$의 함수라고 가정한다. $\lambda^*$가 설명변수 $x_i$의 함수일 뿐 아니라 과대산포를 고려하여 추가적인 확률변수 $\nu$의 함수가 된다. 확률변수 $\nu$의 지수 형태($e^{\nu}$)는 평균이 1이고 분산이 $\alpha$인 감마(Gamma) 분포로 가정한다.

$$\lambda^* = \exp(\beta x + \nu) = \exp(\beta x)\exp(\nu) \tag{13.12}$$

$$e^{\nu} \sim Gamma(1/\alpha, \alpha) \tag{13.13}$$

식 13.13에서 $\alpha > 0$가 과대산포 모수에 해당한다. 일반적인 포아송 분포에서는 $\alpha = 0$이 된다. 식 13.12와 13.13을 대입하면 $\lambda^*$ 분포는 다음과 같은 감마분포를 따르게 된다.

$$\lambda^* \sim Gamma(1/\alpha, \alpha \times \exp(\beta x)) \tag{13.14}$$

여기에서 $E(y) = E(\lambda^*) = \exp(\beta x) = \lambda$으로 일반적인 포아송 분포의 평균과 같다. 포아송 분포의 $var(y) = \lambda$임에 비해 음이항 분포의 분산은 $var(y) = E(\lambda^*) + var(\lambda^*)$ $\lambda + \alpha\lambda^2$으로 평균($\lambda$)보다 더 큰 값임을 보일 수 있다.** 종속변수가 음이항 분포를 따른다고 가정하면 평균은 포아송 모형과 같지만, 분산은 포아송 모형보다 큰 값으로 주어진다. 즉

---

* 가산 모형에서 음이항 회귀모형 추정에 대해서는 민인식 · 최필선(2019d) 9장을 참고할 수 있다.

** $E(\lambda^*) = \lambda$이고, $var(\lambda^*) = \alpha\lambda^2$을 이용한다. 이에 대한 자세한 증명은 Cameron and Trivedi(2013)을 참고하라.

과대산포를 가정하게 된다. 식 13.12와 같이 $\lambda^*$를 정의하는 모형을 평균-산포(mean-dispersion) 가정 또는 NB2(Negative Binomial 2) 모형이라고 부른다.*

ZINB(zero-inflated NB) 모형에서는 ZIP와 마찬가지로 NB 분포에 의해 생성되는 0의 비율보다 전체적으로 0이 과잉인 경우에 선택할 수 있다. 종속변수에서 과다한 0의 관찰을 설명하기 위해서 0으로 관찰되는 종속변수 값 중 일부분은 NB 이외의 분포에서 생성되었다고 가정한다. 식 13.14에서 설명하였듯이 $\alpha$값이 커질수록 분산이 더 커지고 과대산포 가정이 적절하다는 것을 의미한다.

ZINB 모형도 ZIP와 유사하게 로지스틱 분포와 음이항 분포가 혼합된 모형(finite mixture model)으로 이해할 수 있다. 로지스틱 분포 모형은 과다한 0을 생성하는 모델링이고 음이항 분포는 이산형 결과(outcomes)를 모델링하는 데 사용된다. 로그 우도함수를 구축하기 위해 필요한 모수($p_i$와 $m$)를 다음과 같이 정의한다.

$$\text{음이항 분포의 평균: } \lambda_i = \exp(\beta x_i)$$
$$\text{음이항 분포의 분산: } \lambda_i(1+\alpha\lambda_i)$$
$$p_i = \frac{1}{1+\alpha\lambda_i}, \quad m = 1/\alpha$$

식 13.7의 ZIP 로그 우도함수와 유사하게 $\{0\}$ 그룹과 $\{1, 2, 3, \cdots\}$ 그룹으로 나누어 우도함수 기여분을 계산한 후 합산한다.

$$\begin{aligned}\log L = & \sum_{i\in\{0\}} \ln\left\{F(\gamma z_i) + (1-F(\gamma z_i)\, p_i^m\right\} \\ & + \sum_{i\in\{1,2,3,\cdots\}} \ln(1-F(\gamma z_i)) + \ln\Gamma(m+y_i) - \ln\Gamma(y_i+1) \\ & - \ln\Gamma(m) + m\ln p_i + y_j \ln(1-p_i)\end{aligned} \tag{13.15}$$

여기에서 $F()$는 로지스틱 분포의 누적분포함수(cdf)이고, $\Gamma()$는 감마함수이다. Long(1997)의 증명에 따르면 $y_i$에 대한 ZINB 모형을 설정하면 $var(y_i)$은 일반적인 NB의 분산보다 더 크게 되고 결과적으로 과대산포 데이터에 대해 GOF가 높아지게 된다. ZINB 가정 하에서 $var(y_i)$는 다음과 같이 계산된다.

$$var(y_i|z_i, x_i) = \lambda_i(1-F(\gamma z_i))\{1+\lambda_i(F(\gamma z_i)+\alpha)\} \tag{13.16}$$

여기에서 $F(\gamma z_i)=0$ 즉 zero-inflated 부분이 빠지게 되면, 이 식은 정확히 일반적인 음

* 고정-산포(constant-dispersion) 가정(NB1 모형)도 사용할 수 있다.

이항 분포의 분산인 $\lambda_i(1+\alpha\lambda_i)$와 같아지게 된다. 그러나 $F(\gamma z_i)>0$이기 때문에 $\lambda_i(1+\alpha\lambda_i)$보다 더 큰 값이 된다.*

ZINB 모형 추정 후 예측값은 ZIP와 유사하게 계산할 수 있다. 먼저 기대횟수 $E(y_i)$는 $\lambda_i$이기 때문에 다음과 같이 주어진다.

$$E(y_i)=(1-F(\gamma z_i))\lambda_i=(1-F(\gamma z_i))\exp(\beta x_i) \tag{13.17}$$

$\Pr(y_i=0|i\not\in NB)$는 식 13.9와 같다. $\Pr(y_i=j|i\in NB, j\geq 1)$ 은 다음과 같이 NB 분포의 pdf 함수를 이용하여 계산한다.

$$\begin{aligned}&\Pr(y_i=0|i\in NB)=(1-F(\gamma z_i))f(0|x_i)\\&\Pr(y_i=j|i\in NB, j\geq 1)=(1-F(\gamma z_i))f(j|x_i)\\&\text{for } j=1,2,3,\cdots\end{aligned} \tag{13.18}$$

여기에서 $f(y_i|x_i)=(\omega_i\lambda_i)^{y_i}\exp(-\omega_i\lambda_i)/\Gamma(y_i+1)$ , $\omega_i=\exp(\nu_i)$ 로 정의된다.

## 13.3 Zero-inflated 순서형 프로빗 모형

Zero-inflated 순서형 프로빗(ZIOP) 모형에서 종속변수는 범주형이면서 순서형인 값을 취한다. 일반적인 순서형 프로빗(ordered probit)과 차이점은 0이 과다하게 많은 경우에 사용한다는 점이다. ZIOP 모형에서 "zero"는 꼭 숫자 0을 의미하는 것은 아니다. 순서형 변수에서 가장 낮은 수준의 범주를 "zero"로 간주할 수 있기 때문이다. 즉 순서형 종속변수 $y$가 취하는 값 중에서 가장 낮은 수준 범주가 과다하게 많은 경우에 ZIOP 모형을 선택할 수 있다.

일반적인 순서형 로짓/프로빗 모형에서는 가장 낮은 범주(가령 0으로 처리)는 다른 순서 범주와 동질적인 가정 하에서 하나의 값으로 관찰된다. 반면 ZIOP에서 0은 이질적인 두 그룹에서 관찰될 수 있다고 가정한다. 첫째, 항상 0 값만 관찰되는 개인들로서 이들을 비참여 그룹으로 간주할 수 있다. 둘째, 0뿐만 아니라 1, 2, 3, 4와 같은 다른 순서형 범주도 관찰될 수 있는 그룹이다. 이들을 참여그룹이라고 부른다. ZIOP 모형은 의료비 지출과 담배소비 연구 실증분석 모형으로 주로 사용된다.(Kelley and Anderson, 2008; Harris and Zhao, 2007)

ZIOP는 ZIP 및 ZINB와 유사하게 2단계 추정 아이디어를 사용한다. 1단계에서는 비참여 그룹(항상 0)에 속하느냐의 문제를 로짓/프로빗 모형으로 추정한다. 그런 다음, 참여한 그룹 중에서 순서형 범주를 선택하는 2단계 추정으로 구분된다. 2단계 추정 과정에서는 순

* $F()$는 누적분포함수이기 때문에 항상 0과 1 사이 값이다.

서형 프로빗 모형을 선택한다.

1단계에서는 다음과 같이 참여 그룹에 속할 확률을 추정하는 프로빗/로짓 모형을 설정한다.

$$\Pr(s_i = 1) = F(\gamma z_i) \tag{13.19}$$

여기에서 $s_i = 1$은 참여그룹에 속하는 표본에 해당한다. 또한 $F()$ 는 표준정규분포 또는 로지스틱 분포의 cdf이다.

가령 $s_i = 1$ 그룹에 속하는 경우, $y_i = \{0, 1, 2, 3, 4\}$와 같이 5개 순서형 범주 중 하나를 선택한다고 가정하자. 일반적인 순서형 프로빗 모형에 따르면 각 범주를 선택할 조건부 확률은 다음과 같이 계산할 수 있다.

$$\Pr(y_i = h | s_i = 1) = \Phi(c_h - \beta x_i) - \Phi(c_{h-1} - \beta x_i) \tag{13.20}$$

여기에서 $c_h$는 분계점(cut-off points)에 해당하고 $\Phi()$ 는 표준정규분포의 cdf이다.

1단계와 2단계 추정을 모두 고려하면 ZIOP 모형에서 각 범주의 한계확률(marginal probability)을 계산할 수 있다. 먼저 $\Pr(y_i = 0 | x_i, z_i)$은 참여 그룹과 비참여 그룹의 확률을 더해야 한다. 0보다 큰 범주인 경우에 $\Pr(y_i = h | x_i, z_i)$은 참여 그룹에 속할 확률과 그 범주를 취할 확률을 곱해서 계산한다. 즉 한계확률은 다음과 같다.

$$\Pr(y_i = 0 | x_i, z_i) = \Pr(s_i = 0) + \Pr(s_i = 1)\Pr(y_i = 0 | x_i, s_i = 1) \tag{13.21}$$

$$\Pr(y_i = h | x_i, z_i) = \Pr(s_i = 1) \times \Pr(y_i = h | x_i, s_i = 1) \text{ for } h \geq 1 \tag{13.22}$$

위 두 식에 기초하여 로그 우도함수는 다음과 같이 쓸 수 있다.

$$\log L = \sum_{i=1}^{n} \sum_{h=0}^{H=4} I(y_i = h) \ln\{\Pr(y_i = h | x_i, z_i)\} \tag{13.23}$$

여기에서 $I(y_i = h)$ 는 $y_i$ 변수가 $h$ 범주를 가지면 1, 그렇지 않으면 0인 지시함수이다.

일반적인 순서형 프로빗 모형과 ZIOP 모형 중 하나를 선택하기 위한 적절한 가설검정을 찾기가 쉽지 않다. 1단계 모형에서 $\gamma = 0$ 일지라도 $\Phi(0) = 0.5$이기 때문에 여전히 참여 그룹와 비참여 그룹이 각각 확률을 갖게 된다. 다만 $\gamma z_i \to \infty$ 이면 $\Phi(1)$이기 때문에 모든 표본이 참여 그룹에 속하게 되고 비참여 그룹에 속할 확률은 0이 된다. 이런 경우에는 일반적인 순서형 프로빗 모형을 선택하는 것이 적절하다.

ZIOP 모형 추정 후 예측값으로 다음과 같이 결합확률(joint probability)을 계산할 수 있다. 이는 $h$ 범주를 가지면서 동시에 참여그룹에 속할 확률이다. 결합확률은 식 13.20의 조건부 확률과 식 13.19의 참여 확률을 곱해서 계산할 수 있다.

$$\Pr(y_i = h, s_i = 1 | x_i, z_i) = \Pr(y_i = h | s_i = 1) \times \Pr(s_i = 1) \tag{13.24}$$

$h \geq 1$ 의 범주에 대해서는 위 식의 확률과 앞의 식 13.22의 확률이 정확히 서로 일치하는 것을 확인할 수 있다.

## 13.4 Stata 예제

data file: S_data13_1.dta*

예제 데이터에서 종속변수는 *count* 변수이고, 0 또는 양의 정수를 취하는 이산분포를 따른다. 그림 13.1의 빈도표 결과를 보면, 250개 관측치 중에서 142개 관측치에서 $y = 0$의 값을 가지고 있다. 0의 비율이 56%를 차지하는 0 과잉을 보여준다. 종속변수의 평균은 3.29이지만, 분산은 135로 평균과 분산의 차이가 매우 크다. 과대산포(over-dispersion)의 경향이 있다고 예상할 수 있다.

### 그림 13.1 *count* 변수 빈도표

```
. use S_data13_1, clear
(Fictional fishing data)

. tab count

  number of |
fish caught |      Freq.     Percent        Cum.
------------+-----------------------------------
          0 |        142       56.80       56.80
          1 |         31       12.40       69.20
          2 |         20        8.00       77.20
          3 |         12        4.80       82.00
          4 |          6        2.40       84.40
          5 |         10        4.00       88.40
          6 |          4        1.60       90.00
========================== 결과 생략 =============================
      Total |        250      100.00

. su count
```

* 예제 데이터는 Stata 매뉴얼 [R] zip에서 인용하였다.

```
    Variable |        Obs        Mean    Std. Dev.       Min        Max
-------------+---------------------------------------------------------
       count |        250       3.296    11.63503          0        149
```

예제 데이터를 이용하여 일반적인 포아송 모형을 추정한 결과가 그림 13.2에 나와 있다. poisson 명령어를 이용한 결과이다. $persons$ 변수와 $livebait$ 변수는 모두 양의 추정치이다. $x$ 변수가 증가할수록 $count$ 변수의 횟수가 증가한다. GOF 검정에 따르면 귀무가설을 기각한다. 귀무가설은 종속변수 $count$가 포아송 분포를 따른다는 것이다. 귀무가설을 기각하기 때문에 포아송 분포 가정이 적절치 않다. 이러한 가설검정 결과는 0 과잉으로 인해 얻어졌다고 예상할 수 있다.

**그림 13.2 일반적인 포아송 모형 추정**

```
. poisson count persons livebait, nolog

Poisson regression                                Number of obs   =        250
                                                  LR chi2(2)      =     671.08
                                                  Prob > chi2     =     0.0000
Log likelihood = -1312.1779                       Pseudo R2       =     0.2036

------------------------------------------------------------------------------
       count |      Coef.   Std. Err.      z    P>|z|     [95% Conf. Interval]
-------------+----------------------------------------------------------------
     persons |   .8176556   .0399138    20.49   0.000      .739426    .8958852
    livebait |   1.894319   .2321191     8.16   0.000     1.439374    2.349264
       _cons |  -3.026188   .2652824   -11.41   0.000    -3.546132   -2.506244
------------------------------------------------------------------------------

. estat gof

         Deviance goodness-of-fit =  2287.29
         Prob > chi2(247)         =   0.0000

         Pearson goodness-of-fit  =  4678.427
         Prob > chi2(247)         =   0.0000
```

그림 13.3에서는 ZIP 모형 추정결과를 제시한다. Stata에서 zip 명령어를 사용하고 inflate 옵션은 필수적이다. inflate( ) 옵션에서는 0 그룹(비참여)과 1 그룹(포아송 분포 또는 참여그룹)을 구별하는 로짓/프로빗 모형의 설명변수인 $z$ 변수를 지정한다. $z$ 변수는 $x$ 변수와 같은 조합을 사용하더라도 문제가 없다. inflation model=logit의 표현에서 로짓 모형을 사용하고 있다는 것을 알 수 있다. 만약 위 명령문에서 probit 옵션을 추가하면 프로빗 추정 결과

를 제시한다. inflate equation 결과에서 *child* 추정계수는 양(+)의 값이다. 아이와 함께 방문할수록 종속변수가 0 그룹에 속할 가능성이 크다.* *camper* 추정계수는 음(-)이기 때문에 캠핑족이면 1 그룹(포아송 분포)에 속할 가능성이 높아진다. count equation에 대한 해석은 일반적인 포아송 모형 추정결과와 동일하다. *persons* 변수가 증가할수록 *count* 횟수가 증가할 것이다. *livebait*를 사용하는 사람일수록 *count* 횟수가 증가할 것이다.

### 그림 13.3 ZIP 모형 추정

```
. zip count persons livebait, inflate(child camper) nolog

Zero-inflated Poisson regression                  Number of obs     =       250
                                                  Nonzero obs       =       108
                                                  Zero obs          =       142

Inflation model = logit                           LR chi2(2)        =    506.48
Log likelihood  = -850.7014                       Prob > chi2       =    0.0000

------------------------------------------------------------------------------
       count |      Coef.   Std. Err.      z    P>|z|     [95% Conf. Interval]
-------------+----------------------------------------------------------------
count        |
     persons |   .8068853   .0453288    17.80   0.000     .7180424    .8957281
    livebait |   1.757289   .2446082     7.18   0.000     1.277866    2.236713
       _cons |  -2.178472   .2860289    -7.62   0.000    -2.739078   -1.617865
-------------+----------------------------------------------------------------
inflate      |
       child |   1.602571   .2797719     5.73   0.000     1.054228    2.150913
      camper |  -1.015698    .365259    -2.78   0.005    -1.731593   -.2998038
       _cons |  -.4922872   .3114562    -1.58   0.114     -1.10273    .1181558
------------------------------------------------------------------------------
```

그림 13.4에서는 일반 포아송 모형과 ZIP 추정결과를 비교한다. 두 모형의 차이는 0 과잉으로 인해 과대산포(over-dispersion)를 고려하느냐의 문제로 귀결하게 된다. 각 모형을 추정한 후 estimates stat 명령어를 통해 모형 비교를 위한 통계량을 계산한다. 로그 우도함수 값은 ZIP에서 훨씬 큰 값으로 얻어진다. ZIP 모형이 모수가 많아서 유연한 모형이라는 점에 패널티를 주더라도 AIC와 BIC 값은 ZIP에서 훨씬 작은 값이다. 결과적으로 ZIP 모형이 포아송 모형보다 더 적절하다고 판단할 수 있다.

* ZIP에서 0 그룹을 "사건발생"으로 간주하기 때문이다.

**그림 13.4 포아송 모형과 ZIP 비교**

```
. qui poisson count persons livebait, nolog

. estimates store POI

. qui zip count persons livebait, inflate(child camper) nolog

. estimates store ZIP

. estimates stat POI ZIP

Akaike's information criterion and Bayesian information criterion

-----------------------------------------------------------------------------
       Model |          N   ll(null)  ll(model)      df         AIC        BIC
-------------+---------------------------------------------------------------
         POI |        250  -1647.716  -1312.178       3    2630.356    2640.92
         ZIP |        250  -1103.942  -850.7014       6    1713.403   1734.532
-----------------------------------------------------------------------------
Note: BIC uses N = number of observations. See [R] BIC note.
```

zip 명령문 이후 그림 13.5와 같이 margins 명령어를 이용하여 예측값을 구할 수 있다. predict(pr) 옵션을 사용하면 식 13.9에 제시된 공식을 이용하여 0 그룹에 속할 확률을 계산할 수 있다. $z$ 변수가 평균에 있다면 0 그룹에 속할 확률은 50.1%이다. predict(pr0) 옵션은 $\Pr(y=0)$에 해당한다. 0으로 나타나는 경우는 0 그룹에 속하는 확률과 1 그룹에 속하면서 $y=0$일 확률을 더해주면 계산된다. 식 13.5에 제시된 공식을 사용한다. 식 13.5 공식대로 계산한 과정이 마지막 부분에 나와 있다. "zr2=0.511"은 predict(pr(0)) 옵션에서 계산한 결과와 일치한다.

**그림 13.5 margins 명령어: ZIP**

```
. qui zip count persons livebait, inflate(child camper) nolog

. margins, atmeans noatlegend predict(pr)

Adjusted predictions                              Number of obs     =        250
Model VCE    : OIM

Expression   : Pr(count=0), predict(pr)

------------------------------------------------------------------------------
             |            Delta-method
             |     Margin   Std. Err.      z    P>|z|     [95% Conf. Interval]
-------------+----------------------------------------------------------------
```

```
      _cons |   .5016601   .0460888    10.88   0.000     .4113277    .5919926
------------------------------------------------------------------------------

. margins, atmeans noatlegend predict(pr(0))

Adjusted predictions                              Number of obs     =        250
Model VCE    : OIM

Expression   : Pr(count=0), predict(pr(0))

------------------------------------------------------------------------------
             |            Delta-method
             |     Margin   Std. Err.      z    P>|z|     [95% Conf. Interval]
-------------+----------------------------------------------------------------
       _cons |   .5110332   .0446164    11.45   0.000     .4235867    .5984797
------------------------------------------------------------------------------

. qui zip count persons livebait, inflate(child camper) nolog

. qui su child

. local a1=r(mean)

. qui su camper

. local a2=r(mean)

. local zr=_b[inflate:_cons]+_b[inflate:child]*`a1'+ _b[inflate:camper]*`a2'

.
. qui su persons

. local b1=r(mean)

. qui su livebait

. local b2=r(mean)

. local zr1=_b[count:_cons]+_b[persons]*`b1'+ _b[livebait]*`b2'

. local zr2=invlogit(`zr')+(1-invlogit(`zr'))*exp(-exp(`zr1'))

. di `zr2'
.51103319
```

다음으로 predict(n) 옵션을 사용하여 $E(y)$, 즉 기대횟수를 계산한 결과가 그림 13.6에 나와 있다. 다음과 같이 각 횟수별로 확률과 횟수를 곱한 것을 합친 값으로 계산한다.

$$\begin{aligned} E(y) = {} & 0 \times \Pr(y=0) + 1 \times \Pr(y=1 | i \in Poisson) \\ & + 2 \times \Pr(y=2 | i \in Poisson) + \cdots \end{aligned} \tag{13.25}$$

그림 13.6에 따르면 평균 기대 횟수는 1.98(마리)이다.

**그림 13.6** margins 명령문: predict(n) 옵션

```
. margins, atmeans noatlegend predict(n)

Adjusted predictions                              Number of obs     =        250
Model VCE    : OIM

Expression   : Predicted number of events, predict(n)

------------------------------------------------------------------------------
             |            Delta-method
             |     Margin   Std. Err.      z    P>|z|     [95% Conf. Interval]
-------------+----------------------------------------------------------------
       _cons |   1.980124   .1906211    10.39   0.000     1.606514    2.353735
------------------------------------------------------------------------------
```

그림 13.7에서는 ZIP 모형이 종속변수의 0 과잉을 어느 정도 적합하고 있는지 그래프로 보여준다. margins 명령문을 이용하여 $\Pr(y=0) \sim \Pr(y=7)$을 계산한 후 그 확률을 선 그래프로 작성한다. $\Pr(y=0)$은 50%가 넘는 것으로 예측되며 나머지 *count*는 10% 미만임을 확인할 수 있다.

**그림 13.7** marginsplot 명령문 : ZIP

```
. qui margins, atmeans noatlegend predict(pr(0)) predict(pr(1)) predict(pr(2))
predict(pr(3)) predict(pr(4)) predict(pr(5)) predict(pr(6)) predict(pr(7))

.
. marginsplot, noci recast(line) xlabel(none)
```

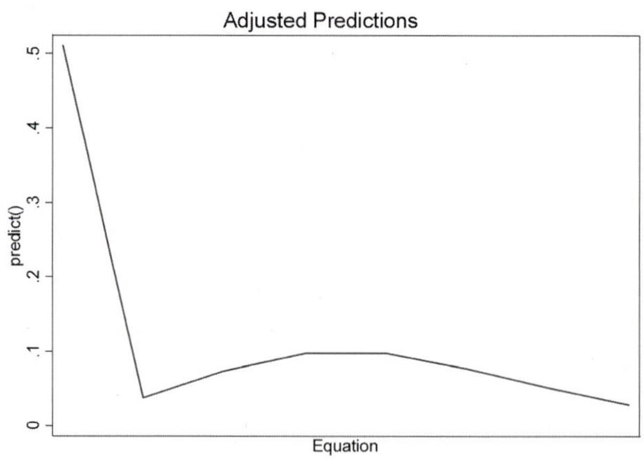

data file: S_data13_1.dta

앞선 예제 데이터를 이용하여 ZINB 모형을 추정한 결과가 그림 13.8에 나와 있다. zip 명령어 대신 zinb 명령어를 사용한다. 추정계수 해석은 zip 명령문 결과와 같다. 추정치 부호와 유의성은 zip와 거의 차이가 없다. alpha 추정치는 식 13.13 감마분포의 $\alpha$에 해당한다. $\alpha = 0$이라면 ZINB는 ZIP로 수렴하게 된다. $\alpha > 0$ 이라면 과대산포(over-dispersion)가 존재한다고 판단할 수 있다. zinb에서 옵션 zip를 추가하면 맨 마지막에 LR 검정 결과를 제시한다. 귀무가설은 $\alpha = 0$이기 때문에 기각한다면 ZIP 모형보다 ZINB 모형이 더 적절하다고 판단할 수 있다.

### 그림 13.8 zinb 명령문

```
. zinb count persons livebait, inflate(child camper) nolog zip

Zero-inflated negative binomial regression       Number of obs     =        250
                                                 Nonzero obs       =        108
                                                 Zero obs          =        142

Inflation model = logit                          LR chi2(2)        =      82.23
Log likelihood  = -401.5478                      Prob > chi2       =     0.0000

------------------------------------------------------------------------------
       count |      Coef.   Std. Err.      z    P>|z|     [95% Conf. Interval]
-------------+----------------------------------------------------------------
count        |
     persons |   .9742984   .1034938     9.41   0.000     .7714543    1.177142
    livebait |   1.557523   .4124424     3.78   0.000     .7491503    2.365895
       _cons |  -2.730064    .476953    -5.72   0.000    -3.664874   -1.795253
-------------+----------------------------------------------------------------
inflate      |
       child |   3.185999   .7468551     4.27   0.000      1.72219    4.649808
      camper |  -2.020951    .872054    -2.32   0.020    -3.730146   -.3117567
       _cons |  -2.695385   .8929071    -3.02   0.003     -4.44545   -.9453189
-------------+----------------------------------------------------------------
    /lnalpha |   .5110429   .1816816     2.81   0.005     .1549535    .8671323
-------------+----------------------------------------------------------------
       alpha |   1.667029   .3028685                      1.167604    2.380076
------------------------------------------------------------------------------
Likelihood-ratio test of alpha=0: chibar2(01) =   898.31 Pr>=chibar2 =  0.0000
```

그림 13.9에서는 ZIP 모형과 ZINB 모형 간 로그 우도함수 값, AIC 그리고 BIC를 비교한다. 로그 우도함수 값은 ZINB에서 큰 값이며 AIC와 BIC는 더 작은 값이다. ZINB가 ZIP보다 더 적절한 모형이라고 판단할 수 있다.

**그림 13.9 ZIP와 ZINB 비교**

```
. qui zip count persons livebait, inflate(child camper) nolog

. estimates store ZIP

. qui zinb count persons livebait, inflate(child camper) nolog zip

. estimates store ZINB

. estimates stat ZIP ZINB

Akaike's information criterion and Bayesian information criterion

-----------------------------------------------------------------------------
       Model |          N   ll(null)  ll(model)      df         AIC        BIC
-------------+---------------------------------------------------------------
         ZIP |        250  -1103.942  -850.7014       6    1713.403   1734.532
        ZINB |        250   -442.663  -401.5478       7    817.0955   841.7457
-----------------------------------------------------------------------------
Note: BIC uses N = number of observations. See [R] BIC note.
```

ZIP와 유사하게 ZINB 모형 추정 후 예측값을 구할 수 있다. $x$와 $z$ 변수가 평균에 있을 때 기대횟수인 $E(y)$를 구할 수 있다. 각 $count$에 대한 확률은 식 13.18 공식으로 계산한다. 기대횟수는 2.48(마리)이고, 0 그룹(비참여 그룹)에 속할 확률은 15.6%이다. 마지막 결과는 $\Pr(y=0)$을 계산한 결과이고, 0 그룹일 확률과 $y=0$일 확률(1 그룹)을 더한 값으로 주어진다.

**그림 13.10 margins 명령문: ZINB**

```
. qui zinb count persons livebait, inflate(child camper) nolog

. margins, predict(n) noatlegend atmeans

Adjusted predictions                              Number of obs     =        250
Model VCE    : OIM

Expression   : Predicted number of events, predict(n)

------------------------------------------------------------------------------
             |            Delta-method
             |     Margin   Std. Err.      z    P>|z|     [95% Conf. Interval]
-------------+----------------------------------------------------------------
       _cons |   2.488219   .3267431     7.62   0.000     1.847814    3.128624
------------------------------------------------------------------------------
```

```
. margins, predict(pr) noatlegend atmeans

Adjusted predictions                        Number of obs     =        250
Model VCE     : OIM

Expression    : Pr(count=0), predict(pr)

------------------------------------------------------------------------------
             |            Delta-method
             |     Margin   Std. Err.      z    P>|z|     [95% Conf. Interval]
-------------+----------------------------------------------------------------
       _cons |    .153881   .0886118     1.74   0.082    -.0197949    .3275569
------------------------------------------------------------------------------

. margins, predict(pr(0)) noatlegend atmeans

Adjusted predictions                        Number of obs     =        250
Model VCE     : OIM

Expression    : Pr(count=0), predict(pr(0))

------------------------------------------------------------------------------
             |            Delta-method
             |     Margin   Std. Err.      z    P>|z|     [95% Conf. Interval]
-------------+----------------------------------------------------------------
       _cons |   .4455693   .0491275     9.07   0.000     .3492812    .5418574
------------------------------------------------------------------------------
```

data file: S_data13_2.dta

예제 데이터는 순서형 종속변수인 *tabacco* 변수를 가지고 있다. 개인의 담배 소비를 의미하며 0부터 3까지 총 4개의 범주를 가진다. 그림 13.11에서는 각 범주의 빈도표를 제시한다. 0 범주가 전체의 63%이다. 비흡연자는 당연히 $tabacco = 0$이 될 것이다. 그러나 흡연자 중에서도 (담배 가격이나 소득 문제로 인해) $tabacco = 0$일 수 있다. 가장 낮은 범주인 0이 63%로 과다하게 많다는 것을 알 수 있다. 0 범주를 선택하는 사람들이 이질적인 그룹으로 구성되어 있다고 가정하고 있다.

### 그림 13.11 순서형 범주 변수 빈도표

```
. use S_data13_2, clear
(Fictional tobacco consumption data)

. tab tobacco

      tobacco usage |      Freq.     Percent        Cum.
```

```
----------------------------+------------------------------------
               0 cigarettes |      9,469       63.13       63.13
         1 to 7 cigarettes/day |      3,806       25.37       88.50
        8 to 12 cigarettes/day |      1,050        7.00       95.50
 more than 12 cigarettes/day |        675        4.50      100.00
----------------------------+------------------------------------
                      Total |     15,000      100.00

. label list tobaclbl
tobaclbl:
           0 0 cigarettes
           1 1 to 7 cigarettes/day
           2 8 to 12 cigarettes/day
           3 more than 12 cigarettes/day
```

그림 13.12에서는 ZIOP 모형을 추정한 결과를 보여준다. zioprobit 명령어와 inflate( ) 옵션을 추가해야 한다. inflate equation은 참여 그룹(흡연자)와 비참여 그룹(비흡연자)을 결정하는 추정결과로 해석한다.* *income* 변수는 음의 추정계수이다. 소득이 높아질수록 참여 그룹에 속할 확률이 낮아진다. tabacco equation에서는 참여 그룹(흡연자)일 때 순서형 범주에 미치는 영향을 보여준다. *income* 추정계수는 양(+)의 값이다. 소득이 높아질수록 담배 소비 범주가 높아진다(즉 담배 소비가 많아진다). 종속변수의 범주가 4개이기 때문에 cut1～cut3과 같이 3개 추정치가 얻어진다.

#### 그림 13.12 ZIOP 모형 추정결과

```
. zioprobit tobacco education income i.female age, inflate(education income i.parent
age  i.female i.religion) nolog

Zero-inflated ordered probit regression          Number of obs     =     15,000
                                                 Wald chi2(4)      =    2574.27
Log likelihood = -7640.4738                      Prob > chi2       =     0.0000

------------------------------------------------------------------------------
     tobacco |      Coef.   Std. Err.      z    P>|z|     [95% Conf. Interval]
-------------+----------------------------------------------------------------
tobacco      |
   education |   .5112664   .0102407    49.92   0.000      .491195    .5313378
      income |    .712975   .0144803    49.24   0.000     .6845942    .7413559
             |
      female |
     female  |  -.3975341   .0416675    -9.54   0.000    -.4792009   -.3158674
         age |  -.7709896   .0182554   -42.23   0.000    -.8067695   -.7352097
```

* ZIP와 달리 ZIOP에서는 흡연자 그룹을 "사건발생" 그룹(참여그룹)으로 간주하고 있다.

```
------------------------+-------------------------------------------------------------------
inflate                 |
             education |  -.0966613   .0026422   -36.58   0.000    -.1018398   -.0914827
                income |  -.1157545   .0043787   -26.44   0.000    -.1243365   -.1071725
                        |
                parent  |
               smoking |   .7655798   .0307553    24.89   0.000     .7053006     .825859
                   age |   .1873904   .0088643    21.14   0.000     .1700168     .204764
                        |
                female  |
                female |  -.2639665   .0307184    -8.59   0.000    -.3241735   -.2037595
                        |
              religion  |
  discourages smoking  |  -.3223335   .0496827    -6.49   0.000    -.4197098   -.2249572
                 _cons |    1.27051   .0584794    21.73   0.000     1.155892    1.385127
------------------------+-------------------------------------------------------------------
                 /cut1 |   2.959808   .0753035                      2.812216      3.1074
                 /cut2 |   8.111228   .1648965                      7.788037     8.43442
                 /cut3 |   11.20791   .2247711                      10.76736    11.64845
--------------------------------------------------------------------------------------------
```

zioprobit 명령문 이후 구할 수 있는 예측값 중에서 그림 13.13에서는 참여 그룹 확률을 계산한다. 식 13.19의 공식을 사용한다. 옵션으로 predict(ppar)을 추가한다. $z$ 변수가 평균에 속한 개인은 흡연자 그룹에 속할 확률이 77.2%이다.

### 그림 13.13 참여 그룹 확률

```
. margins , atmeans noatlegend predict(ppar)

Adjusted predictions                            Number of obs     =     15,000
Model VCE    : OIM

Expression   : Pr(participation), predict(ppar)

------------------------------------------------------------------------------
             |            Delta-method
             |     Margin   Std. Err.      z    P>|z|     [95% Conf. Interval]
-------------+----------------------------------------------------------------
       _cons |   .7726457   .0072116   107.14   0.000     .7585112    .7867802
------------------------------------------------------------------------------
```

그림 13.14에서는 참여 그룹에 속했을 때, 각 범주를 선택할 조건부 확률을 계산하는 명령어이다. 식 13.20에 있는 해당 공식을 사용한다. predict(pcond1 outcome(0))은 $y=0$을 선택할 조건부 확률이다. 0.48%로 예측된다. 흡연자 그룹에 속한다면 담배 소비가 0일 확률은 거의 0에 가깝다는 것을 알 수 있다. $y=1$ 범주를 택할 조건부 확률은 98.9%로 매우

높다. 즉 흡연자라면 하루에 1번 범주(1~7개)의 흡연량을 가질 확률이 높다는 것을 예상할 수 있다.

**그림 13.14 범주에 대한 조건부 확률**

```
. margins , atmeans noatlegend predict(pcond1 outcome(0))

Adjusted predictions                              Number of obs     =     15,000
Model VCE    : OIM

Expression   : Pr(tobacco=0|participation=1), predict(pcond1 outcome(0))

------------------------------------------------------------------------------
             |            Delta-method
             |     Margin   Std. Err.      z    P>|z|     [95% Conf. Interval]
-------------+----------------------------------------------------------------
       _cons |   .0048131    .000934     5.15   0.000     .0029824    .0066438
------------------------------------------------------------------------------

. margins , atmeans noatlegend predict(pcond1 outcome(1))

Adjusted predictions                              Number of obs     =     15,000
Model VCE    : OIM

Expression   : Pr(tobacco=1|participation=1), predict(pcond1 outcome(1))

------------------------------------------------------------------------------
             |            Delta-method
             |     Margin   Std. Err.      z    P>|z|     [95% Conf. Interval]
-------------+----------------------------------------------------------------
       _cons |     .98999   .0016549   598.21   0.000     .9867464    .9932336
------------------------------------------------------------------------------
```

그림 13.15에서는 각 범주에 대한 한계확률을 계산하는 margins 명령어를 제시한다. 앞에서 제시한 식 13.21과 식 13.22 공식을 이용하여 계산한다. predict(pmargin) 옵션을 사용한다. 그림 13.14의 조건부 확률과 그림 13.15의 한계확률은 0 범주를 제외한 나머지 범주(1~3)에서는 조건부 확률(그림 13.14)이 한계확률(그림 13.15)보다 커야한다. 가령 $y = 1$의 경우 조건부 확률은 98%인데 비해 한계확률은 76.4%임을 알 수 있다.

그림 13.15 각 범주에 대한 한계확률

```
. margins , atmeans noatlegend predict(pmargin outcome(0))

Adjusted predictions                            Number of obs     =     15,000
Model VCE    : OIM

Expression   : Pr(tobacco=0), predict(pmargin outcome(0))

------------------------------------------------------------------------------
             |            Delta-method
             |     Margin   Std. Err.      z    P>|z|     [95% Conf. Interval]
-------------+----------------------------------------------------------------
       _cons |   .2310731   .0069538    33.23   0.000     .2174439    .2447024
------------------------------------------------------------------------------

. margins , atmeans noatlegend predict(pmargin outcome(1))

Adjusted predictions                            Number of obs     =     15,000
Model VCE    : OIM

Expression   : Pr(tobacco=1), predict(pmargin outcome(1))

------------------------------------------------------------------------------
             |            Delta-method
             |     Margin   Std. Err.      z    P>|z|     [95% Conf. Interval]
-------------+----------------------------------------------------------------
       _cons |   .7649115   .0068758   111.25   0.000     .7514351    .7783879
------------------------------------------------------------------------------
```

zioprobit 명령문 이후 결합확률(joint probability)도 계산할 수 있다. 결합확률은 다음과 같이 계산한다.

$$\Pr(y=h, s=1) = \Pr(s=1) \times \Pr(y=h|s=1) \tag{13.26}$$

결합확률 공식을 이용하면 쉽게 증명할 수 있다. 식 13.26 결합확률 공식은 정확히 식 13.22의 한계 확률 공식과 일치한다. 따라서 범주 1~3의 한계확률과 결합확률은 같은 값임을 예상할 수 있다.

한편, $y=0, s=1$에 대한 결합확률은 다음과 같이 계산하기 때문에 식 13.21의 한계확률과 다르다는 것에 유의해야 한다.

$$\Pr(y=0, s=1) = \Pr(s=1) \times \Pr(y=0|s=1) \tag{13.27}$$

옵션으로는 predict(pjoint1)을 추가하는 명령문을 작성한다.

그림 13.16 각 범주에 대한 결합확률

```
. margins , atmeans noatlegend predict(pjoint1 outcome(0))

Adjusted predictions                              Number of obs     =     15,000
Model VCE    : OIM

Expression   : Pr(tobacco=0, participation=1), predict(pjoint1 outcome(0))

------------------------------------------------------------------------------
             |            Delta-method
             |     Margin   Std. Err.      z    P>|z|     [95% Conf. Interval]
-------------+----------------------------------------------------------------
       _cons |   .0037188   .0007347     5.06   0.000     .0022788    .0051588
------------------------------------------------------------------------------

. margins , atmeans noatlegend predict(pjoint1 outcome(1))

Adjusted predictions                              Number of obs     =     15,000
Model VCE    : OIM

Expression   : Pr(tobacco=1, participation=1), predict(pjoint1 outcome(1))

------------------------------------------------------------------------------
             |            Delta-method
             |     Margin   Std. Err.      z    P>|z|     [95% Conf. Interval]
-------------+----------------------------------------------------------------
       _cons |   .7649115   .0068758   111.25   0.000     .7514351    .7783879
------------------------------------------------------------------------------
```

그림 13.16에서 $y=1, s=1$의 결합 확률은 그림 13.15의 두 번째 확률계산과 정확히 일치한다는 것을 확인할 수 있다.

## 13.5 Stata do file

```
use S_data13_1, clear
tab count
poisson count persons livebait, nolog

zip count persons livebait, inflate(child camper) nolog
zip count persons livebait, inflate(child camper) nolog probit

qui poisson count persons livebait, nolog
estimates store POI
qui zip count persons livebait, inflate(child camper) nolog
estimates store ZIP
estimates stat POI ZIP
```

```
qui zip count persons livebait, inflate(child camper) nolog
margins, atmeans noatlegend predict(pr)
margins, atmeans noatlegend predict(pr(0))

qui zip count persons livebait, inflate(child camper) nolog
qui su child
local a1=r(mean)
qui su camper
local a2=r(mean)
local zr=_b[inflate:_cons]+_b[inflate:child]*`a1'+ _b[inflate:camper]*`a2'

qui su persons
local b1=r(mean)
qui su livebait
local b2=r(mean)
local zr1-_b[count:_cons]+_b[persons]*`b1'+ _b[livebait]*`b2'
local zr2=invlogit(`zr')+(1-invlogit(`zr'))*exp(-exp(`zr1'))
di `zr2'

margins, atmeans noatlegend predict(n)

qui margins, atmeans noatlegend predict(pr(0)) predict(pr(1)) ///
predict(pr(2)) predict(pr(3)) ///
predict(pr(4)) predict(pr(5)) predict(pr(6)) predict(pr(7))

marginsplot, noci recast(line)  xlabel(none)

* ZINB
zinb count persons livebait, inflate(child camper) nolog zip

qui zip count persons livebait, inflate(child camper) nolog
estimates store ZIP
qui zinb count persons livebait, inflate(child camper) nolog zip
estimates store ZINB
estimates stat ZIP ZINB

qui zinb count persons livebait, inflate(child camper) nolog
margins, predict(n) noatlegend atmeans
margins, predict(pr) noatlegend atmeans
margins, predict(pr(0)) noatlegend atmeans


* ZIOP
use S_data13_2, clear
tab tobacco
label list tobaclbl

zioprobit tobacco education income i.female age, ///
```

```
inflate(education income i.parent age ///
i.female i.religion) nolog


margins , atmeans noatlegend predict(ppar)
margins , atmeans noatlegend predict(pcond1 outcome(0))
margins , atmeans noatlegend predict(pcond1 outcome(1))

margins , atmeans noatlegend predict(pmargin outcome(0))
margins , atmeans noatlegend predict(pmargin outcome(1))

margins , atmeans noatlegend predict(pjoint1 outcome(0))
margins , atmeans noatlegend predict(pjoint1 outcome(1))
```

# CHAPTER 14 선택 모형(1)

## 14.1 조건부 로짓 모형

조건부(conditional) 로짓 모형은 종속변수가 0과 1로 사건발생 여부를 표현한 모형에서 사용한다. 종속변수가 이항 변수인 로짓/프로빗 모형과 차이점은 패널 데이터 구조에서 종속변수가 관찰된다는 점이다. 즉 그룹 내에서 반복적으로 종속변수(0 또는 1)를 관찰하는 구조로 되어 있다.* 사회과학 분야에서 조건부 로짓 모형은 패널 고정효과 모형으로 이해할 수 있다(Chamberlain 1980). 개인(가구) 그룹이 시간에 따라 반복적으로 관찰되고 그들의 행동이 0 또는 1로 표현된다.

생물통계학(Biostatistics) 분야에서 조건부 로짓 모형은 matched case-control 디자인에서 주로 사용한다. 사건발생($y_{it}=1$) 개인을 case라고 부르고 사건이 발생하지 않은($y_{it}=0$) 개인을 control이라고 부른다. 두 사람이 무작위로 묶이는 것은 아니고, 개인 특성(성별, 나이 등)을 기준으로 서로 매칭된다. 이렇게 묶인 두 사람(case와 control)을 하나의 그룹(group) 또는 계층(stratum)으로 간주한다. $1:1$ 매칭뿐 아니라 $1:k$ 매칭, $k_1:k_2$ 매칭을 사용하기도 한다. 하나의 계층으로 묶인 그룹 내 종속변수는 패널 데이터 구조와 유사하게 $y_{it}=1$ 또는 $y_{it}=0$로 관찰된다. $1:1$ 매칭 또는 $1:k$ 매칭에서는 그룹(또는 계층) 내 종속변수 합은 반드시 1이 되어야 한다. 그러나 $k_1:k_2$ 매칭에서 종속변수 합은 $k_1>1$이 된다. 패널 데이터 관점에서 그룹 내 시점 수는 $1:1$ 매칭에서는 $T=2$, $1:k$ 매칭에서는 $T=k+1$, 그리고 $k_1:k_2$ 매칭에서 $T=k_1+k_2$로 이해할 수 있다.

패널 데이터 구조라고 가정하고 조건부 로짓 모형의 추정방법에 대해 설명한다. 그룹 $i$의 종속변수는 $y_i=(y_{i1}, y_{i2}, \cdots, y_{iT_i})$로 구성되어 있고, $y_{it}\in\{0,1\}$ 값을 취한다. $T_i$는 그룹 $i$의 시점 수(number of time periods)를 의미한다. $h_i$는 다음과 같이 그룹 $i$에 속한 종속변수의 합으로 정의하자.

$$h_i = \sum_{t=1}^{T_i} y_{it} \tag{14.1}$$

* 패널 데이터에서 이항 종속변수 모형은 민인식 · 최필선(2019c) 15장에서 확률효과와 고정효과 모형으로 설명하고 있다.

Matched case-control 디자인에서 $h_i$는 그룹 내 처리 횟수(number of treatments)라고 이해할 수 있다.

$h_i$가 주어졌을 때 $y_i$가 취할 수 있는 값의 조합의 예를 들어보자. $T_i = 3$이고 $h_i = 2$라면 $y_i = \{y_{i1}, y_{i2}, y_{i3}\}$는 다음과 같이 3개 조합을 가진다.

(1) (1, 1, 0)
(2) (1, 0, 1)
(3) (0, 1, 1)

조합의 수는 ${}_{T_i}C_{h_i}$와 같이 계산할 수 있다는 것을 쉽게 이해할 수 있다.

$h_i$가 주어졌을 때(conditional) $y_i$의 특정한 조합에 대한 확률은 다음과 같이 로지스틱 분포 함수를 이용하여 정의한다(Hamerle and Ronning 1995).

$$\Pr(y_i | h_i) = \frac{\exp\left(\sum_{t=1}^{T_i} y_{it}(\beta x_{it})\right)}{\sum_{d_i \in S_i} \exp\left(\sum_{t=1}^{T_i} d_{it}(\beta x_{it})\right)} \tag{14.2}$$

위 식에서 $d_{it}$는 0 또는 1의 값을 가지면서 $\sum_{t=1}^{T_i} d_{it} = h_i$이 성립하도록 모든 조합을 나열한다. 이 조합이 $S_i$가 된다. 따라서 $T_i$가 커질수록 만들어야 하는 조합의 수 $S_i$가 급격하게 증가하게 되고 추정과정에 많은 시간이 소요된다. 이러한 문제를 고려하여 식 14.2의 분모에 해당하는 부분을 다음과 같이 계산한다.*

$$f_i(T, h) = f_i(T-1, h) + f_i(T-1, h-1)\exp(\beta x_{iT}) \tag{14.3}$$

여기에서 $f_i$는 식 14.2 분모에 해당하는 함수 형태를 의미한다.

$T = 3$이고, $h = 2$인 그룹 $i$를 가정해 보자. 앞서 계산한 세 가지 조합에 따라 식 14.2의 분모는 다음과 같이 쓸 수 있다.

$$f_i(T, h) = \exp(\beta x_{i1} + \beta x_{i2}) + \exp(\beta x_{i1} + \beta x_{i3}) + \exp(\beta x_{i2} + \beta x_{i3}) \tag{14.4}$$

이제 식 14.3의 공식을 이용하고 $f_i(2,2) = \exp(\beta x_{i1} + \beta x_{i2})$ 그리고 $f_i(2,1) = \exp(\beta x_{i1}) + \exp(\beta x_{i2})$ 을 이용하자. 그렇게 하면 다음 식은 정확히 식 14.4와

---

* Stata 매뉴얼 [R] clogit을 참고.

같아진다.

$$f_i(T=3, h=2) = f_i(2,2) + f_i(2,1)\exp(\beta x_{i3}) \tag{14.5}$$

식 14.2와 14.3을 이용하면 조건부 우도함수는 다음과 같이 구축할 수 있다.

$$\ln L = \sum_{i=1}^{n}\left\{\sum_{t=1}^{T_i} y_{it}(\beta x) - \ln f_i(T_i, h_i)\right\} \tag{14.6}$$

식 14.6을 최대화하는 $\hat{\beta}_{MLE}$를 얻을 수 있다.

$T_i$가 모든 그룹 $i$에서 충분히 크다면 무조건부(unconditional) 고정효과 로짓 모형은 여전히 불편 추정량이 된다. 패널 데이터에서 무조건부 고정효과 로짓 모형은 각 그룹을 더미변수(고정효과)로 두고 로짓 모형을 추정하는 것이다. $T_i$가 충분히 크지 않은 경우에는 조건부 로짓 모형에서만 일치추정량을 얻을 수 있다. 조건부 로짓 모형을 통해 상관 가능성이 있는 이질성(correlated heterogeneity) $\alpha_i$를 제거하고 추정할 수 있다.*

조건부 로짓 모형을 추정한 후 계산 가능한 확률 예측값으로 $y_{it}=1$의 조건부 확률을 정의한다. 조건부 확률은 식 14.2를 이용하여 계산한다.

$$\Pr(y_{it}=1 \mid \sum_{t=1}^{T_i} y_{it}=1)\frac{\exp(\beta x_{it})}{\sum_{t=1}^{T_i}\exp(\beta x_{it})} \tag{14.7}$$

이는 그룹 $i$에서 사건발생이 한 번만 발생하는 조건($\sum y_{it}=1$) 하에서 $t$ 시점에서 $y_{it}=1$이 될 확률을 의미한다.

무조건부 확률은 식 14.7에서 $\sum y_{it}=1$의 조건이 주어지지 않고 $\Pr(y_{it}=1)$을 계산한다. 조건부 로짓 모형은 고정효과 패널 로짓 모형과 같기 때문에 식 14.8과 같이 로지스틱 분포의 누적분포함수(cdf)로 확률을 얻는다.

$$\Pr(y_{it}=1) = \frac{\exp(\alpha_i + \beta x_{it})}{1+\exp(\alpha_i + \beta x_{it})} \tag{14.8}$$

그러나 고정효과에 해당하는 $\alpha_i$는 추정되지 않기 때문에 여기에서 $\alpha_i = 0$으로 가정하게 된다. 즉 다음과 같이 고정효과를 0으로 가정하고 무조건부 확률을 계산하게 된다.

---

* 이에 대한 자세한 논의는 민인식 · 최필선(2019c) 15장을 참고하라.

$$\Pr(y_{it}=1)=\frac{\exp(\beta x_{it})}{1+\exp(\beta x_{it})}: \text{ 고정효과=0으로 가정} \tag{14.9}$$

## 14.2 McFadden 로짓 모형

앞 절의 조건부 로짓 모형은 개인이 선택가능한 여러 대안 중에서 특정 대안을 선택하면 1로 관찰되고 선택하지 않으면 0으로 관찰된다. McFadden 로짓 모형도 이러한 조건부 로짓 모형과 유사한 데이터 구조에서 시작한다(McFadden 1974). 다만 조건부 로짓에서는 그룹 $i$의 여러 시점에서 사건발생이 가능하지만, McFadden 로짓에서는 사건발생이 한 번만 이루어진다고 가정한다. 조건부 로짓의 특정한 데이터 구조가 McFadden 로짓 모형에서 사용된다고 볼 수 있다.

조건부 로짓에서는 고정효과 모형이기 때문에 시간불변(time-invariant) 변수의 계수는 추정되지 않는다. McFadden 로짓 모형에서는 시간가변 변수와 시간불변 변수를 모두 사용할 수 있다. 시간가변 변수는 그룹 $i$가 선택할 수 있는 대안(alternatives)에 따라 달라지는 변수이고, 시간불변 변수는 대안에 대해서는 모두 같고 그룹 $i$에 따라서만 달라지는 변수로 이해한다.

McFadden 로짓 모형에서는 시간 개념이 없기 때문에 $t$ 대신 선택 가능한 대안을 의미하는 $j$로 표기한다. $y_{ij}=1$이면 개인 $i$는 대안 $j$를 선택했다는 의미이다. McFadden(1974)에서는 개인은 선택 가능한 대안 중에서 가장 자신에게 효용이 높은 대안을 선택한다고 가정한다. 대안 $j$의 효용은 다음과 같이 정의한다.

$$U_{ij}=\eta_{ij}+\epsilon_{ij} \tag{14.10}$$

여기에서 $\eta_{ij}$는 효용을 결정하는 체계적 요인으로 관찰된 설명변수의 함수로 표현할 수 있다. 또한 $\epsilon_{ij}$는 확률적 요인에 해당한다.

개인 $i$는 $J=\{1,2,3,\cdots j\cdots,J\}$ 개의 선택 대안을 가지고 있고 대안 $j$를 선택하는 이유는 $U_{ij}$의 효용이 $\{U_{i1},U_{i2},\cdots U_{ij},\cdots,U_{iJ}\}$ 중에서 가장 높기 때문이다. 식 14.10의 오차항 분포를 Type 1 극단값(extreme value) 분포로 가정하면 확률밀도함수(pdf)는 다음과 같다.

$$f(\epsilon)=\exp\{-\epsilon-\exp(-\epsilon)\} \tag{14.11}$$

식 14.11의 분포함수 하에서 개인 $i$가 $j$ 대안을 선택할 확률은 다음과 같다.

$$\Pr(y_{ij}=1)=\Pr[\max(U_{i1},U_{i2},\ldots,U_{iJ})=U_{ij}]=\frac{\exp(\eta_{ij})}{\sum_{k=1}^{J}\exp(\eta_{ik})} \tag{14.12}$$

가령 $J=2$로 가정하고, $i$는 첫 번째 대안을 선택했다고 가정하자. $U_{i1}>U_{i2}$으로 예상할 수 있고, 식 14.12 공식에 의해 $\Pr(y_{i1}=1)$은 다음과 같다.

$$\Pr(y_{i1}=1)=\frac{\exp(\eta_{i1})}{1+\exp(\eta_{i1})} \tag{14.13}$$

여기에서 $\eta_{i2}=0$ 으로 정규화(normalization) 하였다.

식 14.13은 정확히 로지스틱 분포의 cdf와 같다. 선택 가능한 대안이 2개인 McFadden 로짓 모형은 일반적인 로짓 모형과 동일한 결과임을 예상할 수 있다.

식 14.10에서 $\eta_{ij}$는 개인(case) 레벨 특성과 대안(alternative) 레벨 특성 변수를 모두 포함할 수 있다.*

$$\eta_{ij}=\beta_j x_i+\gamma z_{ij} \tag{14.14}$$

여기에서 $x_i$는 개인 특성 변수이고, $z_{ij}$는 대안 특성 변수이다. $\beta_j$는 기준 대안(base alternative)과 $j$ 대안 간 선택에 영향을 미치는 계수로 정의한다.

McFadden 로짓 모형을 추정하기 위한 로그 우도함수는 14.1절에서 제시한 조건부 로짓 모형의 우도함수에서 유추할 수 있다. 다만 식 14.2에서 $h_i=1$로 조건을 설정한다.

모형 추정 후 예측 값으로서 대안 $j$를 선택할 확률을 계산한다. 식 14.12에서 정의하였듯이 예측확률은 다음과 같다. 정규화를 위해 $\beta_1=0$으로 설정한다.

$$\Pr(y_{ij}=1)$$
$$=\frac{\exp(\beta_j x_i+\gamma z_{ij})}{\exp(\gamma z_{i1})+\exp(\beta_2 x_i+\gamma z_{i2})+\cdots+\exp(\beta_j x_i+\gamma z_{ij})+\cdots} \tag{14.15}$$

선택 가능한 대안이 $J=3$개라면 $\Pr(y_{i1}=1)+\Pr(y_{i2}=1)+\Pr(y_{i3}=1)=1$임을 식 14.15를 이용하여 쉽게 보일 수 있다.

---

* 본 소절에서 case는 14.1절에서 matched case-control 디자인에서의 case와는 서로 다른 의미임에 주의해야 한다. 본 절에서 case는 개인(individual)으로 이해할 수 있다.

## 14.3 혼합 로짓 모형

혼합(mixed) 로짓 모형은 혼합 다항로짓 모형 또는 확률모수(random-parameter) 로짓 모형 등의 이름을 가지고 있다(Cameron and Trivedi 2005). 확률모수 모형에서는 선택 가능한 대안들이 서로 상관관계를 가진다고 가정하고 있다. 확률모수는 개인(cases)과 대안(alternatives)에 따라 달라질 수 있다고 본다. 이러한 상관관계는 다항로짓(multi-nominal logit)과 조건부 로짓 모형에서 IIA(independence of irrelevant alternatives) 가정을 완화하는 장점이 있다.*

McFadden 로짓 모형에서는 개인 레벨에서 일정한 변수(case-specific variable)의 계수가 개인 $i$에 따라 다르다는 것을 허용한다. 혼합 로짓 모형에서는 더 나아가 대안특성(alternative-specific) 변수의 계수도 대안에 따라 다르다는 것을 허용할 수 있다. 이러한 점에서 혼합 로짓 모형은 다항로짓, 조건부 로짓 그리고 McFadden 로짓 모형보다 유연한 모형으로 이해할 수 있다.

혼합 로짓 모형에서 개인 $i$가 대안 $j$에서 얻는 효용은 다음과 같이 표현한다.

$$U_{ij} = \alpha_i w_{ij} + \gamma z_{ij} + \beta_j x_i + \epsilon_{ij} \tag{14.16}$$

식 14.16을 앞의 식 14.14와 비교하면 $\alpha_i w_{ij}$ 부분을 더 포함하고 있다. $\alpha_i$는 개인 $i$에 따라 달라지는 확률계수(random coefficients)에 해당한다. $w_{ij}$는 대안특성 변수이다. $\gamma$는 대안특성 변수 $z_{ij}$의 고정계수(fixed coefficients)이다. $z_{ij}$ 변수의 일부분 조합($w_{ij}$)에 대해서만 확률계수를 가정한다. $\beta_j$는 대안에 따라 달라지는 고정계수이며 $x_i$는 개인특성 변수에 해당한다. McFadden 로짓 모형과 마찬가지로 $\epsilon_{ij}$는 Type I 극단값 분포를 가정한다.

혼합 로짓 모형은 $\gamma$와 $\beta_j$를 추정한다. 확률계수 $\alpha_i$에 대해서는 분포 모수를 추정하게 된다. $\alpha_i \sim N(\mu, \Sigma)$ 로 가정하고 최우추정을 통해 분포 모수 평균 $\mu$와 공분산 행렬 $\Sigma$를 추정한다.

개인 $i$가 대안 $j$를 선택할 확률은 식 14.15와 유사하게 계산할 수 있지만 확률계수 $\alpha_i$를 추가적으로 고려해야 한다. 우도함수에 적분값이 포함되어 있기 때문에 MSL(maximum simulation likelihood)를 이용하여 고정계수와 확률계수의 분포 모수를 추정한다.**

---

* 다항로짓 모형에서 IIA 가정에 대한 자세한 설명은 민인식 · 최필선(2019d) 11장을 참고하라.

** MSL에 대한 자세한 논의는 Cameron and Trivedi(2005)와 Stata 16-17 버전 매뉴얼 [cm] cmmixlogit을 참고하라.

$$\Pr(y_{ij}=1)=\int \Pr_{ij}(\alpha)f(\alpha)\,d\alpha \tag{14.17}$$

where $$\Pr_{ij}(\alpha)=\Pr(y_{ij}=1|\alpha)=\frac{\exp(\alpha_i w_{ij}+\gamma z_{ij}+\beta_j x_i)}{\sum_{k=1}^{J}\exp(\alpha_i w_{ik}+\gamma z_{ik}+\beta_k x_i)}$$

혼합 로짓 모형 추정치를 이용한 예측값으로 $\Pr(y_{ij}=1)$을 계산할 수 있다. 이를 위해서는 식 14.17의 적분식을 풀어야 한다. 앞서 설명한 것처럼 시뮬레이션을 이용하여 적분식을 근사하여 사용한다. 다음 식에서 $\alpha^m$은 분포 $f(\alpha)$에서 무작위로 추출된 확률변수 값이고, $M$는 무작위로 뽑은 횟수이다.

$$\widehat{\Pr}(y_{ij}=1)=\hat{P}_{ij}=\frac{1}{M}\sum_{m=1}^{M}\hat{P}_{ij}(\alpha^m) \tag{14.18}$$

무작위로 추출한 $\alpha^m$을 이용하여 다음 식에 의해 $\hat{P}_{ij}(\alpha^m)$를 예측하고, 그 값을 식 14.18에 대입하여 최종 확률을 얻는다.

$$\hat{P}_{ij}(\alpha^m)=\frac{\exp(\alpha_i^m w_{ij}+\hat{\gamma} z_{ij}+\hat{\beta}_j x_i)}{\sum_{k=1}^{J}\exp(\alpha_i^m w_{ik}+\hat{\gamma} z_{ik}+\hat{\beta}_k x_i)} \tag{14.19}$$

여기에서 $\hat{\gamma}$와 $\hat{\beta}_i$는 혼합 로짓 모형의 MSL 추정치에 해당한다.

## 14.4 Stata 예제

data file: S_data14_1.dta*

예제 데이터에서 패널 그룹은 개인(id)이고, 시간 변수는 연도(year)인 전형적인 패널데이터이다. 종속변수는 *pov* 변수로서 1이면 가구 빈곤상태에 있다는 의미이고, 0이면 가구 빈곤상태가 아님을 의미한다. 조건부 로짓 모형을 추정하기 위해서 Stata에서 xtlogit 또는 clogit 명령문을 사용한다.** 종속변수가 이항변수일 때 패널 고정효과 모형과 조건부 로짓 모형이 서로 같기 문에 패널 고정효과 모형을 추정하는 xtlogit 명령문을 선택한다. xtlogit 명령어의 옵션으로 fe를 사용해야 한다.

* 예제 데이터는 Allison(2009)에서 인용하였다.

** xtlogit 명령어에 대한 자세한 설명은 민인식 · 최필선(2019c) 15장을 참고할 수 있다.

**그림 14.1 조건부 로짓 모형: xtlogit 명령어**

```
. use S_data14_1, clear

. tsset id year
       panel variable:  id (strongly balanced)
        time variable:  year, 1 to 5
                delta:  1 unit

. xtdes

      id:  22, 75, ..., 12539                               n =       1151
    year:  1, 2, ..., 5                                     T =          5
           Delta(year) = 1 unit
           Span(year)  = 5 periods
           (id*year uniquely identifies each observation)

Distribution of T_i:   min      5%     25%       50%       75%     95%     max
                         5       5       5         5         5       5       5

     Freq.  Percent    Cum. |  Pattern
 ---------------------------+---------
     1151    100.00  100.00 |  11111
 ---------------------------+---------
     1151    100.00         |  XXXXX


. xtlogit pov i.mother i.spouse i.school hours i.year, fe nolog
note: multiple positive outcomes within groups encountered.
note: 324 groups (1,620 obs) dropped because of all positive or
      all negative outcomes.

Conditional fixed-effects logistic regression   Number of obs     =      4,135
Group variable: id                              Number of groups  =        827

                                                Obs per group:
                                                              min =          5
                                                              avg =        5.0
                                                              max =          5

                                                LR chi2(8)        =      97.28
Log likelihood  = -1520.1139                    Prob > chi2       =     0.0000

------------------------------------------------------------------------------
         pov |      Coef.   Std. Err.      z    P>|z|     [95% Conf. Interval]
-------------+----------------------------------------------------------------
    1.mother |   .5824322   .1595831     3.65   0.000      .269655    .8952094
    1.spouse |  -.7477585   .1753466    -4.26   0.000    -1.091431   -.4040854
    1.school |   .2718653   .1127331     2.41   0.016     .0509125    .4928181
       hours |  -.0196461   .0031504    -6.24   0.000    -.0258208   -.0134714
             |
        year |
          2  |   .3317803   .1015628     3.27   0.001      .132721    .5308397
```

```
        3 |   .3349777   .1082496    3.09  0.002    .1228124    .547143
        4 |   .4327654   .1165144    3.71  0.000    .2044013   .6611295
        5 |   .4025012   .1275277    3.16  0.002    .1525514    .652451
------------------------------------------------------------------------------
```

그림 14.1의 추정결과 화면에서 note: multiple positive outcomes within groups encountered를 확인할 수 있다. 개인(또는 그룹) 내에서 사건발생($y_{it}=1$)이 1번 이상 발생하는 그룹이 있다는 것을 설명한다. 5년 기간 동안 개인이 가구 빈곤상태에 있는 연도가 1번 이상 있다는 것을 의미한다. 두 번째 노트는 note: 324 groups(1,620 obs) dropped because of all positive or all negative outcomes이다. 14.1절에서 설명하였듯이 조건부 로짓 모형에서 개인 내에서 사건발생 횟수를 조건으로 둔 확률을 계산한다. 모든 연도에서 사건이 발생하지 않거나($pov=0$) 또는 모든 연도에서 사건이 꾸준히 발생하고 있다면 ($pov=1$), 해당 개인은 우도함수에 기여하는 부분이 없다. 따라서 추정과정에서 제외된다. xtdes 명령문에서 알 수 있듯이 전체 개인은 1,151명이지만 추정과정에서는 827명만 사용되고 나머지 324명은 위와 같은 이유로 제외되었다.

추정계수 해석은 $x$ 변수가 사건발생 확률에 미치는 영향이라고 말할 수 있다. *hours* 변수가 많아질수록 빈곤발생 확률이 낮아진다. 최근 연도로 올수록 빈곤발생 확률이 높아진다고 해석한다. 조건부 로짓 모형에서는 시간불변 변수의 추정계수는 얻을 수 없다는 문제가 있다. 그림 14.1 예제에서는 사용된 $x$ 변수가 모두 시간가변 변수이므로 각 변수에 대한 추정치가 주어진다.

그림 14.2에서는 clogit 명령어를 이용해서 그림 14.1과 동일한 결과를 제시한다. xtlogit 명령어를 사용하기 전에 tsset 명령문이 반드시 필요하지만 clogit에는 tsset 명령문 대신 옵션으로 group(id)를 사용해야 한다.

### 그림 14.2 조건부 로짓 모형: clogit 명령어

```
. clogit pov i.mother i.spouse i.school hours i.year, group(id) nolog
note: multiple positive outcomes within groups encountered.
note: 324 groups (1,620 obs) dropped because of all positive or
      all negative outcomes.

Conditional (fixed-effects) logistic regression

                                                Number of obs     =      4,135
                                                LR chi2(8)        =      97.28
                                                Prob > chi2       =     0.0000
```

```
Log likelihood = -1520.1139                   Pseudo R2         =     0.0310

------------------------------------------------------------------------------
         pov |      Coef.   Std. Err.      z    P>|z|     [95% Conf. Interval]
-------------+----------------------------------------------------------------
    1.mother |   .5824322   .1595831     3.65   0.000      .269655    .8952094
======================== 결과 생략 ========================================
```

data file: S_data14_2.dta*

조건부 로짓 모형은 matched case-control 디자인 구조에서 사건발생을 설명하는 모형으로 주로 사용된다. 예제 데이터에서 종속변수는 *low*(1=저체중 출산) 변수이다. 그림 14.3에서 알 수 있듯이 저체중 아이를 출산한 엄마와 정상 체중 출산 엄마를 1 : 1로 매칭한 데이터이다. pairid가 서로 같으면 같은 그룹 내에 속한 엄마라고 이해할 수 있다. 패널 데이터 구조가 아니기 때문에 시간 개념에 해당하는 변수는 따로 존재하지 않는다. case는 $low = 1$인 엄마이고, control은 $low = 0$인 엄마로 이해한다. 모든 pairid 그룹 내에서 *low* 변수 값의 합은 항상 1이 된다는 것을 확인할 수 있다. 즉 그룹 내에서 사건은 1번만 발생한다. 한 번도 발생하지 않거나 2번 발생하는 그룹은 없다는 것을 알 수 있다.

**그림 14.3 Matched case-control 데이터**

```
. use S_data14_2, clear
(Applied Logistic Regression, Hosmer & Lemeshow)

. list pairid low smoke

     +----------------------+
     | pairid   low   smoke |
     |----------------------|
  1. |      1     0       0 |
  2. |      1     1       1 |
  3. |      2     0       0 |
  4. |      2     1       0 |
  5. |      3     0       0 |
     |----------------------|
  6. |      3     1       0 |
============================ 결과 생략 ==================================


. by pairid , sort: egen low_sum=sum(low)

. tab low_sum
```

* Hosmer and Lemeshow(2013)에서 인용하였다.

```
    low_sum |      Freq.     Percent        Cum.
------------+-----------------------------------
          1 |        112      100.00      100.00
------------+-----------------------------------
      Total |        112      100.00
```

clogit 명령문을 이용하여 $low = 1$의 사건 발생에 미치는 $x$ 변수의 추정계수를 구할 수 있다. 그림 14.4에서는 그림 14.2와 달리 note에 해당하는 부분이 없다. *smoke* 추정계수는 1.400로서 흡연자 엄마일수록 저체중 출산 확률이 높다는 것을 의미한다.

**그림 14.4 clogit 명령어: Matched case-control**

```
. clogit low lwt smoke ptd ht ui i.race, group(pairid) nolog

Conditional (fixed-effects) logistic regression

                                                Number of obs     =        112
                                                LR chi2(7)        =      26.04
                                                Prob > chi2       =     0.0005
Log likelihood = -25.794271                     Pseudo R2         =     0.3355

------------------------------------------------------------------------------
         low |      Coef.   Std. Err.      z    P>|z|     [95% Conf. Interval]
-------------+----------------------------------------------------------------
         lwt |  -.0183757   .0100806    -1.82   0.068    -.0381333    .0013819
       smoke |   1.400656   .6278396     2.23   0.026     .1701131    2.631199
         ptd |   1.808009   .7886502     2.29   0.022     .2622828    3.353735
          ht |   2.361152   1.086128     2.17   0.030     .2323796    4.489924
          ui |   1.401929   .6961585     2.01   0.044     .0374836    2.766375
             |
        race |
      black  |   .5713643    .689645     0.83   0.407    -.7803149    1.923044
      other  |  -.0253148   .6992044    -0.04   0.971     -1.39573    1.345101
------------------------------------------------------------------------------
```

그림 14.4와 같은 결과를 xtlogit 명령어를 이용해서 얻을 수 있다. xtlogit 명령어를 사용하기 전에 tsset 명령어를 입력해야 하지만 예제 데이터는 시간 변수가 없다. 따라서 xtset 명령어 다음에 그룹에 해당하는 변수만 입력하면 된다. xtlogit 명령문에서 fe 옵션을 사용한다. 그림 14.5는 그림 14.4와 정확히 같은 결과이다.

**그림 14.5 xtlogit 명령어: matched case-control**

```
. xtset pairid
       panel variable:  pairid (balanced)


. xtlogit low lwt smoke ptd ht ui i.race, fe nolog

Conditional fixed-effects logistic regression   Number of obs     =        112
Group variable: pairid                          Number of groups  =         56

                                                Obs per group:
                                                              min =          2
                                                              avg =        2.0
                                                              max =          2

                                                LR chi2(7)        =      26.04
Log likelihood  = -25.794271                    Prob > chi2       =     0.0005

------------------------------------------------------------------------------
         low |      Coef.   Std. Err.      z    P>|z|     [95% Conf. Interval]
-------------+----------------------------------------------------------------
         lwt |  -.0183757   .0100806    -1.82   0.068    -.0381333    .0013819
       smoke |   1.400656   .6278396     2.23   0.026     .1701131    2.631199
         ptd |   1.808009   .7886502     2.29   0.022     .2622828    3.353735
          ht |   2.361152   1.086128     2.17   0.030     .2323796    4.489924
          ui |   1.401929   .6961585     2.01   0.044     .0374836    2.766375
             |
        race |
       black |   .5713643    .689645     0.83   0.407    -.7803149    1.923044
       other |  -.0253148   .6992044    -0.04   0.971     -1.39573    1.345101
------------------------------------------------------------------------------
```

clogit 명령문 사용 후 예측값으로 식 14.9의 확률을 계산한다. 고정효과를 0으로 가정하고 $\Pr(y_{it}=1|\alpha_i=0)$을 계산한다. *smoke* 여부에 따른 확률을 계산을 계산하기 위해서 margins 다음에 *smoke* 변수를 지정한다. 옵션으로 predict(pu0)를 추가한다. “pu0”는 고정효과를 0으로 대신하라는 의미이다. $smoke=1$인 개인은 저체중 출산 확률이 49%임을 알 수 있다. xtlogit 명령어를 사용하더라도 margins 명령문은 다름이 없다.

**그림 14.6 margins 명령어**

```
. qui clogit low lwt i.smoke ptd ht ui i.race, group(pairid) nolog

. margins smoke, predict(pu0)

Predictive margins                              Number of obs     =        112
```

```
Model VCE     : OIM

Expression    : Pr(low|fixed effect is 0), predict(pu0)

------------------------------------------------------------------------------
             |            Delta-method
             |     Margin   Std. Err.      z    P>|z|     [95% Conf. Interval]
-------------+----------------------------------------------------------------
       smoke |
          0  |   .2516136   .1891841     1.33   0.184    -.1191805    .6224077
          1  |   .4936206   .3109035     1.59   0.112    -.1157392     1.10298
------------------------------------------------------------------------------
```

14.1절의 식 14.7에서는 $h_i = 1$ 조건이 주어졌을 때 사건발생 확률을 계산하는 공식을 보여준다. margins 명령문에서는 이러한 조건부 확률을 계산할 수는 없다. 다만 predict 명령어에서 pc1 옵션을 사용하면 각 관측치의 조건부 확률을 계산한다. $low = 1$인 관측치의 경우 pc1 확률 평균은 0.69이고 $low = 0$인 관측치의 pc1 평균은 0.30이다. 2명 중 1명이 저체중 아이를 출산했다는 조건이 주어지면, $low = 1$인 조건에 해당하는 엄마들에게서 그 확률이 2배 이상 높다는 것을 말해준다.

### 그림 14.7 조건부 확률 계산

```
. qui clogit low lwt i.smoke ptd ht ui i.race, group(pairid) nolog

. predict pr_con, pc1

. tabstat pr_con, by(low) stat(mean)

Summary for variables: pr_con
     by categories of: low (Baby has low birthweight)

     low |      mean
---------+----------
       0 |   .303738
       1 |   .696262
---------+----------
   Total |        .5
--------------------
```

**data file: S_data14_3.dta***

위 예제 데이터를 이용하여 McFadden 로짓 모형을 추정하는 예제가 그림 14.8에 나와 있

* Hosmer et al.(2013)에서 인용하였다.

다. 각 개인(*id*)은 3개 대안을 가지고 있고, *choice* 변수는 3개 대안 중 개인이 선택한 대안에서 $choice = 1$이라고 주어진다. *choice* 변수가 추정에서 종속변수가 된다. 각 개인은 1개 대안만 선택하기 때문에 *choice* 변수 합은 항상 1이 된다. 개인특성(case-specific) 변수는 *sex*와 *income* 변수로 개인 내에서는 모두 같은 값이다. *dealer*는 대안특성(alternative-specific) 변수에 해당하며 선택 가능한 대안에 따라 값이 달라진다. *car* 변수는 개인에게 선택 가능한 대안 id 변수로 이해한다.

**그림 14.8 개인특성과 대안특성 변수**

```
. use S_data14_3, clear

. d choice dealer car sex income

              storage   display    value
variable name   type    format     label      variable label
------------------------------------------------------------------------------------choice
     byte     %9.0g                ID's chosen car
dealer       byte     %9.0g     number of dealers of each nationality in ID's city
car              byte     %9.0g     nation     nationality of car
sex              byte     %9.0g     sex
income           float    %9.0g                income in thousands
```

그림 14.9에서는 asclogit 명령어를 이용하여 McFadden 로짓 모형을 추정한다.* 먼저 종속변수 *choice*를 쓰고 그 다음에 대안특성 설명변수를 입력한다. 식 14.14에서 $z_{ij}$에 해당하는 변수로서 본 예제에서는 *dealer* 변수이다. case( ) 옵션에서는 그룹(개인)을 지정하는 case id 변수를 입력하는데, 본 예제에서는 *id* 변수이다. alternatives( ) 옵션에서는 선택 할 수 있는 대안의 id에 해당하는 변수이다. 아래 예제에서는 car 변수이다. casevars( ) 옵션에서는 개인특성 변수 이름을 나열한다. 식 14.14에서 $x_i$에 해당하는 변수이다.

**그림 14.9 asclogit 명령어**

```
. asclogit choice dealer, case(id) alternatives(car) casevars(sex income) nolog

Alternative-specific conditional logit          Number of obs      =        885
Case ID variable: id                            Number of cases    =        295

Alternatives variable: car                      Alts per case: min =          3
                                                               avg =        3.0
```

* asclogit는 alternative-specific conditional logit 줄임말이다.

```
                                                  max =          3

                                          Wald chi2(5)     =      15.86
Log likelihood =  -250.7794               Prob > chi2      =     0.0072

------------------------------------------------------------------------------
      choice |      Coef.   Std. Err.      z    P>|z|     [95% Conf. Interval]
-------------+----------------------------------------------------------------
car          |
      dealer |   .0680938   .0344465     1.98   0.048       .00058    .1356076
-------------+----------------------------------------------------------------
American     |  (base alternative)
-------------+----------------------------------------------------------------
Japan        |
         sex |  -.5346039   .3141564    -1.70   0.089    -1.150339    .0811314
      income |   .0325318    .012824     2.54   0.011     .0073973    .0576663
       _cons |  -1.352189   .6911829    -1.96   0.050    -2.706882    .0025049
-------------+----------------------------------------------------------------
Europe       |
         sex |   .5704109   .4540247     1.26   0.209    -.3194612    1.460283
      income |    .032042   .0138676     2.31   0.021      .004862    .0592219
       _cons |  -2.355249   .8526681    -2.76   0.006    -4.026448   -.6840501
------------------------------------------------------------------------------
```

그림 14.9 추정결과를 살펴보면 *dealer* 변수 추정계수는 1개만 주어진다. 양의 값이기 때문에 *dealer* 변수 값이 커질수록 그 대안을 선택할 확률이 높아진다. 즉 *dealer* 수치가 높은 차일수록 개인이 선택한다고 이해할 수 있다. *sex*와 *income* 변수는 개인특성 변수이기 때문에 추정계수는 $\beta_j$로 주어진다. 대안이 3개이면 2개 대안에 대한 추정치를 보여주고 제외된 대안(American)과 비교한다. Japan에서 sex coefficient=-0.53은 $sex = 1$(남자)일수록 미국차에 비해 일본차를 선택할 확률이 낮아진다는 것을 의미한다. Europe에서 income coefficient=0.032는 소득이 높을수록 미국차보다 유럽차를 선택할 확률이 높아진다는 것을 의미한다.

Stata 16/17버전에서 여전히 asclogit 명령어를 사용할 수도 있지만 새로운 명령어인 cmclogit 명령어를 이용할 수도 있다. choice model을 의미하는 "cm"으로 시작하는 명령어를 사용하기 위해서는 cmset 명령어로 데이터를 정의해야 한다. cmset 명령어 다음에 case id와 alternative id 변수 이름을 순서대로 입력한다. cmclogit 명령문에서는 *dealer* 변수와 casevars( ) 옵션에서 *sex*와 *income* 변수를 입력한다. 그림 14.10의 추정결과를 보면, 정확히 그림 14.9와 같다.

**그림 14.10 McFadden 로짓 모형: Stata 16/17 버전**

```
. cmset id car

            caseid variable:  id
      alternatives variable:  car


. cmclogit choice dealer, casevars(i.sex income) nolog

Conditional logit choice model                Number of obs      =       885
Case ID variable: id                          Number of cases    =       295

Alternatives variable: car                    Alts per case: min =         3
                                                             avg =       3.0
                                                             max =         3

                                                 Wald chi2(5)    =     15.86
Log likelihood = -250.7794                       Prob > chi2     =    0.0072

------------------------------------------------------------------------------
      choice |      Coef.   Std. Err.      z    P>|z|     [95% Conf. Interval]
-------------+----------------------------------------------------------------
car          |
      dealer |   .0680938   .0344465     1.98   0.048       .00058    .1356076
-------------+----------------------------------------------------------------
American     |  (base alternative)
-------------+----------------------------------------------------------------
Japan        |
         sex |
        male |  -.5346039   .3141564    -1.70   0.089    -1.150339    .0811314
      income |   .0325318    .012824     2.54   0.011     .0073973    .0576663
       _cons |  -1.352189   .6911829    -1.96   0.050    -2.706882    .0025049
-------------+----------------------------------------------------------------
Europe       |
         sex |
        male |   .5704109   .4540247     1.26   0.209    -.3194612    1.460283
      income |    .032042   .0138676     2.31   0.021      .004862    .0592219
       _cons |  -2.355249   .8526681    -2.76   0.006    -4.026448   -.6840501
------------------------------------------------------------------------------
```

그림 14.11에서는 McFadden 로짓 모형 추정 후 예측확률을 얻기 위한 margins 명령어를 소개하고 있다. Stata 15 버전에서 asclogit 명령어를 사용하여 추정결과를 얻을 수는 있지만 margins 명령어는 사후분석 명령어로 사용할 수 없다. 그러나 16/17 버전에서는 asclogit 명령어와 cmclogit 명령어 실행 후 margins 명령어를 사용하여 예측확률을 얻을 수 있다. 그림 14.11 예제에서는 16/17 버전에서 margins 명령어 결과를 보여준다.

margins 다음에 predict(pr) 옵션을 쓰면 모든 $x$ 변수가 평균으로 주어질 때 대안

=(1,2,3) 중 각 대안을 선택할 확률을 계산한다. 14.2절의 식 14.15를 이용한다. 미국차 선택확률은 65%이고 일본차는 21.6%, 그리고 유럽차는 13.2%이다. 세 확률을 더하면 1이 됨을 알 수 있다. 개인특성 변수인 *sex* 변수 값에 따른 선택확률을 계산할 수도 있다. outcome(1) 옵션은 대안=1(미국차)를 의미한다. 남자인 경우 3가지 대안 중 미국차를 선택할 확률은 66%이고 여자의 경우 3가지 대안 중 미국차를 선택할 확률이 62%이다. 남자가 여자보다 미국차를 선택할 확률이 더 높다.

**그림 14.11 margins 명령어 (1)**

```
. qui cmclogit choice dealer, casevars(i.sex income) nolog

. margins , predict(pr) noatlegend

Predictive margins                              Number of obs     =        885
Model VCE    : OIM

Expression   : Pr(car|1 selected), predict()

------------------------------------------------------------------------------
             |            Delta-method
             |     Margin   Std. Err.      z    P>|z|     [95% Conf. Interval]
-------------+----------------------------------------------------------------
    _outcome |
    American |   .6508475   .0272114    23.92   0.000     .5975141    .7041809
       Japan |   .2169492   .0236076     9.19   0.000     .1706792    .2632191
      Europe |   .1322034   .0195081     6.78   0.000     .0939683    .1704385
------------------------------------------------------------------------------

. margins sex , noatlegend predict(pr) outcome(1)

Predictive margins                              Number of obs     =        885
Model VCE    : OIM

Expression   : Pr(car|1 selected), predict(pr)
Outcome      : American

------------------------------------------------------------------------------
             |            Delta-method
             |     Margin   Std. Err.      z    P>|z|     [95% Conf. Interval]
-------------+----------------------------------------------------------------
         sex |
      female |   .6219587    .052939    11.75   0.000     .5182002    .7257173
        male |    .660794   .0320021    20.65   0.000     .5980711    .7235169
------------------------------------------------------------------------------
```

margins 명령어를 이용하면 다음 질문에 답을 찾을 수 있다. (다른 조건은 모두 같고) 미국차가 $dealer=10$에서 $dealer=20$으로 증가하면 각 대안의 선택확률은 어떻게 바뀌는가? 개인특성 변수가 아니라 특정 대안(본 예제에서는 미국차)에서 대안특성 변수 값이 변했을 때의 선택확률을 계산하는 것이다. 그림 14.12에서 alternative(1) 옵션은 미국차를 의미한다. at(dealer=10) 옵션은 미국차의 $dealer$ 값이 10으로 주어졌다는 의미이다. 이 경우 세 가지 대안의 확률을 계산한다. 미국차를 선택할 확률은 50.9%이다. 두 번째 margins 명령문에서는 at(dealer=20) 옵션을 사용한다. 다른 조건은 같고 미국차의 $dealer$ 값만 20으로 변했다. 이 경우 세 가지 대안의 확률을 계산한다. 미국차 선택확률은 66.5%이다. 미국차 선택확률이 증가하는 것을 알 수 있다. 미국차 확률이 높아졌으니 당연히 일본차와 유럽차 선택확률은 $dealer=10$인 경우에 비해 낮아지게 된다. 세 가지 대안 선택확률의 합은 1이 됨을 확인할 수 있다.

### 그림 14.12 margins 명령어 (2)

```
. qui cmclogit choice dealer, casevars(i.sex income) nolog

. margins, alternative(1) predict(pr) noatlegend at(dealer=10)

Predictive margins                              Number of obs     =        885
Model VCE     : OIM

Expression    : Pr(car|1 selected), predict(pr)
Alternative   : American

------------------------------------------------------------------------------
             |            Delta-method
             |     Margin   Std. Err.      z    P>|z|     [95% Conf. Interval]
-------------+----------------------------------------------------------------
    _outcome |
    American |   .5091674    .0777561     6.55   0.000     .3567682    .6615665
       Japan |   .3048657    .0536847     5.68   0.000     .1996457    .4100857
      Europe |   .1859669    .0373365     4.98   0.000     .1127888     .259145
------------------------------------------------------------------------------

. margins, alternative(1) predict(pr) noatlegend at(dealer=20)

Predictive margins                              Number of obs     =        885
Model VCE     : OIM

Expression    : Pr(car|1 selected), predict(pr)
Alternative   : American

------------------------------------------------------------------------------
             |            Delta-method
             |     Margin   Std. Err.      z    P>|z|     [95% Conf. Interval]
```

```
-------------+----------------------------------------------------------------
    _outcome |
    American |   .6654009    .027717    24.01   0.000     .6110766    .7197253
       Japan |   .2083147   .0233022     8.94   0.000     .1626431    .2539862
      Europe |   .1262844   .0191213     6.60   0.000     .0888073    .1637615
------------------------------------------------------------------------------
```

data file: S_data14_4.dta*

혼합(mixed) 로짓 모형을 추정하기 위한 Stata 명령어는 15 버전에서는 asmixlogit이고, 16/17 버전에서는 cmmixlogit이다. 본 예제에서 선택 가능한 대안(*insurance* 변수)은 5가지이다. 각 대안의 선택 여부는 *choice* 변수로 알 수 있다. 따라서 *choice* 변수가 종속변수가 된다. 그림 14.13에서 빈도수 계산 결과를 보면 HCorp 보험을 선택한 사람이 가장 많고, MoonHealth 보험을 선택한 사람 수가 제일 적다.

**그림 14.13 asmixlogit 명령어**

```
. use S_data14_4, clear
(Fictional health insurance data)

. tab choice insurance

    Chosen |
alternativ |                       Insurances
         e |    Health      HCorp    SickInc     MGroup  MoonHealt |     Total
-----------+-------------------------------------------------------+----------
         0 |       199        186        195        203        217 |     1,000
         1 |        51         64         55         47         33 |       250
-----------+-------------------------------------------------------+----------
     Total |       250        250        250        250        250 |     1,250


. asmixlogit choice premium, case(id) alternatives(insurance) random(deductible)
casevars(income) nolog

Alternative-specific mixed logit                Number of obs      =     1,250
Case variable: id                               Number of cases    =       250

Alternative variable: insurance                 Alts per case: min =         5
                                                               avg =       5.0
                                                               max =         5

Integration sequence:      Hammersley
Integration points:                50              Wald chi2(6)    =    100.16
Log simulated likelihood = -289.85866              Prob > chi2     =    0.0000
```

* Stata 매뉴얼 [R] asmixlogit에서 인용하였다.

```
------------------------------------------------------------------------------
      choice |      Coef.   Std. Err.      z    P>|z|     [95% Conf. Interval]
-------------+----------------------------------------------------------------
insurance    |
     premium |   -2.72992   .2746756    -9.94   0.000    -3.268274   -2.191565
  deductible |  -1.083672   .3355608    -3.23   0.001    -1.741359   -.4259849
-------------+----------------------------------------------------------------
Normal       |
 sd(deductible)|  .8134459   .3653596                      .3372959    1.961762
-------------+----------------------------------------------------------------
Health       |
      income |   .1388025   .1612408     0.86   0.389    -.1772236    .4548286
       _cons |  -.1323646   .8731152    -0.15   0.880    -1.843639     1.57891
-------------+----------------------------------------------------------------
HCorp        |  (base alternative)
-------------+----------------------------------------------------------------
SickInc      |
      income |  -.2812882   .1490178    -1.89   0.059    -.5733578    .0107814
       _cons |   .5150292   .7756453     0.66   0.507    -1.005208    2.035266
-------------+----------------------------------------------------------------
MGroup       |
      income |  -.2629573   .1706901    -1.54   0.123    -.5975038    .0715891
       _cons |  -.8781419   .9244092    -0.95   0.342    -2.689951    .9336669
-------------+----------------------------------------------------------------
MoonHealth   |
      income |  -.4185438   .2048368    -2.04   0.041    -.8200166    -.017071
       _cons |  -1.399031   1.133266    -1.23   0.217    -3.620191    .8221302
------------------------------------------------------------------------------
LR test vs. fixed parameters: chibar2(01) =     2.15  Prob >= chibar2 = 0.0714
```

그림 14.13의 asmixlogit 명령문은 asclogit 명령어와 유사하다. 다만 random( ) 옵션이 추가되어 있다. 확률계수(random coefficient)를 가정하는 변수를 지정한다. 식 14.16에서 $w_{ij}$에 해당하는 변수이다. random( ) 옵션에 포함되는 변수는 반드시 대안특성 변수임에 유의해야 한다. random( )에 포함되어 있더라도 확률계수만 주어지는 것은 아니고, 그 변수에 대한 고정계수(fixed coefficient)도 추정된다. insurance equation에 deductible=-1.08이 고정계수이다. 고정계수에 대한 해석은 이전과 유사하다. *premium*이 높아지면 그 보험회사를 선택할 확률이 낮아진다. *deductible*이 높아지면 그 보험회사를 선택할 확률이 낮아진다. *deductible* 변수는 확률계수도 포함하기 때문에 *deductible* 변수가 보험회사 선택확률에 미치는 영향은 개인마다 차이가 있다고 해석한다.

asclogit 결과와 가장 큰 차이는 Normal sd(deductible)=0.813이다. 이는 확률계수 $\alpha_i$의 표준편차 추정치이다. 0과 유의하게 다르다면 개인 간에 차이가 있다고 판단한다. 맨 마지막에 있는 LR 검정의 귀무가설은 다음과 같다.

$$H_0: var(\alpha_i) = 0 \tag{14.20}$$

이 귀무가설을 기각하면 확률계수를 포함한 모형이 고정계수만 있는 모형보다 적절하다고 판단한다. 검정 결과 5% 유의수준에서 귀무가설을 기각하지 못한다. 따라서 확률계수 모형이 불필요하고 McFadden 로짓 모형(asclogit 명령어)이 적절하다고 판단한다.

그림 14.14에서는 Stata 16/17 버전 명령어인 cmmixlogit을 사용해도 앞의 그림 14.13과 동일한 결과를 얻게 됨을 보여준다. cmset 명령어로 개인특성 변수와 대안특성 변수를 지정해 준다. 그림 14.13에서 사용한 case( )와 alternative( ) 옵션은 불필요하다. 그 외 부분은 그림 14.13의 asmixlogit과 같다. 추정 결과 역시 그림 14.13과 같다는 것을 확인할 수 있다.

**그림 14.14 cmmixlogit 명령어**

```
. cmset id insurance

          caseid variable:  id
     alternatives variable:  insurance

. cmmixlogit choice premium, random(deductible)  casevars(income) nolog

Mixed logit choice model                        Number of obs      =      1,250
Case ID variable: id                            Number of cases    =        250

Alternatives variable: insurance                Alts per case: min =          5
                                                               avg =        5.0
                                                               max =          5

Integration sequence:      Hammersley
Integration points:               567              Wald chi2(6)    =      99.92
Log simulated likelihood = -289.87694              Prob > chi2     =     0.0000

------------------------------------------------------------------------------
      choice |      Coef.   Std. Err.      z    P>|z|     [95% Conf. Interval]
-------------+----------------------------------------------------------------
insurance    |
     premium |  -2.727259   .2747334    -9.93   0.000    -3.265727   -2.188792
  deductible |  -1.082258    .335134    -3.23   0.001    -1.739109   -.4254076
-------------+----------------------------------------------------------------
/Normal      |
sd(deductible)|  .8007662   .3691184                      .3244433     1.97639
================================= 결과 생략 ================================
```

cmmixlogit 명령어 사용 후 margins 명령어는 대안 선택확률을 계산해 준다. 식 14.18의 시뮬레이션을 이용하여 각 대안별 선택확률을 얻게 된다. predict(pr) 옵션을 사용한다. at 옵션이 없다면 모든 변수가 평균에 있을 때 선택확률을 계산한다. Health 보험을 선택할 확률은 0.203이고, HCorp를 선택할 확률은 0.256이다. 5개 확률을 더하면 1이 됨을 알 수 있다. 두 번째 명령문에서는 at(income=5) 옵션과 outcome(1) 옵션을 추가한다. Outcome=1은 Health 보험회사를 의미한다. $income = 5$로 주어졌을 때 Health 보험을 선택할 확률은 20.2%이다.

**그림 14.15 margins 명령어 (1): 혼합 로짓 모형**

```
. margins , noatlegend predict(pr)

Predictive margins                              Number of obs     =      1,250
Model VCE    : OIM

Expression   : Pr(insurance), predict(pr)

------------------------------------------------------------------------------
             |            Delta-method
             |     Margin   Std. Err.      z    P>|z|     [95% Conf. Interval]
-------------+----------------------------------------------------------------
    _outcome |
      Health |   .2033551   .0221804     9.17   0.000     .1598823    .2468278
       HCorp |   .2568436   .0238795    10.76   0.000     .2100406    .3036466
     SickInc |   .2201815   .0222763     9.88   0.000     .1765208    .2638422
      MGroup |   .1875946   .0216785     8.65   0.000     .1451054    .2300838
  MoonHealth |   .1320252   .0190945     6.91   0.000     .0946006    .1694498
------------------------------------------------------------------------------

. margins  , at(income=5) noatlegend predict(pr) outcome(1)

Predictive margins                              Number of obs     =      1,250
Model VCE    : OIM

Expression   : Pr(insurance), predict(pr)
Outcome      : Health

------------------------------------------------------------------------------
             |            Delta-method
             |     Margin   Std. Err.      z    P>|z|     [95% Conf. Interval]
-------------+----------------------------------------------------------------
       _cons |   .2022821   .0223782     9.04   0.000     .1584216    .2461426
------------------------------------------------------------------------------
```

그림 14.16에서는 대안특성 변수값이 증가하면 각 대안의 선택확률이 어떻게 바뀌는지 알아보는 margins 명령문이다. 대안 2(HCorp 보험회사)의 $premium$ 변수값이 2에서 4로 증가하면 5개 보험회사 선택 확률이 어떻게 바뀌는지 알아본다. 먼저 당사자 보험회사인 HCorp는 60%에서 1.2%로 급감한다. 나머지 보험회사들의 확률은 당연히 증가하게 된다.

가령 Health 보험사는 10.3%에서 27.8%로 증가함을 알 수 있다.

### 그림 14.16 marigins 명령어 (2): 혼합 로짓 모형

```
. margins, alternative(2) predict(pr) noatlegend at(premium=(2 4))

Predictive margins                          Number of obs     =      1,250
Model VCE    : OIM

Expression   : Pr(insurance), predict(pr)
Alternative  : HCorp

------------------------------------------------------------------------------
             |            Delta-method
             |     Margin   Std. Err.      z    P>|z|     [95% Conf. Interval]
-------------+----------------------------------------------------------------
 _outcome#_at |
    Health#1 |   .1036485   .0166149     6.24   0.000     .0710838    .1362132
    Health#2 |   .2783987   .0274498    10.14   0.000     .2245981    .3321992
     HCorp#1 |   .6021627   .0401419    15.00   0.000      .523486    .6808394
     HCorp#2 |   .0121437   .0041338     2.94   0.003     .0040416    .0202458
   SickInc#1 |   .1209799   .0171652     7.05   0.000     .0873368     .154623
   SickInc#2 |   .2926395   .0267926    10.92   0.000     .2401269    .3451521
    MGroup#1 |   .0990547   .0162028     6.11   0.000     .0672979    .1308116
    MGroup#2 |   .2452503    .026363     9.30   0.000     .1935797    .2969208
MoonHealth#1 |   .0741541   .0141258     5.25   0.000     .0464681    .1018401
MoonHealth#2 |   .1715679   .0238026     7.21   0.000     .1249157    .2182201
------------------------------------------------------------------------------
```

## 14.5 Stata do file

```
use S_data14_1, clear
tsset id year
xtdes

xtlogit pov i.mother i.spouse i.school hours i.year, fe nolog
clogit pov i.mother i.spouse i.school hours i.year, group(id) nolog

use S_data14_2, clear
list pairid low smoke

by pairid , sort: egen low_sum=sum(low)
tab low_sum
clogit low lwt smoke ptd ht ui i.race, group(pairid) nolog

xtset pairid
xtlogit low lwt smoke ptd ht ui i.race, fe nolog
```

```
qui clogit low lwt i.smoke ptd ht ui i.race, group(pairid) nolog
margins smoke, predict(pu0)

qui xtlogit low lwt i.smoke ptd ht ui i.race, fe nolog
margins smoke, predict(pu0)

qui clogit low lwt i.smoke ptd ht ui i.race, group(pairid) nolog
predict pr_con, pc1
tabstat pr_con,by(low) stat(mean)


use S_data14_3, clear
d choice dealer car sex income

asclogit choice dealer, case(id) alternatives(car) casevars(sex income) nolog

* Stata 16/17버전
cmset id car

cmclogit choice dealer, casevars(i.sex income) nolog
margins sex , noatlegend predict(pr) alternative(1)

qui cmclogit choice dealer, casevars(i.sex income) nolog
margins , noatlegend
margins sex , noatlegend predict(pr) outcome(1)

margins, alternative(1) predict(pr) noatlegend at(dealer=10)
margins, alternative(1) predict(pr) noatlegend at(dealer=20)

use S_data14_4, clear
tab choice insurance
asmixlogit choice premium, case(id) alternatives(insurance) ///
random(deductible) casevars(income) nolog

cmset id insurance
cmmixlogit choice premium, random(deductible)  casevars(income) nolog

margins , noatlegend predict(pr)
margins  , at(income=5) noatlegend predict(pr) outcome(1)
margins, alternative(2) predict(pr) noatlegend at(premium=(2 4))
```

CHAPTER 15 | 선택 모형(2)

## 15.1 다항 프로빗 모형

다항 로짓(multinomial logit: MNL) 모형은 순서 없는(unordered) 범주가 종속변수일 때 사용하는 확률모형이다.* MNL 모형은 IIA(independence of irrelevant alternatives) 가정이 성립해야 한다.** IIA 가정이 위배되는 경우 사용할 수 있는 모형으로 다항 프로빗(multinomial probit: MNP) 모형을 선택할 수 있다.

MNP 모형에서 선택 가능한 범주가 $j=1,2,\cdots,J$ 이라 하자. $y^*_{ij}$는 잠재변수(latent variable)이고, $z_i$는 개인 $i$의 특성 변수이다. $\beta_j$는 범주 $j$에 해당하는 추정 계수이다. $\epsilon_{ij}$의 분포에 대한 가장 간단한 가정으로서 표준정규분포를 따르고 서로 독립적이라고 가정하자.***

$$y^*_{ij} = \beta_j z_i + \epsilon_{ij} \tag{15.1}$$

개인 $i$가 범주 $j$를 선택하면 종속변수는 $y_i = j$로 관찰된다. 잠재변수 $y^*_{ij}$와 관측변수 $y_i$는 식 15.2를 통해 연결된다. 개인 $i$에게 선택 가능한 대안에서 얻는 잠재 효용(random utility) 중에서 가장 높은 효용을 주는 대안을 선택한다.

$$y_i = j \quad \text{if } y^*_{ij} = \max(y^*_{i1}, y^*_{i2}, \cdots, y^*_{iJ}) \tag{15.2}$$

최우 추정량을 얻기 위해서는 다음의 결합확률(joint probability)을 풀어야 한다.

$$\begin{aligned}
&\Pr(y_i = j \mid x_i) \\
&\quad = \Pr(y^*_{ij} > y^*_{i1}, y^*_{ij} > y^*_{i2}, \cdots, y^*_{ij} > y^*_{iJ}) \\
&\quad = \Pr[(\epsilon_{ij} - \epsilon_{i1}) > (\beta_1 - \beta_j) z_i, (\epsilon_{ij} - \epsilon_{i2}) > (\beta_2 - \beta_j) z_i, \cdots] \\
&\quad = \frac{1}{(2\pi)^{(J-1)/2} |\Omega|^{1/2}} \int_{(\beta_1 - \beta_j) z_i}^{\infty} \cdots \int_{(\beta_J - \beta_j) z_i}^{\infty} \exp\left(-\frac{1}{2} z' \Omega^{-1} z\right) dz
\end{aligned} \tag{15.3}$$

식 15.3의 확률을 계산하기 위해서는 $\epsilon_{ij}$의 분포가 아니라 오차항 차이 $\eta_{ij} \equiv \epsilon_{ij} - \epsilon_{i1}$에

---

* MNL에 대한 자세한 설명은 민인식 · 최필선(2019d) 11장을 참고할 수 있다.

** IIA 가정은 종속변수 범주가 3개라면 1번과 2번 범주의 승산(odds)은 3번 범주와 무관하다는 의미이다. 자세한 설명은 민인식 · 최필선(2019d) 11장을 참고.

*** 그러나 꼭 서로 독립적이라고 가정할 필요는 없다.

해당하는 분포가 필요하다. $\eta_{ij}$의 분포는 다변량 정규분포(multivariate normal distribution)이고 평균은 0이다. 그러나 공분산은 0이 아니라는 것을 쉽게 증명할 수 있다.* 즉 공분산 행렬 $\Sigma$에서 $cov(\eta_{is}, \eta_{ik}) \neq 0$ 이 된다. 이러한 가정을 통해 MNL의 IIA 가정을 완화시킬 수 있는 장점이 있다.

$$\eta \sim MND(0, \Omega) \text{ with } \Omega = I_n \otimes \Sigma \tag{15.4}$$

식 15.3의 결합확률을 얻기 위해서는 다차원 적분(high dimensional integrals)이 필요하다. 이를 위해서는 Gaussian quadrature를 이용하여 식 15.3의 적분을 근사하는 방법이 필요하다.**

식 15.1의 MNP 모형에서 설명변수는 $x_i$로 개인($i$) 특성(case-specific) 변수만 제시하고 있다. 대안($j$) 특성(alternative-specific) 변수를 설명변수로 추가하는 것도 가능하다. 개인특성 변수와 대안특성 변수를 모두 포함한 모형은 다음과 같다.

$$y_{ij}^{*} = \beta_j z_i + \alpha x_{ij} + \epsilon_{ij} \tag{15.5}$$

식 15.3과 마찬가지로 오차항 $\epsilon_i = (\epsilon_{i1}, \epsilon_{i2}, \cdots, \epsilon_{iJ})$ 을 평균=0, 분산=1, 그리고 공분산=0인 다변량 정규분포로 가정할 수 있지만 좀 더 일반적으로 가정할 수도 있다. 즉 $\epsilon$는 평균은 0이지만 공분산은 0이 아닌 행렬 $\Omega$라고 가정하자.

개인 $i$는 $(y_{i1}^*, y_{i2}^*, \cdots, y_{ij}^*, \cdots, y_{iJ}^*)$ 중에서 가장 효용이 높은 $j$ 범주를 선택한다. 이러한 선택을 결합확률로 표현하면 식 15.3과 유사하게 다음과 같이 표현할 수 있다.

$$\begin{aligned} & \Pr(y_i = j) \\ & \quad = \Pr\left[(y_{i1}^* - y_{ij}^*) < 0, (y_{i2}^* - y_{ij}^*) < 0, \cdots, (y_{i1}^* - y_{iJ}^*) < 0\right] \\ & \quad = \Pr((\epsilon_{i1} - \epsilon_{ij}) < -\lambda_{i1}, (\epsilon_{i2} - \epsilon_{ij}) < -\lambda_{i2}, \cdots, (\epsilon_{iJ} - \epsilon_{ij}) < -\lambda_{iJ}) \end{aligned} \tag{15.6}$$

여기에서 $\lambda_{i1} = (\beta_1 - \beta_j) z_i + \alpha(x_{i1} - x_{ij})$ 이며, $\lambda_{i2}$와 $\lambda_{iJ}$도 유사하게 정의된다. 식 15.6의 결합확률을 다변량 정규분포의 분포함수를 이용하여 계산한다. 이 경우 식 15.4와 마찬가지로 다차원 적분을 포함하기 때문에 Geweke-Hajivasilliou-Keane(GHK) 시뮬레이션 아이디어를 활용하여 다차원 적분의 근사치를 계산한다.***

---

* $cov(\epsilon_{ij} - \epsilon_{i1}, \epsilon_{ij} - \epsilon_{i2}) = cov(\epsilon_{ij}, \epsilon_{ij}) = var(\epsilon_{ij}) = 1 \neq 0$ 임을 보일 수 있다.

** 자세한 내용은 Stata 매뉴얼 [R] mprobit을 참고할 수 있다.

*** 적분 근사의 구체적인 풀이과정은 Stata 매뉴얼 [cm] cmmprobit을 참고하라.

## 15.2 Nested 로짓 모형

Nested 로짓 모형은 종속변수가 범주형인 경우 범주 선택 확률에 있어 IIA 가정을 완화할 수 있는 방법론이다. 다항 로짓 모형과 조건부 로짓 모형에서는 범주 간 서로 독립적이라고 가정하고 있다. nested 로짓에서는 관찰되지 않는 특성(unobserved shocks)이 유사한 대안을 그룹으로 묶는 것을 허용한다.

민인식 외(2012)는 주택담보대출 상품을 선택할 때 그림 15.1의 구조를 가진다고 가정한다. 소비자는 변동형, 순수 고정형, 그리고 설계형 중 하나를 선택한다. 그러나 순수 고정형과 설계형 상품은 고정형 상품 그룹 내에 속한다고 가정하고 있다. 소비자는 순수 고정형과 설계형 상품 중 하나를 선택할 때는 관찰되지 않은 공통적인 특성(unobserved and common factors)에 의존한다. 결과적으로 두 대안은 서로 상관관계를 가진다고 가정한다. 모든 대안들이 서로 독립적이라고 가정하면 nested 로짓 모형은 정확히 14장에서 설명한 McFadden 로짓 모형과 일치한다.

**그림 15.1 모기지 상품 선택 구조***

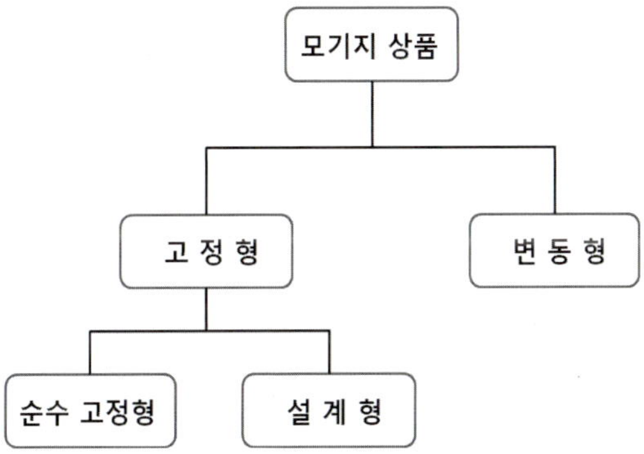


Greene(2018)은 nested 로짓 모형으로서 non-normalized 모형과 RUM(random utility model)의 차이를 설명하고 있다. 두 모형의 차이를 이해하기 위해 상위레벨과 하위레벨 구조로 가정하고, 상위레벨은 $M$개이고 하위레벨은 $J$개로 구성되어 있는 데이터 구조를 가정하자. RUM에서 개인 $i$가 대안 $j$를 선택하면 다음 효용을 얻는다.

$$U_{ij} = V_{ij} + \epsilon_{ij} = \alpha_j + \beta_j x_{ij} + \gamma_j z_i + \epsilon_{ij} \tag{15.7}$$

여기에서 $V_{ij}$은 확정적 효용에 해당하고, $\epsilon_{ij}$는 무작위 효용에 해당한다. $x_{ij}$는 대안특

* 민인식 외(2011)에서 인용하였다.

성 변수이고 $z_i$는 개인특성 변수에 해당한다. 각 오차항 $\epsilon_{ij}$는 GEV(generalized extreme value) 분포를 따른다고 가정한다. 각 오차항은 서로 독립이 아니고 같은 상위레벨 $m$에 속해 있다면 상관관계를 가진다. $\rho_m$는 상위레벨 $m$에 속한 하위레벨 대안들의 상관계수이다. nested 로짓 모형에서는 상관계수 대신 비유사성(dissimilarity) 모수인 $\tau_m$을 대신 사용한다.

$$\tau_m = \sqrt{1-\rho_m} \quad : \text{비유사성 모수} \tag{15.8}$$

여기에서 $\rho_m = 1$이면 $\tau_m = 0$이 되고, $\rho_m = 0$이면 $\tau_m = 1$이 된다. 상관계수와 비유사성 지수는 서로 반대되는 모수로 이해할 수 있다.

포괄값(inclusive value: IV)은 상위레벨 $m$에 속한 대안을 모두 선택하면 얻는 효용의 기댓값으로 정의된다.

$$IV_m = \ln \sum_{k \in m} \exp(V_k / \tau_m) \tag{15.9}$$

$IV_m$이 식 15.9로 주어지면 개인 $i$가 범주 상위레벨 $m$에 속한 대안 $j$를 선택할 확률은 다음과 같다.

$$\Pr(y_i = j) = \Pr_j = \frac{\exp(V_j/\tau(j))}{\exp(IV(j))} \frac{\exp(\tau(j)IV(j))}{\sum_m \exp(\tau_m IV_m)} \tag{15.10}$$

여기에서 $\tau(j)$는 $j$가 속한 $m$ 레벨의 비유사성 모수이고, $IV(j)$는 $j$가 속한 $m$ 레벨의 포괄값이다.*

식 15.10에서 $\rho_m = 0$이라고 가정하면 $\tau(j) = 1$이 된다. 따라서 식 15.10은 다음과 같이 간단하게 쓸 수 있다.

$$\Pr_j = \frac{\exp(V_j)}{\sum_m^M \sum_{k \in m} \exp(V_k)} \tag{15.11}$$

이는 정확히 조건부 로짓 모형에서 선택확률과 일치한다.

$\Pr(y_i = j) = \Pr(y_i = m) \times \Pr(y_i = j | y_i = m)$으로 이해할 수 있다. 우변의 첫 번째 확률은 상위레벨 $m$에 속할 확률이고, 두 번째 확률은 상위레벨 $m$에 속한 대안 $j$를 택할 확률이다. $\Pr(y_i = j | y_i = m)$와 $\Pr(y_i = m)$은 각각 다음과 같이 도출할 수 있다.

* 자세한 도출과정은 Heiss(2002)를 참고하라.

$$\Pr(y_i = j | y_j = m) = \frac{\exp(V_j / \tau(j))}{\sum_{k \in m} \exp(V_k / \tau_m)} = \frac{\exp(V_j / \tau(j))}{\exp(IV(j))} \tag{15.12}$$

$$\Pr(y_i = m) = \frac{\left[\sum_{k \in m} \exp(V_k / \tau_m)\right]^{\tau(j)}}{\sum_{m}^{M} \left[\sum_{k \in m} \exp(V_k / \tau_m)\right]^{\tau(j)}} = \frac{\exp(\tau(j) IV(j))}{\sum_{m}^{M} \exp(\tau_m IV_m)} \tag{15.13}$$

위 두 식을 곱하면 식 15.10이 됨을 확인할 수 있다.

한편, non-normalized 모형에서는 확정적 효용 $V_k$을 $\tau_m$으로 리스케일링(rescaling) 하지 않는다. non-normalized 모형의 확정적 효용을 $\widetilde{V}_k$라고 표현하면 이에 해당하는 포괄값(IV)은 다음과 같이 정의된다.

$$\widetilde{IV}_m = \ln \sum_{j \in m} \exp(\widetilde{V}_k) \tag{15.14}$$

이 식과 앞의 식 15.9와의 차이점은 $\tau_m$으로 나누는 리스케일링 여부이다.

non-normalized 모형에서 식 15.10에 대응하는 확률은 다음과 같이 쓸 수 있다.

$$\Pr_j = \frac{\exp(\widetilde{V}_j / \tau(j))}{\exp(\widetilde{IV}(j))} \frac{\exp(\tau(j) \widetilde{IV}(j))}{\sum_{m} \exp(\tau_m \widetilde{IV}_m)} \tag{15.15}$$

리스케일링이 없는 모형에서는 동일한 상위레벨 내에 속한 대안들만 효용이 비교 가능하고, 다른 그룹에 속한 대안과는 비교할 수 없는 단점이 있다. non-normalized 모형에서는 $\widetilde{V}_{ij}$에 일정한 상수를 모든 대안($j$)에게 더해주면 선택확률이 변하고 따라서 개인의 선택이 바뀔 수 있는 문제가 발생한다.* 그러나 경제학 이론에서 효용은 기수적(cardinal) 효용이 아니라 서수적(ordinal) 효용이기 때문에 일정한 상수를 더해주더라도 순서가 바뀌지 않아야 한다. 이러한 측면에서 non-normalized 모형은 효용극대화 이론과 일치하지 않는다.

RUM과 non-normalized 모형의 추정을 위한 로그 우도함수는 다음과 같이 구축할 수 있다.

$$\log L = \sum_{i=1}^{n} \sum_{m}^{M} \sum_{j \in m} y_{imj} \log\{\Pr(y_i = j | y_j = m) \Pr(y_i = m)\} \tag{15.16}$$

여기에서 $y_{imj}$는 개인 $i$가 상위레벨 $m$에 속하면서 하위레벨 대안 $j$를 선택하면 1이

---

* 모든 대안에 일정한 상수를 더해주는 상황은 개인(case) 레벨 변수 $z_i$가 증가하는 것으로 이해할 수 있다.

고, 그 외에는 0이 되는 더미변수이다. 위 식의 확률부분은 앞의 식 15.10을 대입하여 계산한다.*

앞서 설명하였듯이 다항 로짓(MNL)과 조건부 로짓과 달리 nested 로짓 모형에서는 IIA 가정을 완화할 수 있는 장점이 있다. 식 15.8의 비유사성 모수 $\tau_m = 1$을 귀무가설로 두고 가설검정할 수 있다. 귀무가설을 기각하면 IIA 가정이 성립하지 않는다고 판단한다. 그러나 Hausman and McFadden(1984)은 상위레벨과 하위레벨 구조를 어떻게 설정하느냐에 따라 결과가 달라질 수 있다고 지적한다. IIA가 성립한다면 특정 대안을 제외하고 조건부 로짓 추정치는 여전히 일치추정량이어야 한다. 설명변수의 내생성 검정에 해당하는 Hausman(1978) 검정 아이디어를 여전히 활용할 수 있다. 모든 대안을 포함한 조건부 로짓 추정치와 특정 대안을 제외한 조건부 로짓 추정치의 차이를 비교하는 Hausman 검정을 실행하는 것이다. 귀무가설은 다음과 같다.

$$H_0 : \text{IIA 가정이 성립한다.}$$

위 귀무가설을 기각하지 못하면 조건부 로짓모형이 적절하고, 기각하면 nested 로짓 모형이 적절하다고 통계적으로 판단한다.

## 15.3 Stata 예제

data file: S_data15_1.dta**

다항 프로빗(MNP) 모형을 추정하기 위해서는 Stata의 mprobit 명령어를 사용할 수 있다. mprobit 명령어는 15 버전 이상에서 모두 사용할 수 있다. 그러나 식 15.1에서 제시한 모형처럼 개인특성(case-specific) 설명변수만 있는 경우에 사용할 수 있다. 종속변수는 $insure$ 변수이고 개인 $i$가 선택할 수 있는 대안은 3가지(Indemnity, Prepaid, Uninsure)이다. 다항 로짓 모형과 같이 추정계수는 $\beta_j$가 주어진다. 선택 가능한 대안별로 추정계수를 얻게 된다. 기본 범주(base outcome)는 Indemnity를 설정하고 있다. 추정계수는 기본 범주와 해당 범주의 차이로 해석한다. Prepaid: age=-0.009는 Indemnity 범주보다 Prepaid 범주를 선택할 확률이 더 낮아진다고 해석한다.*** 그림 15.2의 두 번째 결과는 base(2) 옵션을 사용한다. Prepaid 대안을 기본 범주로 사용하여 추정한다. Indemnity: age=0.009로 첫 번째 결과와

---

* 식 15.16은 선택구조가 2단계(상위레벨과 하위레벨)인 경우의 로그 우도함수이다. 선택구조가 3단계(상위, 중위, 하위)인 경우의 로그 우도함수는 Stata 매뉴얼 [cm] nlogit을 참고하라.

** 예제 데이터는 Stata 매뉴얼 [R] mprobit에서 인용한다.

*** 추정계수에 자세한 설명은 민인식 · 최필선(2019d) 11장을 참고할 수 있다.

부호만 다르고 추정치는 일치함을 알 수 있다.

### 그림 15.2 mprobit 명령문

```
. use S_data15_1, clear
(Health insurance data)

. tab insure

     insure |      Freq.     Percent        Cum.
------------+-----------------------------------
  Indemnity |        294       47.73       47.73
    Prepaid |        277       44.97       92.69
   Uninsure |         45        7.31      100.00
------------+-----------------------------------
      Total |        616      100.00

. mprobit insure age male nonwhite i.site, nolog

Multinomial probit regression                   Number of obs     =        615
                                                Wald chi2(10)     =      40.18
Log likelihood = -534.52833                     Prob > chi2       =     0.0000

------------------------------------------------------------------------------
      insure |      Coef.   Std. Err.      z    P>|z|     [95% Conf. Interval]
-------------+----------------------------------------------------------------
Indemnity    |  (base outcome)
-------------+----------------------------------------------------------------
Prepaid      |
         age |  -.0098536   .0052688    -1.87   0.061    -.0201802     .000473
        male |   .4774678   .1718316     2.78   0.005     .1406841    .8142515
    nonwhite |   .8245003   .1977582     4.17   0.000     .4369013    1.212099
             |
        site |
          2  |   .0973956   .1794546     0.54   0.587    -.2543289    .4491201
          3  |   -.495892   .1904984    -2.60   0.009     -.869262   -.1225221
             |
       _cons |     .22315   .2792424     0.80   0.424     -.324155    .7704549
-------------+----------------------------------------------------------------
Uninsure     |
         age |  -.0050814   .0075327    -0.67   0.500    -.0198452    .0096823
        male |   .3332637   .2432986     1.37   0.171    -.1435929    .8101203
    nonwhite |   .2485859   .2767734     0.90   0.369      -.29388    .7910518
             |
        site |
          2  |  -.6899485   .2804497    -2.46   0.014     -1.23962   -.1402771
          3  |  -.1788447   .2479898    -0.72   0.471    -.6648957    .3072063
             |
       _cons |  -.9855917   .3891873    -2.53   0.011    -1.748385   -.2227986
------------------------------------------------------------------------------
```

```
. mprobit insure age male nonwhite i.site, nolog  base(2)

Multinomial probit regression                   Number of obs     =        615
                                                Wald chi2(10)     =      40.18
Log likelihood = -534.52833                     Prob > chi2       =     0.0000

------------------------------------------------------------------------------
      insure |      Coef.   Std. Err.      z    P>|z|     [95% Conf. Interval]
-------------+----------------------------------------------------------------
Indemnity    |
         age |   .0098536   .0052688     1.87   0.061     -.000473    .0201802
        male |  -.4774678   .1718316    -2.78   0.005    -.8142515   -.1406841
    nonwhite |  -.8245003   .1977582    -4.17   0.000    -1.212099   -.4369013
             |
        site |
          2  |  -.0973956   .1794546    -0.54   0.587    -.4491201    .2543289
          3  |    .495892   .1904984     2.60   0.009     .1225221     .869262
             |
       _cons |    -.22315   .2792424    -0.80   0.424    -.7704549     .324155
-------------+----------------------------------------------------------------
Prepaid      |  (base outcome)
-------------+----------------------------------------------------------------
======================== 결과 생략 ===================================
```

MNL 모형과 MNP 모형의 차이점은 15.1절에서 설명하였듯이 선택 가능한 대안 간 상관관계를 가정하느냐의 문제이다. 상관관계 가정을 통해 IIA 제약을 완화할 수 있다. Stata의 mprobit 명령어는 식 15.1의 오차항($\epsilon_{ij}$)에 대해 평균=0, 분산=1, 공분산=0인 다변량 표준정규분포로 가정한다. 따라서 식 15.3에서 오차항 차이 $\eta_{ij}$의 공분산 행렬 $\Sigma$에서 공분산=1임을 쉽게 증명할 수 있다. 상관계수는 식 15.17과 같이 계산할 수 있으며 상관계수는 0.5로 일정하다는 것을 쉽게 보일 수 있다.

$$corr(\epsilon_{i1}-\epsilon_{iJ},\ \epsilon_{i2}-\epsilon_{iJ}) = \frac{cov(\epsilon_{i1}-\epsilon_{iJ},\ \epsilon_{i2}-\epsilon_{iJ})}{\sqrt{var(\epsilon_{i1}-\epsilon_{iJ})}\ \sqrt{var(\epsilon_{i2}-\epsilon_{iJ})}} = 0.5 \qquad (15.17)$$

mprobit 명령어를 이용하여 추정계수를 얻은 예측값으로 개인 $i$가 대안 $j$를 선택할 확률을 계산할 수 있다. 식 15.3 공식을 이용한다. $age$가 20세~70세까지 증가할 때 $\Pr(y_i = 1)$과 $\Pr(y_i = 2)$를 예측한 결과를 그림 15.3에서 제시한다. predict(outcome(1)) 옵션은 1번 대안(Indemnity)을 선택할 확률을 계산한다. $age$가 높아질수록 1번 대안을 선택할 확률이 높아진다. 그림 15.2 추정결과에서 Prepaid와 Uninsure의 $age$ 추정치가 음(-)이기 때문에 $age$ 증가는 1번 범주 선택확률을 높이게 된다. 그림 15.3의 두 번째 결과는 2번 범주 선택확률을 예측한다. $age$가 높아질수록 선택확률이 낮아진다. $age$가 고정되어 있다면 예측 확률 합은 항상 1이 되어야 한다. 즉 $\Pr(y_i=1)+\Pr(y_i=2)+\Pr(y_i=3)=1$이 된다.

**그림 15.3 mprobit: 확률 예측**

```
. qui mprobit insure age male nonwhite i.site, nolog

. margins , at(age=(20(10)70)) atmeans noatlegend predict(outcome(1))

Adjusted predictions                              Number of obs     =        615
Model VCE    : OIM

Expression   : Pr(insure==Indemnity), predict(outcome(1))

------------------------------------------------------------------------------
             |            Delta-method
             |     Margin   Std. Err.      z    P>|z|     [95% Conf. Interval]
-------------+----------------------------------------------------------------
         _at |
          1  |   .4155208   .0406081    10.23   0.000     .3359305    .4951112
          2  |   .4419583   .0293578    15.05   0.000     .3844181    .4994984
          3  |   .4686088   .0215676    21.73   0.000     .4263371    .5108806
          4  |   .4953495   .0220955    22.42   0.000     .4520431    .5386558
          5  |   .5220562   .0306266    17.05   0.000     .4620291    .5820832
          6  |   .5486059   .0424115    12.94   0.000     .4654809    .6317309
------------------------------------------------------------------------------

. margins , at(age=(20(10)70)) atmeans noatlegend predict(outcome(2))

Adjusted predictions                              Number of obs     =        615
Model VCE    : OIM

Expression   : Pr(insure==Prepaid), predict(outcome(2))

------------------------------------------------------------------------------
             |            Delta-method
             |     Margin   Std. Err.      z    P>|z|     [95% Conf. Interval]
-------------+----------------------------------------------------------------
         _at |
          1  |     .51701   .0415269    12.45   0.000     .4356187    .5984012
          2  |   .4904621   .0296426    16.55   0.000     .4323637    .5485604
          3  |   .4638914   .0215489    21.53   0.000     .4216563    .5061265
          4  |   .4374207   .0219571    19.92   0.000     .3943855    .4804558
          5  |   .4111716   .0301676    13.63   0.000     .3520442     .470299
          6  |   .3852633   .0412977     9.33   0.000     .3043213    .4662052
------------------------------------------------------------------------------
```

data file: S_data15_2.dta*

Stata 15 버전 mprobit 명령어에서는 개인특성(case-specific) 설명변수 $z_i$만 사용할 수 있는 제약이 있다. Stata 16/17 버전 cmmprobit 명령어는 기존 mprobit 명령어를 확장하여 개인특성과 대안특성(alternative-specific) 설명변수를 모두 사용할 수 있는 장점이 있다. 식 15.5에서 제시한 모형을 설정하자. 그림 15.4에서는 추정에 사용된 예제 데이터의 기본 구조를 알려준다. $mode$ 변수는 선택 가능한 대안을 확인할 수 있다. 각 $id$는 4가지 대안 중 하나를 선택한다. 선택된 대안은 $choice$ 변수를 통해 알 수 있다. $traveltime$은 대안특성 변수 $x_{ij}$에 해당하고 $income$ 변수는 개인특성 변수 $z_i$에 해당한다. 조사된 개인은 총 210명이다.

**그림 15.4 데이터 구조: cmmprobit 명령어**

```
. use S_data15_2, clear

. tab mode

travel mode |
alternative |
          s |      Freq.     Percent        Cum.
------------+-----------------------------------
        air |        210       25.00       25.00
      train |        210       25.00       50.00
        bus |        210       25.00       75.00
        car |        210       25.00      100.00
------------+-----------------------------------
      Total |        840      100.00

.
. list id mode choice traveltime income in 1/8, sepby(id)

     +-----------------------------------------+
     | id    mode   choice   travel~e   income |
     |-----------------------------------------|
  1. |  1     air        0        100       35 |
  2. |  1   train        0        372       35 |
  3. |  1     bus        0        417       35 |
  4. |  1     car        1        180       35 |
     |-----------------------------------------|
  5. |  2     air        0         68       30 |
  6. |  2   train        0        354       30 |
  7. |  2     bus        0        399       30 |
  8. |  2     car        1        255       30 |
     +-----------------------------------------+
```

* 예제 데이터는 Stata 매뉴얼 [CM] cmmprobit에서 인용한다.

cmmprobit 명령어를 사용하기 전에 먼저 cmset 명령문을 실행한다. cmset 명령어 다음에 *id*와 *mode* 변수를 순서대로 입력한다. cmtab 명령어는 210명 개인이 선택한 대안별 빈도를 확인해 준다. choice 옵션에서는 종속변수에 해당하는 *choice* 변수를 입력한다. train을 선택한 사람이 제일 많다는 것을 알 수 있다.

### 그림 15.5 cmset과 cmtab 명령어

```
. cmset id mode

           caseid variable:  id
     alternatives variable:  mode


. cmtab, choice(choice)

Tabulation of chosen alternatives (choice = 1)

travel mode |
alternative |
          s |      Freq.     Percent        Cum.
------------+-----------------------------------
        air |         58       27.62       27.62
      train |         63       30.00       57.62
        bus |         30       14.29       71.90
        car |         59       28.10      100.00
------------+-----------------------------------
      Total |        210      100.00
```

cmmprobit 명령어 다음에 종속변수 *choice*, 그리고 대안특성 설명변수인 *travelcost*와 *termtime* 변수를 입력한다. casevars( ) 옵션에서는 개인특성 변수를 지정한다. mode equation에서는 $x_{ij}$ 변수의 추정계수가 주어진다. *travelcost*가 증가하면 각 대안 선택확률이 줄어든다고 해석한다. *termtime* 변수도 유사하게 해석한다. 대안이 4개이기 때문에 air 대안을 기본 범주로 두고 나머지 3개 대안에서 *income* 변수의 추정계수가 주어진다. 이 결과에 대한 해석은 그림 15.2를 참고한다.

### 그림 15.6 cmmprobit 명령문

```
. cmmprobit choice travelcost termtime, casevars(income) nolog

Multinomial probit choice model                 Number of obs     =        840
Case ID variable: id                            Number of cases   =        210
```

```
Alternatives variable: mode                        Alts per case: min =          4
                                                                  avg =        4.0
                                                                  max =          4

Integration sequence:      Hammersley
Integration points:               600                 Wald chi2(5)    =      32.16
Log simulated-likelihood = -190.09322                 Prob > chi2     =     0.0000

------------------------------------------------------------------------------
      choice |      Coef.   Std. Err.      z    P>|z|     [95% Conf. Interval]
-------------+----------------------------------------------------------------
mode         |
  travelcost |  -.0097691   .0027817    -3.51   0.000    -.0152211   -.0043171
    termtime |  -.0377086   .0093869    -4.02   0.000    -.0561066   -.0193107
-------------+----------------------------------------------------------------
air          |  (base alternative)
-------------+----------------------------------------------------------------
train        |
      income |  -.0292031   .0089218    -3.27   0.001    -.0466894   -.0117168
       _cons |    .561912   .3945781     1.42   0.154    -.2114469    1.335271
-------------+----------------------------------------------------------------
bus          |
      income |  -.0127548     .00793    -1.61   0.108    -.0282973    .0027876
       _cons |  -.0572901   .4789444    -0.12   0.905    -.9960038    .8814236
-------------+----------------------------------------------------------------
car          |
      income |  -.0049142   .0077449    -0.63   0.526    -.0200939    .0102656
       _cons |  -1.832941   .8171904    -2.24   0.025    -3.434605   -.2312773
-------------+----------------------------------------------------------------
     /lnl2_2 |  -.5490422   .3889427    -1.41   0.158    -1.311356    .2132714
     /lnl3_3 |  -.6018061   .3355375    -1.79   0.073    -1.259447    .0558352
-------------+----------------------------------------------------------------
       /l2_1 |   1.132598   .2125209     5.33   0.000     .7160651    1.549132
       /l3_1 |    .971829   .2350542     4.13   0.000     .5111312    1.432527
       /l3_2 |   .5201047   .2851798     1.82   0.068    -.0388374    1.079047
------------------------------------------------------------------------------
(mode=air is the alternative normalizing location)
(mode=train is the alternative normalizing scale)
```

식 15.6에서 오차항 차이 $\epsilon_{i1} - \epsilon_{ij}$의 공분산(또는 상관계수) 행렬을 어떻게 가정하느냐에 따라 추정결과는 달라질 수 있다. 그림 15.6에서 correlation( ) 옵션을 쓰지 않는다면 오차항 차이의 공분산 행렬은 unstructured로 가정된다. 즉 correlation(unstructured) 옵션을 사용한 것과 같다. 그림 15.7에서는 correlation(exchangeable) 옵션을 사용한 추정결과이다. 대안특성 변수인 $travelcost$와 $termtime$ 변수의 추정치가 그림 15.6과 크게 다르다는 것을 알 수 있다. 반면 개인특성 변수의 추정계수는 큰 차이가 없다.

cmmprobit 명령문 실행 이후 estat correlation 또는 estat covariance 명령어를 입력하면 오차항 차이 $\epsilon_{i1} - \epsilon_{ij}$의 추정된 상관계수 행렬 또는 공분산 행렬을 제시해 준다. 그림 15.7

에서는 exchangeable correlation을 가정하기 때문에 대안 간 상관계수가 일정하게 추정된다. 추정된 상관계수는 0.8065로 매우 높은 편이다.

### 그림 15.7 cmmprobit 명령문: correlation(exchangeable) 옵션

```
. cmmprobit choice travelcost termtime, casevars(income) nolog
correlation(exchangeable)

Multinomial probit choice model                Number of obs     =       840
Case ID variable: id                           Number of cases   =       210

Alternatives variable: mode                    Alts per case: min =        4
                                                              avg =      4.0
                                                              max =        4

Integration sequence:      Hammersley
Integration points:               600             Wald chi2(5)   =     53.58
Log simulated-likelihood = -190.46413             Prob > chi2    =    0.0000

------------------------------------------------------------------------------
      choice |      Coef.   Std. Err.      z    P>|z|     [95% Conf. Interval]
-------------+----------------------------------------------------------------
mode         |
  travelcost |   -.008464   .0020451    -4.14   0.000    -.0124723   -.0044557
    termtime |   -.034535   .0072813    -4.74   0.000    -.0488061    -.020264
-------------+----------------------------------------------------------------
air          |  (base alternative)
-------------+----------------------------------------------------------------
train        |
      income |  -.0290381    .008323    -3.49   0.000    -.0453508   -.0127254
       _cons |    .552031   .3719408     1.48   0.138    -.1769595    1.281021
-------------+----------------------------------------------------------------
bus          |
      income |  -.0132539   .0074135    -1.79   0.074     -.027784    .0012762
       _cons |  -.0051467   .4338001    -0.01   0.991    -.8553792    .8450858
-------------+----------------------------------------------------------------
car          |
      income |  -.0060867   .0066376    -0.92   0.359    -.0190962    .0069228
       _cons |  -1.565633   .6632708    -2.36   0.018     -2.86562   -.2656464
-------------+----------------------------------------------------------------
  /lnsigmaP1 |     -.3555   .1971535    -1.80   0.071    -.7419137    .0309138
  /lnsigmaP2 |  -1.308023   .8859477    -1.48   0.140    -3.044449     .428402
-------------+----------------------------------------------------------------
   /atanhrP1 |   1.116886   .3764578     2.97   0.003     .3790423     1.85473
-------------+----------------------------------------------------------------
      sigma1 |          1  (base alternative)
      sigma2 |          1  (scale alternative)
      sigma3 |    .700823   .1381697                      .4762017    1.031397
      sigma4 |   .2703539   .2395194                      .0476225    1.534803
-------------+----------------------------------------------------------------
      rho3_2 |   .8064831    .131604                      .3618755    .9521894
      rho4_2 |   .8064831    .131604                      .3618755    .9521894
```

```
      rho4_3 |   .8064831    .131604                          .3618755    .9521894
------------------------------------------------------------------------------
(mode=air is the alternative normalizing location)
(mode=train is the alternative normalizing scale)

. estat correlation

  +-------------------------------------------------------+
  |              |       air      train        bus    car |
  |--------------+----------------------------------------|
  |          air |    1.0000                              |
  |        train |    0.0000     1.0000                   |
  |          bus |    0.0000     0.8065     1.0000        |
  |          car |    0.0000     0.8065     0.8065 1.0000 |
  +-------------------------------------------------------+
```

그림 15.8에서는 correlation(independent) 옵션을 사용한 추정결과이다. 그림 15.6 및 15.7의 결과와 비교하면, 대안특성 변수와 개인특성 변수의 추정계수는 크게 달라졌다. independent 가정이 과다한 제약이라고 예상할 수 있다. estat correlation 명령문에서 알 수 있듯이 오차항 차이의 상관계수는 모두 0으로 제약된다. correlation(independent) 옵션을 사용하면 본서 14장에서 설명한 cmclogit 명령어와 같은 아이디어를 사용하게 된다. 다만 cmclogit에서는 로지스틱 분포를 사용하고 cmmprobit에서는 정규분포를 사용하는 차이가 있을 뿐이다.

**그림 15.8 cmmprobit 명령문: correlation(independent) 옵션**

```
.    cmmprobit    choice    travelcost    termtime,    casevars(income)    nolog
correlation(independent)

Multinomial probit choice model                 Number of obs      =        840
Case ID variable: id                            Number of cases    =        210

Alternatives variable: mode                     Alts per case: min =          4
                                                               avg =        4.0
                                                               max =          4

Integration sequence:       Hammersley
Integration points:                600            Wald chi2(5)     =      74.26
Log simulated-likelihood = -192.56728             Prob > chi2      =     0.0000

------------------------------------------------------------------------------
      choice |      Coef.   Std. Err.      z    P>|z|     [95% Conf. Interval]
-------------+----------------------------------------------------------------
mode         |
  travelcost |  -.0077776   .0025539    -3.05   0.002    -.0127832   -.002772
    termtime |  -.0446926   .0063026    -7.09   0.000    -.0570454   -.0323398
```

```
-------------+----------------------------------------------------------------
air          |  (base alternative)
-------------+----------------------------------------------------------------
train        |
      income |  -.0334509   .0087387    -3.83   0.000    -.0505784   -.0163233
       _cons |   .2129437   .3489004     0.61   0.542    -.4708884    .8967759
-------------+----------------------------------------------------------------
=============================== 결과 중략 ===================================

      sigma1 |          1  (base alternative)
      sigma2 |          1  (scale alternative)
      sigma3 |   .2949263   .2714011                      .0485746    1.790679
      sigma4 |   .5717934   .2296114                      .2602721    1.256177
------------------------------------------------------------------------------
(mode=air is the alternative normalizing location)
(mode=train is the alternative normalizing scale)

. estat correlation

  +----------------------------------------------------------+
  |              |       air      train        bus        car |
  |--------------+-------------------------------------------|
  |          air |    1.0000                                  |
  |        train |    0.0000     1.0000                       |
  |          bus |    0.0000     0.0000     1.0000            |
  |          car |    0.0000     0.0000     0.0000     1.0000 |
  +----------------------------------------------------------+
```

cmmprobit 명령문 이후 예측값을 얻기 위해 margins 명령문을 활용한다. 예측값은 개인 $i$가 대안 $j$를 선택할 확률이다. 식 15.6 공식으로 계산한다. 먼저 cmmprobit 명령문을 correlation(unstructured) 옵션으로 실행한다.* 첫 번째 margins 명령문에서는 outcome(1)을 지정하였기 때문에 $\Pr(y=air)$를 계산한다. air#1=0.230은 $income=20$으로 고정되어 있고 $income$ 이외의 다른 변수는 air에 대해서는 평균으로 고정하고 나머지 대안(train car bus)에 대해서는 데이터에서 주어진 값을 그대로 사용하여 $\Pr(y=air)$를 계산한다. 따라서 다음과 같이 해석할 수 있다. air의 $travelcost$와 $termtime$이 평균, 그리고 $income=20$으로 고정되고 다른 대안의 설명변수 값은 그대로 사용하면 air를 선택할 확률은 23.08%이다. air#2=0.384는 다른 조건은 모두 같고 $income=70$으로 증가하면 air 선택확률이 38.4%로 증가한다. train#1=0.229는 $income=20$으로 고정되어 있고 train 대안의 다른 변수 값이 평균으로 고정된다면 air를 선택할 확률은 22.9%이다.

두 번째 margins 명령문에서는 alternative(2)와 outcome(1)을 동시에 사용하고 있다.

* cmmprobit 명령문 이후 margins 실행 결과를 얻는 데 시간이 오래 걸리는 것에 유의한다. 다차원 적분을 근사하는 데 시간이 걸리기 때문이다.

alternative=2에 해당하는 train의 $travelcost$를 120으로 고정하고 나머지 변수 값은 평균에서 고정한다. 그 외 대안(air bus car)은 주어진 변수 값을 그대로 사용하여 outcome(1), 즉 $\Pr(y = air)$를 계산한 결과이다. 위와 같은 조건 하에서 air 선택확률은 27.2%이다.

**그림 15.9 margins 명령문: cmmprobit**

```
. xtile cost_cat = travelcost, nquantiles(3)
. qui cmmprobit choice i.cost_cat termtime , casevars(income) nolog

. margins, outcome(1) at(income=(20 70)) atmeans noatlegend

Adjusted predictions                            Number of obs     =        840
Model VCE    : OIM

Expression   : Pr(mode), predict()
Outcome      : air

------------------------------------------------------------------------------
             |            Delta-method
             |     Margin   Std. Err.      z    P>|z|     [95% Conf. Interval]
-------------+----------------------------------------------------------------
    mode#_at |
       air#1 |   .2308298   .0391638     5.89   0.000     .1540701    .3075895
       air#2 |   .3841958   .0723206     5.31   0.000     .2424501    .5259414
     train#1 |   .2294244   .0375582     6.11   0.000     .1558116    .3030372
     train#2 |   .3862277   .0693826     5.57   0.000     .2502403    .5222152
       bus#1 |   .2334795   .0382726     6.10   0.000     .1584666    .3084925
       bus#2 |   .3858567   .0700246     5.51   0.000     .2486109    .5231024
       car#1 |   .2255718   .0365609     6.17   0.000     .1539137    .2972299
       car#2 |   .3715844   .0678205     5.48   0.000     .2386586    .5045101
------------------------------------------------------------------------------

. margins, alternative(2) outcome(1) atmeans noatlegend at(travelcost=120)

Adjusted predictions                            Number of obs     =        840
Model VCE    : OIM

Expression   : Pr(mode), predict()
Alternative  : train
Outcome      : air

------------------------------------------------------------------------------
             |            Delta-method
             |     Margin   Std. Err.      z    P>|z|     [95% Conf. Interval]
-------------+----------------------------------------------------------------
       _cons |   .2720234   .0315969     8.61   0.000     .2100946    .3339523
------------------------------------------------------------------------------
```

data file: S_data15_3.dta*

예제 데이터에서 선택 가능한 대안은 총 7개 레스토랑이고 상위레벨(3개)에 속한다고 가정하자.** 같은 상위레벨에 속한 대안들끼리는 서로 상관관계가 존재하고 다른 상위레벨에 속한 대안과는 상관관계가 존재하지 않는다고 가정하자.

**그림 15.10 상위레벨과 하위레벨 구조**

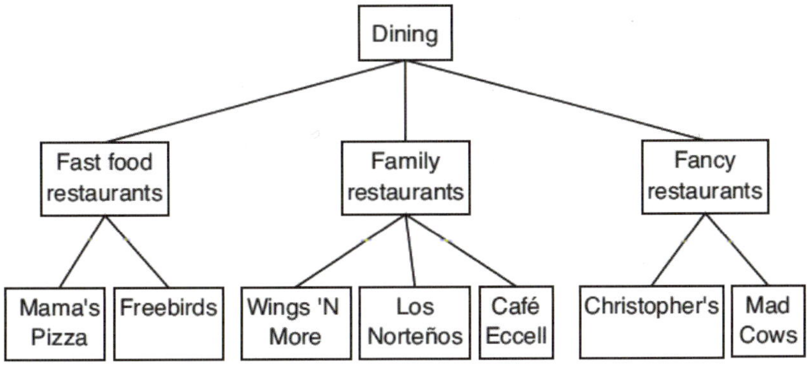


Stata에서 nlogit을 실행하기 위해서는 먼저 그림 15.10에 해당하는 구조를 정의해야 한다. nlogitgen 명령어를 사용한다. *type*은 상위레벨에 해당하는 변수 이름이고, 연구자가 원하는 대로 정할 수 있다. 하위레벨 변수 *restaurant*을 fast, family, fancy의 세 그룹으로 나누고 각 그룹에 해당하는 *restaurant* 이름을 연결해 준다. *restaurant* 변수의 레이블을 적어도 되고 숫자를 직접 입력해도 된다. 그림 15.11에서 type1 변수는 *type* 변수와 같다는 것을 확인할 수 있다. *type* 변수는 상위레벨 id이고 *restaurant*은 하위레벨 id로 지정된다. 그림 15.11의 마지막 빈도표에서는 fast에 Freebirds & MamasPizza, family에 CafeEccell, LosNortenos & WingsMore, 그리고 fancy에 Christopers & MadCows가 속해 있음을 확인할 수 있다. 300명의 개인이 7개 restaurant을 선택지로 가지고 있기 때문에 표본 크기는 2,100개이다.

* 예제 데이터는 Stata 매뉴얼 [R] nlogit (15버전) 또는 [CM] nlogit (16/17버전)에서 인용하였다.
** 그림 15.10은 Stata 매뉴얼 [R] nlogit (15버전) 또는 [CM] nlogit (16/17버전)에서 인용하였다.

**그림 15.11 nlogitgen 명령어**

```
. use S_data15_3, clear

. nlogitgen type = restaurant(fast: Freebirds | MamasPizza, family: CafeEccell |
LosNortenos| WingsNmore, fancy: Christophers | MadCows)

new variable type is generated with 3 groups
label list lb_type
lb_type:
           1 fast
           2 family
           3 fancy

. nlogitgen type1 = restaurant(fast: 1 |2, family: 3 | 4| 5, fancy: 6 |7)
new variable type1 is generated with 3 groups
label list lb_type1
lb_type1:
           1 fast
           2 family
           3 fancy

. tab rest type

  choices of |               type
 restaurants |      fast     family      fancy |     Total
-------------+---------------------------------+----------
   Freebirds |       300          0          0 |       300
  MamasPizza |       300          0          0 |       300
  CafeEccell |         0        300          0 |       300
 LosNortenos |         0        300          0 |       300
  WingsNmore |         0        300          0 |       300
Christophers |         0          0        300 |       300
     MadCows |         0          0        300 |       300
-------------+---------------------------------+----------
       Total |       600        900        600 |     2,100
```

그림 15.12에서는 상위레벨과 하위레벨 구조를 트리 구조로 표현해 준다. nlogitree 명령어를 사용한다. 하위레벨 변수인 *restaurant* 변수를 먼저 입력하고 상위레벨 *type*을 두 번째로 입력한다. choice 옵션에서는 $y$ 변수에 해당하는 *chosen* 변수를 지정한다. 300명이 가장 많이 선택한 식당은 CafeEccell 임을 알 수 있다.

**그림 15.12 nlogittree 명령어**

```
. nlogittree restaurant type, choice(chosen)

tree structure specified for the nested logit model

 type    N       restaurant    N   k
-------------------------------------
 fast   600 --- Freebirds     300  12
            +- MamasPizza    300  15
 family 900 --- CafeEccell    300  78
            |- LosNortenos   300  75
            +- WingsNmore    300  69
 fancy  600 --- Christophers 300  27
            +- MadCows       300  24
-------------------------------------
                     total  2100 300

k = number of times alternative is chosen
N = number of observations at each level
```

그림 15.13에서는 nlogit 명령어 실행 결과를 제시한다. 종속변수는 7개 식당 중에서 어떤 식당을 선택했는지에 대한 더미변수인 *chosen* 변수이다. 설명변수는 대안특성 변수인 *cost*, *rating*, *distance*를 지정한다. || 다음에 상위레벨 변수인 *type*을 입력하고, 콜론(:) 다음에 개인특성 변수를 지정할 수 있다. 그림 15.13 예제에서는 *income* 변수를 지정한다. 또 다시 || 다음에 하위레벨 *restaurant*를 지정하고, 콜론(:) 다음에 개인특성 변수를 지정하지 않았다. case 옵션에서는 가족 id에 해당하는 family_id 변수를 지정한다. notree 옵션은 그림 15.12에서 설명한 nlogittree 결과를 다시 제시하지 말라는 의미이다. noconstant 옵션은 하위레벨(restaurant)에서 상수항 추정치를 제외하라는 의미이다. "RUM-consistent nested logit regression"에서 식 15.10에서 설명한 RUM 설정을 사용하고 있다는 것을 알 수 있다.

**그림 15.13 nlogit 명령어 (1)**

```
. nlogit chosen cost rating distance || type: income  || restaurant:, noconstant
case(family_id) nolog notree

RUM-consistent nested logit regression          Number of obs     =      2,100
Case variable: family_id                        Number of cases   =        300

Alternative variable: restaurant                Alts per case: min =         7
```

```
                                                        avg =          7.0
                                                        max =            7

                                                Wald chi2(5)      =      41.71
Log likelihood = -491.22863                     Prob > chi2       =     0.0000

------------------------------------------------------------------------------
      chosen |      Coef.   Std. Err.      z    P>|z|     [95% Conf. Interval]
-------------+----------------------------------------------------------------
restaurant   |
        cost | -.1691581   .0749487    -2.26   0.024    -.3160549   -.0222614
      rating |  .4001274   .2914154     1.37   0.170    -.1710362     .971291
    distance | -.3380197   .0937545    -3.61   0.000    -.5217751   -.1542642
------------------------------------------------------------------------------
type equations
------------------------------------------------------------------------------
fast         |
      income | -.0266774   .0117007    -2.28   0.023    -.0496103   -.0037445
-------------+----------------------------------------------------------------
family       |
      income |         0  (base)
-------------+----------------------------------------------------------------
fancy        |
      income |  .0433427   .0085964     5.04   0.000      .026494    .0601913
------------------------------------------------------------------------------
dissimilarity parameters
------------------------------------------------------------------------------
/type        |
    fast_tau |   1.38332   1.179182                     -.9278344    3.694474
  family_tau |  2.484667   .7882783                      .9396704    4.029665
   fancy_tau |  2.574305   1.856165                     -1.063712    6.212322
------------------------------------------------------------------------------
LR test for IIA (tau=1): chi2(3) = 12.79                 Prob > chi2 = 0.0051
```

위 그림 15.13의 결과에서 추정계수에 대한 해석은 조건부 로짓 모형과 유사하게 해석할 수 있다. cost=-0.16은 cost가 높아질수록 해당 restaurant를 선택할 확률이 낮아진다는 의미이다. type equations에서 fast: income=-0.026은 가구 소득이 높아지면 base 범주인 family에 비해 fast type restaurant를 선택한 확률이 낮아진다고 해석한다. 비유사성 모수(dissimilarity parameter) 추정치는 3개 상위레벨 내에 속한 하위레벨 대안들의 상관관계와 연관되어 있다. 15.2절 식 15.8에서 제시한 값이다. 그러나 식 15.8에서 $\rho_m > 0$이기 위해서는 $\tau_m$은 반드시 1보다 작아야 한다. 그림 15.13 추정치에서는 $\tau_m$이 1보다 크다는 것을 알 수 있다. 이러한 수치는 본 예제 모형이 RUM 가정과 일치하지 않는다는 것을 의미한다. 이에 대한 자세한 논의는 Hensher et al.(2005)를 참고하라. 그림 15.13의 마지막 줄은 IIA 가설에 대한 LR 검정 결과를 제시한다. $\tau_m = 1$이면 상관관계가 0이 되기 때문에 굳이 nested

로짓 모형을 추정할 필요가 없다. $H_0 : \tau_m = 1$을 기각하기 때문에 상위그룹에 속한 restaurant의 상관관계가 존재한다고 판단한다.

그림 15.14에서는 nlogit 명령문에서 상위레벨 *type* 변수를 제외하였다. 하위레벨 *restaurant*만 지정하고 개인특성 변수로 *income*과 상수항을 포함한다. 상위레벨이 지정되지 않았기 때문에 조건부(conditional) 로짓 모형 추정 결과와 같게 된다. "nonnested model, results are the same as clogit"이 그러한 의미이다.

### 그림 15.14 nlogit 명령어 (2)

```
. nlogit chosen cost rating distance || restaurant:income, case(family_id) nolog
notree
note: nonnested model, results are the same as clogit
note: rating dropped because of collinearity

RUM-consistent nested logit regression          Number of obs      =     2,100
Case variable: family_id                        Number of cases    =       300

Alternative variable: restaurant                Alts per case: min =         7
                                                               avg =       7.0
                                                               max =         7

                                                   Wald chi2(8)    =     50.91
Log likelihood = -489.45181                        Prob > chi2     =    0.0000

------------------------------------------------------------------------------
      chosen |      Coef.   Std. Err.      z    P>|z|     [95% Conf. Interval]
-------------+----------------------------------------------------------------
restaurant   |
        cost |  -.1171656   .0663792    -1.77   0.078    -.2472663    .0129351
      rating |          0  (omitted)
    distance |   -.208664   .0478524    -4.36   0.000     -.302453    -.114875
------------------------------------------------------------------------------
restaurant equations
------------------------------------------------------------------------------
Freebirds    |
      income |          0  (base)
       _cons |          0  (base)
-------------+----------------------------------------------------------------
MamasPizza   |
      income |   .0214666   .0229903     0.93   0.350    -.0235935    .0665266
       _cons |  -.3114049     .77974    -0.40   0.690    -1.839667    1.216857
-------------+----------------------------------------------------------------
CafeEccell   |
      income |   .0403586   .0190372     2.12   0.034     .0030464    .0776709
       _cons |   1.308513   .6624438     1.98   0.048      .010147    2.606879
-------------+----------------------------------------------------------------
LosNortenos  |
      income |   .0308118   .0190362     1.62   0.106    -.0064984    .0681221
       _cons |   1.886053   .7078877     2.66   0.008     .4986187    3.273487
```

```
-------------+----------------------------------------------------------------
WingsNmore   |
      income |   .0410474   .0191565     2.14   0.032      .0035014   .0785935
       _cons |   1.297311    .694951     1.87   0.062     -.064768     2.65939
-------------+----------------------------------------------------------------
Christophers |
      income |    .068435   .0208169     3.29   0.001      .0276347   .1092354
       _cons |   1.327492     1.5327     0.87   0.386     -1.676546   4.331529
-------------+----------------------------------------------------------------
MadCows      |
      income |   .0913475   .0215276     4.24   0.000      .0491542   .1335408
       _cons |   .2050153    1.68254     0.12   0.903     -3.092702   3.502733
------------------------------------------------------------------------------
```

그림 15.15에서는 nlogit 명령문 실행 이후 estat alternative 명령문 결과를 제시한다. 상위레벨 *type* 별 선택 결과를 요약한다. 74% 개인들이 family type 레스토랑을 선택하였다. 하위레벨에서는 26% 개인들이 CafeEccell을 선택하였다는 것을 알 수 있다.

### 그림 15.15 estat alternative 명령어

```
. qui nlogit chosen cost rating distance || type: income  || restaurant:, noconstant
case(family_id) nolog notree

. estat alternative

   Alternatives summary for type
  +--------------------------------------------------------------------------+
  |              Alternative           |   Cases   Frequency       Percent |
  |  index         value          label |  present    selected     selected |
  |-------------------------------------+------------------------------------|
  |      1             1           fast |     600          27         9.00 |
  |      2             2         family |     900         222        74.00 |
  |      3             3          fancy |     600          51        17.00 |
  +--------------------------------------------------------------------------+

   Alternatives summary for restaurant
  +--------------------------------------------------------------------------+
  |              Alternative           |   Cases   Frequency       Percent |
  |  index         value          label |  present    selected     selected |
  |-------------------------------------+------------------------------------|
  |      1             1      Freebirds |     300          12         4.00 |
  |      2             2    MamasPizza |     300          15         5.00 |
  |      3             3     CafeEccell |     300          78        26.00 |
  |      4             4    LosNortenos |     300          75        25.00 |
  |      5             5     WingsNmore |     300          69        23.00 |
  |      6             6   Christophers |     300          27         9.00 |
  |      7             7        MadCows |     300          24         8.00 |
  +--------------------------------------------------------------------------+
```

그림 15.16에서는 RUM 대신 non-normalized 모형을 추정한 결과이다. 그림 15.14와 차이점은 nonnormalized 옵션을 사용한 점이다. 그림 15.14와 비교하였을 때 추정계수는 달라졌지만 부호는 같고 유의성 역시 거의 차이가 없다.

### 그림 15.16 nlogit 명령어 (3): non-normalized 모형

```
. nlogit chosen cost rating distance || type: income  || restaurant:, noconstant
case(family_id) nolog notree nonnormalized

Nonnormalized nested logit regression           Number of obs      =      2,100
Case variable: family_id                        Number of cases    =        300

Alternative variable: restaurant                Alts per case: min =          7
                                                               avg =        7.0
                                                               max =          7

                                                   Wald chi2(5)    =      86.36
Log likelihood = -489.10925                        Prob > chi2     =     0.0000

------------------------------------------------------------------------------
      chosen |      Coef.   Std. Err.      z    P>|z|     [95% Conf. Interval]
-------------+----------------------------------------------------------------
restaurant   |
        cost |  -.1031829   .0288073    -3.58   0.000    -.1596441   -.0467217
      rating |   .1613955   .1284075     1.26   0.209    -.0902785    .4130695
    distance |   -.165913   .0428076    -3.88   0.000    -.2498144   -.0820117
------------------------------------------------------------------------------
type equations
------------------------------------------------------------------------------
fast         |
      income |  -.0283748   .0117018    -2.42   0.015    -.0513099   -.0054398
-------------+----------------------------------------------------------------
family       |
      income |          0  (base)
-------------+----------------------------------------------------------------
fancy        |
      income |   .0420861   .0084387     4.99   0.000     .0255466    .0586257
------------------------------------------------------------------------------
inclusive-value parameters
------------------------------------------------------------------------------
/type        |
    fast_tau |   6.021576    2.54855                      1.026511    11.01664
  family_tau |   1.481379   1.160502                     -.7931638    3.755922
   fancy_tau |   1.634291    .383804                      .8820494    2.386533
------------------------------------------------------------------------------
LR test for IIA (tau=1): chi2(3) = 17.03                  Prob > chi2 = 0.0007
```

조건부 로짓과 nested 로짓 모형의 차이점은 선택 가능한 대안들의 상호 독립성 여부이다. 독립적이면 IIA 가정이 성립하게 된다. Stata의 nlogit 명령문 실행 결과에서 IIA 가정에 대한 LR 검정 결과를 제시하지만 15.2절에서 설명한 것처럼 LR 검정의 단점이 존재한다. Hausman 검정을 이용한 IIA 가설검정이 그러한 단점을 보완할 수 있다.

3개 상위레벨로 구분하고 상위레벨에 속한 대안들이 상관관계가 있는지 판단하기 위해 다음과 모형을 설정한다.

$$y_{ij}^{*} = \alpha x_{ij} + \beta_1 (Type1_{ij} \times income_i) + \beta_3 (Type3_{ij} \times income_i) + \epsilon_{ij} \quad (15.18)$$

여기에서는 type=2(family)가 기본 범주(base alternative)로 설정되어 있다. $Type1_{ij}$는 $j$ 대안이 type=1(fast)에 속하면 1이고, 그렇지 않으면 0인 더미변수이다. 마찬가지로 $Type3_{ij}$는 $j$ 대안이 type=3(fancy)에 속하면 1 그렇지 않으면 0인 더미변수이다. 개인특성 변수인 $income$과 상호작용 변수를 생성시켰다. 따라서 $Type \times income$ 변수는 대안특성 변수가 된다.

식 15.18 모형에 대한 추정결과를 그림 15.17에서 제시한다. 먼저 상호작용 변수인 $incFast$와 $incFancy$ 변수를 생성한다.* clogit 명령어를 사용하고 개인특성 변수는 없기 때문에 case 옵션은 사용하지 않는다. 추정결과를 estimates store 명령어로 저장한다. 제약된 모형은 type=2(family) 범주가 없는 모형, 즉 type=1과 type=3만 포함한 모형을 추정한다. 두 번째 clogit 명령어에서 type=3를 기본 범주로 설정한다. 따라서 $incFast$ 상호작용 변수만 사용한다. 제약된 모형 결과 역시 estimates store 명령어로 저장한다. IIA 가정이 성립한다면 두 모형에서 추정계수는 크게 다르지 않아야 한다. Hausman 명령어를 이용하여 두 모형의 추정치를 비교한다. Stata의 hausman 명령어에서는 제약되지 않은 추정결과를 먼저 쓰고 제약된 추정결과를 그 다음에 입력해야 한다. $p$-값이 0.05보다 작기 때문에 귀무가설을 기각한다. 귀무가설은 "IIA 가정이 성립한다"이기 때문에 IIA 가정이 성립하지 않고 nested 로짓 모형이 조건부 로짓 모형보다 적절한 모형설정이라고 판단한다.

* type=2가 기본 범주이기 때문에 type2에 대한 상호작용 변수는 만들 필요가 없다.

### 그림 15.17 IIA 검정: 1단계

```
. gen incFast = (type == 1) * income
. gen incFancy = (type == 3) * income

. clogit chosen cost rating distance incFast incFancy,  group(family_id) nolog

Conditional (fixed-effects) logistic regression

                                                Number of obs     =      2,100
                                                LR chi2(5)        =     172.30
                                                Prob > chi2       =     0.0000
Log likelihood = -497.62549                     Pseudo R2         =     0.1476

------------------------------------------------------------------------------
      chosen |      Coef.   Std. Err.      z    P>|z|     [95% Conf. Interval]
-------------+----------------------------------------------------------------
        cost |  -.1893078   .0328086    -5.77   0.000    -.2536114   -.1250042
      rating |   .4392881   .1342202     3.27   0.001     .1762214    .7023548
    distance |  -.1799772   .0461382    -3.90   0.000    -.2704065   -.0895479
     incFast |  -.0532061   .0084553    -6.29   0.000    -.0697781   -.0366341
    incFancy |   .0334304   .0073492     4.55   0.000     .0190262    .0478347
------------------------------------------------------------------------------

. estimates store FULL

. clogit chosen cost rating distance incFast if type~=2,  group(family_id) nolog
note: 222 groups (888 obs) dropped because of all positive or
      all negative outcomes.

Conditional (fixed-effects) logistic regression

                                                Number of obs     =        312
                                                LR chi2(4)        =      40.34
                                                Prob > chi2       =     0.0000
Log likelihood = -87.960599                     Pseudo R2         =     0.1865

------------------------------------------------------------------------------
      chosen |      Coef.   Std. Err.      z    P>|z|     [95% Conf. Interval]
-------------+----------------------------------------------------------------
        cost |  -.0795897   .0674762    -1.18   0.238    -.2118406    .0526612
      rating |   .1239275   .2850947     0.43   0.664    -.4348479    .6827029
    distance |  -.2614139   .0979646    -2.67   0.008     -.453421   -.0694069
     incFast |  -.0650214   .0157682    -4.12   0.000    -.0959265   -.0341164
------------------------------------------------------------------------------

. estimates store restricted

.
. hausman FULL restricted

                 ---- Coefficients ----
             |      (b)          (B)            (b-B)     sqrt(diag(V_b-V_B))
```

```
             |      FULL      restricted     Difference           S.E.
-------------+----------------------------------------------------------------
        cost |   -.1893078    -.0795897       -.1097182                .
      rating |    .4392881     .1239275        .3153606                .
    distance |   -.1799772    -.2614139        .0814368                .
     incFast |   -.0532061    -.0650214        .0118154                .
------------------------------------------------------------------------------
                           b = consistent under Ho and Ha; obtained from clogit
            B = inconsistent under Ha, efficient under Ho; obtained from clogit

    Test:  Ho:  difference in coefficients not systematic

                  chi2(4) = (b-B)'[(V_b-V_B)^(-1)](b-B)
                          =        9.57
                Prob>chi2 =      0.0484
                (V_b-V_B is not positive definite)
```

nlogit 명령문을 실행한 후 예측 확률은 다음과 같이 세 가지를 정의한다. 하위레벨 확률에 해당하는 결합확률은 조건부 확률과 상위레벨 확률을 곱해서 계산할 수 있다.

### 표 15.1 nlogit 명령문 실행 후 예측 확률

| 종류 | 내 용 |
|---|---|
| 상위레벨 확률 | • $\mathrm{Pr}(y_i = m)$<br>• 개인 $i$의 레스토랑 선택이 상위레벨 $m$일 확률 |
| 하위레벨 확률 | • $\mathrm{Pr}(y_i = j, y_i = m) = \mathrm{Pr}(y_i = j \mid y_i = m) \times \mathrm{Pr}(y_i = m)$<br>• 개인 $i$의 선택이 상위레벨 $m$에 속한 $j$를 택할 확률 |
| 조건부 확률 | • $\mathrm{Pr}(y_i = j \mid y_i = m)$<br>• 개인 $i$가 상위레벨 $m$을 선택한다고 하면 $m$에 속한 레스토랑 $j$를 택할 확률 |

예측확률을 계산하기 위해 margins 명령어를 사용할 수 없다는 단점이 있다.* predict 명령어를 이용하여 개인별 예측확률을 계산하는 것은 가능하다. 상위레벨 확률과 하위레벨 확률을 계산하기 위해서는 predict에서 pr 옵션을 사용한다. p1과 p2 변수를 생성하기 위해서 p*라고 변수이름을 입력한다. 조건부 확률을 계산하기 위해서는 predict에서 condp hlevel(2) 옵션을 사용한다. condp는 조건부 확률을 계산하라는 의미이고 hlevel(2)는 하위레벨을 의미한다. 변수이름은 condp2로 지정하였다. p1 변수는 상위레벨 확률이고, p2 변수는 하위레벨 확률이다. 조건부 확률은 condp2 변수이다. p2 변수는 p1과 condp2를 곱한 값과

* 설명변수 값을 연구자가 관심 있는 특정한 값으로 지정한 후 확률을 계산하는 것도 가능하지만 코드가 복잡한 관계로 예제로 제시하지는 않는다. 관심 있는 연구자는 저자에게 직접 문의할 수 있다.

같다는 것을 알 수 있다. id=1이 fast restaurant를 선택할 확률은 10.7%이다. fast restaurant를 선택한다면 Freebirds를 선택할 확률은 54.6%이다. 조건이 주어지지 않았을 때 id=1이 Freebirds를 선택할 확률은 5.8%이다.

### 그림 15.18 predict 명령어

```
. qui nlogit chosen cost rating distance || type: income  || restaurant:, noconstant
case(family_id) nolog

. predict p*, pr
. predict condp2, condp hlevel(2)

. list family restaurant type p* condp2 if family==1

     +-------------------------------------------------------------------+
     | family~d     restaurant     type         p1          p2      condp2 |
     |-------------------------------------------------------------------|
  1. |        1      Freebirds     fast    .107066    .0585599    .5469513 |
  2. |        1     MamasPizza     fast    .107066    .0485061    .4530487 |
  3. |        1     CafeEccell   family   .8208796    .3004858    .3660534 |
  4. |        1    LosNortenos   family   .8208796    .3167931     .385919 |
  5. |        1     WingsNmore   family   .8208796    .2036008    .2480276 |
     |-------------------------------------------------------------------|
  6. |        1    Christophers    fancy   .0720544    .0262081    .3637272 |
  7. |        1        MadCows    fancy   .0720544    .0458463    .6362728 |
     +-------------------------------------------------------------------+
```

## 15.4 Stata do file

```
use S_data15_1, clear
tab insure
mprobit insure age male nonwhite i.site, nolog
mprobit insure age male nonwhite i.site, nolog  base(2)


qui mprobit insure age male nonwhite i.site, nolog
margins , at(age=(20(10)70)) atmeans ///
noatlegend predict(outcome(1))
margins , at(age=(20(10)70)) atmeans ///
noatlegend predict(outcome(2))

use S_data15_2, clear
tab mode
list id mode choice traveltime income in 1/8, sepby(id)

cmset id mode
```

```
cmtab, choice(choice)
cmmprobit choice travelcost termtime, casevars(income) nolog

cmmprobit choice travelcost termtime, casevars(income) ///
nolog correlation(exchangeable)
estat correlation

cmmprobit choice travelcost termtime, casevars(income) ///
nolog correlation(independent)
estat correlation

* margins 명령어
qui cmmprobit choice travelcost termtime, casevars(income) nolog
margins, outcome(1) at(income=(20 70)) atmeans noatlegend
margins, alternative(2) outcome(1) atmeans ///
noatlegend at(travelcost=120)

use S_data15_3, clear

nlogitgen type = restaurant(fast: Freebirds | MamasPizza, ///
family: CafeEccell | LosNortenos| WingsNmore, ///
fancy: Christophers | MadCows)

nlogitgen type1 = restaurant(fast: 1 |2, family: 3 | 4| 5, ///
fancy: 6 |7)

tab rest type

nlogittree restaurant type, choice(chosen)

nlogit chosen cost rating distance || type: income  ///
 || restaurant:, noconstant case(family_id) nolog notree

nlogit chosen cost rating distance ///
 || restaurant:income, case(family_id) nolog notree

qui nlogit chosen cost rating distance || type: income ///
 || restaurant:, noconstant case(family_id) nolog notree

estat alternative

nlogit chosen cost rating distance || type: income  ///
|| restaurant:, noconstant case(family_id) ///
nolog notree nonnormalized

gen incFast = (type == 1) * income
gen incFancy = (type == 3) * income

clogit chosen cost rating distance incFast incFancy,  ///
```

```
group(family_id) nolog
estimates store FULL

clogit chosen cost rating distance incFast ///
if type~=2,  group(family_id) nolog
estimates store restricted

hausman FULL restricted

* prediction
qui nlogit chosen cost rating distance || type: income ///
 || restaurant:, noconstant case(family_id) nolog
predict p*, pr
predict condp2, condp hlevel(2)

list family restaurant type p* condp2 if family==1
```

# CHAPTER 16 잠재성장 모형

## 16.1 멀티레벨 모형 접근

개인(또는 가구)이 시간에 따라 반복적으로 관찰되는 데이터 구조는 패널데이터 또는 멀티레벨 데이터에 속한다. 종속변수가 시간 흐름에 따라 어떻게 변하는가? 긍정적으로 변하는가? 또는 부정적으로 변하는가? 어떤 요인들이 그러한 성장 패턴과 관련이 있는가? 이러한 질문에 답하고자 잠재성장 모형(latent growth model)을 선택할 수 있다. 결혼 이후 기간에 따른 부부 행복도의 변화, 중학생 이후 고등학생 시점까지 청소년 비행(delinquency) 변화, 12세~18세 청소년의 체질량지수(BMI) 변화 과정, 은퇴 이후 고령자의 건강상태 변화 연구 등에 잠재성장 모형이 적용될 수 있다.

잠재성장 모형은 latent growth curve 모형이라고도 부른다. 여기서 "curve"의 의미는 꼭 성장 패턴의 비선형성(non-linearity)을 의미하는 것은 아니다. 대다수 모형에서는 오히려 선형(linear) 성장을 가정한다. 또한 잠재성장 모형은 individual trajectory 모형이라는 이름도 가지고 있다. 각 개인의 시간에 따른 변화를 "trajectory(궤도)"로 간주한다. 이와 유사한 모형으로 group trajectory 모형은 개인을 소수의 잠재 그룹(latent class)으로 나눈 후 잠재 그룹의 성장 패턴을 trajectory로 추정하는 것이 목적이다(Jones and Nagin 2007). 본 장에서는 individual trajectory 모형에 초점을 맞추어 설명한다.

잠재성장 모형을 이해하는 첫 번째 접근법은 멀티레벨(multi-level) 모형 또는 위계(hierarchical) 모형이다. 두 번째 접근법은 구조방정식(structural equation model: SEM)이다. 멀티레벨 모형은 이미 패널데이터 분석을 공부한 연구자들에게는 쉽게 이해될 수 있는 내용이다. 특히 패널데이터 모형 또는 멀티레벨 모형에서 확률계수(random coefficients) 모형을 성장과 연결하여 해석한다. 16.1절에서는 멀티레벨 모형 측면에서 잠재성장 모형을 추정하는 과정에 대해 논의한다.

개인 $i$ 가 시간 $t$ 에서 반복적으로 관찰된 데이터를 이용한 멀티레벨 모형을 다음과 같이 설정하자.

$$y_{it} = \alpha_{0i} + \alpha_{1i}\lambda_t + \beta x_{it} + e_{it} \tag{16.1}$$

$$\text{where}\ \ \alpha_{0i} = \alpha_0 + u_{0i} \quad \text{and} \ \ \alpha_{1i} = \alpha_1 + u_{1i}$$

여기에서 $\alpha_{0i}$는 확률상수(random intercept)에 해당한다. 개인 $i$에 따라 상수항(intercept term)이 변한다고 가정한다. $\alpha_i$는 확률기울기(random slope)에 해당한다. $\lambda_t$ 변수에 대한 기울기가 개인 $i$에 따라 변한다고 가정한다. $\lambda_t$ 변수는 시간에 해당하는 변수이다. 모든 개인들이 서로 같은 시점 $t = 1, 2, \cdots, T$을 가지고 있다면 $\lambda_t$는 연속적 정수로 표현된 시간변수가 된다. 그러나 잠재성장 모형에서는 $\lambda_t$가 개인마다 다를 수 있음을 허용한다. 나이(age)를 시간변수로 간주하면 개인별로 조사된 나이가 서로 다를 수 있다.

식 16.1 모형에서 시간가변 변수 $x_{it}$의 계수는 고정된 $\beta$로 간주한다. 그러나 여전히 확률기울기인 $\beta_i$로 설정할 수 있다. $\alpha_{0i}$와 $\alpha_{1i}$는 시간불변(time-invariant) 설명변수인 $w_i$를 포함하여 모형을 설정하는 것이 가능하다. 식 16.1 모형에서 오차항은 상위레벨 오차항인 $u_{0i}$와 $u_{1i}$, 그리고 하위레벨 오차항 $e_{it}$로 모두 3개이다. 오차항에 대한 가정은 다음과 같다.

$$u_{0i} \sim (0, \sigma_0^2)\,,\ u_{1i} \sim (0, \sigma_1^2)\,, \qquad \epsilon_{it} \sim (0, \sigma_\epsilon^2)$$
$$cov(u_{0i}, u_{1i}) = \sigma_{01},\ cov(u_{01}, \epsilon_{it}) = 0,\ cov(u_{1i}, \epsilon_{it}) = 0,\ cov(\epsilon_{it}, \epsilon_{is}) = 0$$

같은 레벨 오차항인 $u_{0i}$와 $u_{1i}$의 공분산은 0이 아니다. 그러나 상위레벨과 하위레벨 오차항의 공분산은 모두 0이고, 하위레벨 오차항의 자기상관은 존재하지 않는다.

식 16.1에 $\alpha_{0i}$와 $\alpha_{1i}$를 대입하면 다음과 같이 쓸 수 있다.

$$y_{it} = \alpha_0 + \alpha_1 \lambda_t + \beta x_{it} + (u_{0i} + u_{1i}\lambda_t) + e_{it} \tag{16.2}$$

여기에서 $\alpha_0 + \alpha_1 \lambda_t + \beta x_{it}$는 고정부분(fixed portion), 그리고 $u_{0i} + u_{1i}\lambda_t$는 확률부분(random portion)이라고 부른다. $\alpha_1$는 평균적인 성장 기울기로 해석하고 $u_{1i}$는 개인 $i$에 속한 추가적인 성장 기울기라고 해석할 수 있다. $u_{1i}$를 모형에서 고려하기 때문에 잠재성장(latent growth) 또는 확률적 성장(random growth)이라고 말할 수 있다.

개인 $i$의 성장곡선에 영향을 미치는 시간불변 변수가 있다고 가정하자. 가령 남자와 여자의 성장곡선이 서로 차이가 있다고 가정한다. 식 16.1의 $\alpha_{0i}$와 $\alpha_{1i}$에 $w_i$(성별 변수)를 포함하여 모형을 변경하자. $\alpha_{0i} = \alpha_0 + \gamma_0 w_i + u_{0i}$와 $\alpha_{1i} = \alpha_1 + \gamma_1 w_i + u_{1i}$을 식 16.1에 대입하면 다음 식이 된다.

$$y_{it} = \alpha_0 + \gamma_0 w_i + \alpha_1 \lambda_t + \gamma_1 (w_i \times \lambda_t) + \beta x_{it} + (u_{0i} + u_{1i}\lambda_t) + e_{it} \tag{16.3}$$

여기에서 $\alpha_1$는 남자와 여자의 성장 기울기의 차이를 의미한다. 따라서 $\alpha_1 = 0$이면 남자와 여자의 성장 패턴에 차이가 없다고 해석한다.

식 16.3은 평균적인 성장 패턴에서 남자와 여자가 차이가 있는지를 판단할 수 있다. 이에 반해 개인 $i$ 의 잠재성장(확률적 성장)이 남자와 여자 간에 차이가 있는지 살펴보는 모형을 설정할 수 있다. 식 16.1에서 $\alpha_{0i} = \alpha_0 + \gamma_0 w_i + u_{0i} w_i$ 와 $\alpha_{1i} = \alpha_1 + \gamma_1 w_i + u_{1i} w_i$ 로 정의한 후 식 16.1에 대입하면 다음과 같다.

$$y_{it} = \alpha_0 + \gamma_0 w_i + \alpha_1 \lambda_t + \gamma_1 (w_i \times \lambda_t) + \beta x_{it} + (u_{0i} w_i + u_{1i}(w_i \times \lambda_t)) + e_{it} \qquad (16.4)$$

식 16.3과 식 16.4의 차이점은 확률상수(random intercept)도 성별$(w_i)$에 따라 이질적이고, 확률기울기(random slope) 역시 성별에 따라 이질적이라고 가정하고 있다. 식 16.4에서는 확률효과(random effects)에 대해 성별에 따른 이질성을 허용하고 있다. 식 16.4에서 다음 가설이 기각된다면 확률효과에 이질성을 허용하는 모형(식 16.4)이 적절하다고 판단할 수 있다.

$$H_0 : var(u_{0i})_{male} = var(u_{0i})_{female}, \quad var(u_{1i})_{male} = var(u_{1i})_{female}$$

식 16.3 및 16.4 모형을 추정한 후 LR 검정을 이용해 가설검정할 수 있다.

Stata에서 잠재성장 모형의 추정은 멀티레벨 모형을 추정하는 것과 같다. 따라서 확률효과(오차항)에 대해 정규분포를 가정하고 최우추정량(ML) 또는 REML(residual ML)을 적용할 수 있다.*

## 16.2 구조방정식 모형 접근

잠재성장 모형은 구조방정식 모형(이하 SEM)으로 이해하고 모형의 모수를 추정할 수 있다.** 그림 16.1은 잠재성장 모형의 경로도표(path diagram)로 표현한 예를 보여준다.

---

* 추정방법에 대한 구체적인 설명은 Stata 매뉴얼 [ME] mixed와 민인식 · 최필선(2019d) 12장을 참고하라.

** 본 장의 목적은 SEM에 대한 이론적 및 실증적 논의가 목적이 아니라 잠재성장 모형을 SEM으로 표현할 수 있다는 것을 보여주고자 한다. 따라서 SEM에 대한 기초적 이해가 선행되어야 한다. Stata에서 SEM에 대한 구체적인 설명은 Stata 매뉴얼 [SEM]을 참고하라.

**그림 16.1** SEM으로 이해한 잠재성장 모형*

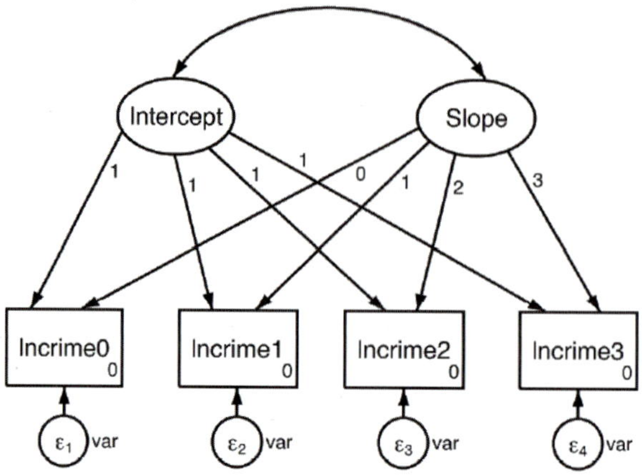


그림 16.1에서 종속변수는 $y_{it}$는 $lncrime_{it}$이고, 그룹 $i$는 $t=0,1,2,3$으로 4개 시점에서 관찰되었다. *Intercept*와 *Slope*는 잠재변수(상위레벨 오차항)에 해당한다.** 오차항의 계수는 *Intercept*의 경우에는 모두 1로 제약되어 있고, *Slope*는 시점에 해당하는 0, 1, 2, 3으로 제약되어 있다. 그림에서 *Intercept*와 *Slope*을 연결하는 곡선 화살표는 상위레벨 오차항의 공분산을 의미한다. 맨 아래에 있는 $\epsilon$는 시간가변 오차항(하위레벨 오차항)으로 표현하고 있다. 그림 16.1을 멀티레벨 모형으로 표현하면 다음과 같다.

$$y_{it} = \alpha_{0i} + \alpha_{1i}\lambda_t + \epsilon_{it} \tag{16.5}$$
$$\text{where} \quad \alpha_{0i} = \alpha_0 + u_{0i} \quad \text{and} \quad \alpha_{1i} = \alpha_1 + u_{1i}$$

여기에서 $\alpha_{0i}$는 그림 16.1의 *Intercept*에 해당하고 $\alpha_{1i}$는 *Slope*에 해당한다. $\alpha_{0i}$의 계수는 이미 1로 고정되어 있음을 식 16.5에서 알 수 있다. $\alpha_{1i}$의 계수는 $\lambda_t$이고, 이는 16.1절에서 설명하였듯이 시간에 해당하는 변수 값이 된다. 그림 16.1의 $\epsilon$는 식 16.5의 $\epsilon_{it}$에 해당한다.

식 16.5에서 $cov(\alpha_{0i}, \alpha_{1i}) = cov(u_{0i}, u_{1i}) = \sigma_{01}$ 이고, 이 값이 그림 16.1의 *Intercept*와 *Slope*의 곡선 화살표에 해당한다. 공분산 모수는 SEM 추정과정에서 추정치를 얻게 된다. $E(\alpha_{0i}) = \alpha_0$와 $E(\alpha_{1i}) = \alpha_1$이기 때문에 $\hat{\alpha}_0$와 $\hat{\alpha}_1$ 추정치 역시 얻을 수 있다. $\hat{\alpha}_0$는 잠재변수 *Intercept*의 평균으로 해석하고, $\hat{\alpha}_1$는 잠재변수 *Slope*의 평균으로 해석한다.

---

* Stata 매뉴얼 [SEM] Example 18에서 인용하였다.

** Stata의 SEM 명령문 문법에서 잠재변수(latent variable)는 반드시 대문자로 시작해야 한다.

**그림 16.2 성별 변수를 포함한 잠재성장 모형**

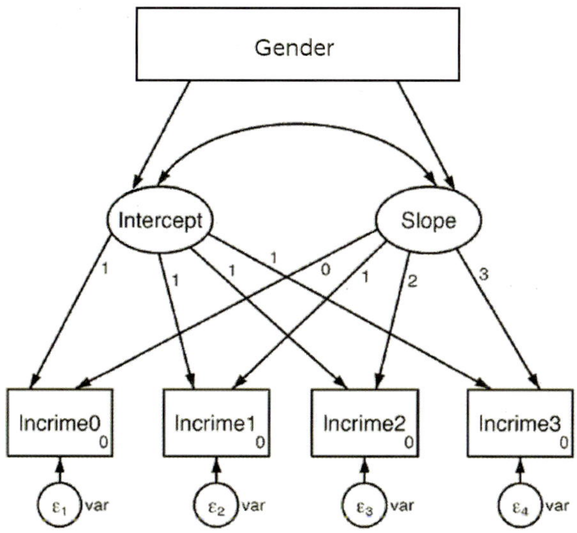


시간불변 변수인 $w_i$(성별) 변수를 포함하는 경우 그림 16.1의 SEM 경로도표를 그림 16.2로 표현할 수 있다. 성별($gender$) 변수가 잠재변수 $Intercept$와 $Slope$에 영향을 미친다.

그림 16.2를 멀티레벨 모형으로 쓰면 다음과 같다.

$$\begin{aligned} y_{it} &= \alpha_{0i} + \alpha_{1i}\lambda_t + \epsilon_{it} \\ \text{where}\quad \alpha_{0i} &= \alpha_0 + \gamma_0 gender_i + u_{0i} \\ \alpha_{1i} &= \alpha_1 + \gamma_1 gender_i + u_{1i} \end{aligned} \tag{16.6}$$

그림 16.2에서 $gender \rightarrow Intercept$의 화살표는 식 16.6의 $\gamma_0$이고, $gender \rightarrow Slope$의 화살표는 $\gamma_1$에 해당한다. $\gamma_0$과 $\gamma_1$은 SEM에서 추정해야 할 모수이다. 주의해야 할 점은 $Intercept$와 $Slope$에 영향을 주는 변수는 시간가변 변수를 지정할 수는 없고 반드시 시간불변 변수 유형이어야 한다.

그림 16.3에서는 비선형(non-linear) 성장 패턴모형을 SEM으로 추정하기 위한 경로도표이다. 그림 16.1과 차이점은 $Quadratic\ slope$ 잠재변수가 추가되었고 계수는 모두 $\lambda_t^2 = 0, 1, 4, 9$로 제약되었음을 알 수 있다. 경로도표를 단순화하기 위해 그림 16.1과 달리 잠재변수($Intercept$, $Linear\ slope$, $Quadratic\ slope$) 간 곡선 화살표를 제외하였다. 이러한 가정은 상위레벨 오차항 간 공분산을 0으로 가정한 것이다.

**그림 16.3 Quadratic term을 포함한 잠재성장 모형**

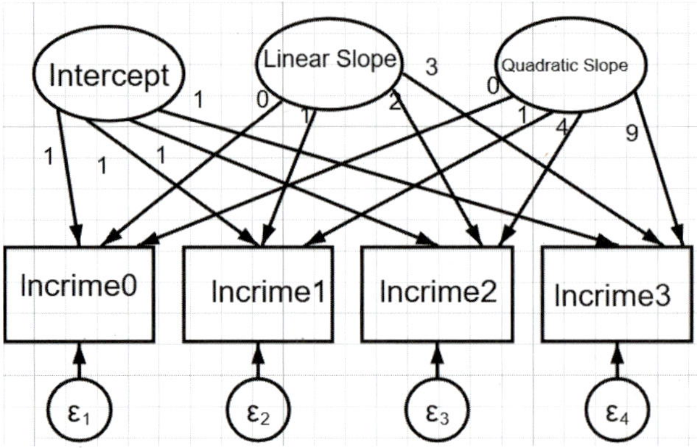


그림 16.3을 멀티레벨 모형으로 쓰면 다음과 같이 된다.

$$y_{it} = \alpha_{0i} + \alpha_{1i}\lambda_t + \alpha_{2i}\lambda_t^2 + \epsilon_{it} \tag{16.7}$$

$$\text{where} \quad \alpha_{0i} = \alpha_0 + u_{0i}$$

$$\alpha_{1i} = \alpha_1 + u_{1i}$$

$$\alpha_{2i} = \alpha_2 + u_{2i}$$

여기에서 $cov(u_{0i}, u_{1i}) = cov(u_{1i}, u_{2i}) = cov(u_{0i}, u_{2i}) = 0$ 으로 가정한다.

잠재성장 모형을 SEM으로 추정하는 경우 장점은 첫째, 다양한 형태의 측정오차(measurement errors)를 포함할 수 있다. 둘째, 추가적인 잠재변수(additional latent variables)가 성장패턴에 영향을 미치는 것을 모형화 할 수 있다. 셋째, 종속변수의 형태를 연속형뿐 아니라 이산형 및 순서형 모형에도 적용할 수 있다.

## 16.3 Stata 예제

data file: S_data16_1.dta*

예제 데이터에서 종속변수는 *anti*이고, 시간변수는 *age*이다.** 개인 $i$는 조사된 연도에서 나이(*age*)가 서로 다르다는 것을 알 수 있다. 나이가 증가함에 따라 *anti* 변수가 어떻게 성장하는지가 관심이다. 멀티레벨 모형으로 잠재성장 모형을 추정하기 위해서는 long-type 데이터 형태를 가져야 한다.

그림 16.4에서는 각 연령별 평균적인 *anti* 값을 계산하고 그 결과를 그래프로 그려본다.

---

* 예제 데이터는 https://curranbauer.org에서 인용하였다.

** *anti* 변수는 antisociality를 1점 – 5점으로 표시한 값이다.

tabstat 명령어에서 by(age)을 사용하여 나이별 평균 *anti* 값을 얻을 수 있다. 6세부터 점차 증가하다가 10세에서 가장 높아진다. 그러나 다시 감소한 후 13세부터 증가한다. 그림 16.4의 그래프는 평균적인 성장곡선으로 이해할 수 있다. 그래프 작성을 위해 임시 데이터를 만든 후 다시 원래 데이터로 돌아가기 위해 sanpshot save와 snapshot restore 명령어를 사용한다.

### 그림 16.4 나이별 평균 *anti* 계산

```
. use S_data16_1, clear

. tabstat anti, by(age) stat(mean) nototal

Summary for variables: anti
     by categories of: age

     age |      mean
---------+----------
       6 |   1.57377
       7 |  1.553571
       8 |  1.965753
       9 |  1.890625
      10 |  2.139073
      11 |  1.793103
      12 |  1.837037
      13 |  2.236994
      14 |  1.960396
--------------------

. snapshot save
. global snum=r(snapshot)
.
. collapse (mean) anti, by (age)
. twoway (connected anti age, msymbol(dh))
```

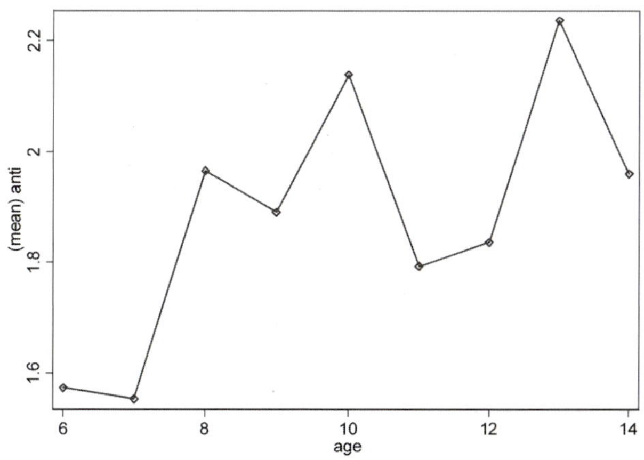


```
. snapshot restore $snum
```

그림 16.5에서는 개인별 성장곡선이 다른지를 그래프를 통해 미리 확인해 본다. id=1~10에 대해서 개인별 성장곡선을 그린 결과이다. 개인별로 성장 곡선에 차이가 있다는 것을 확인할 수 있다.

**그림 16.5 개인별 성장곡선**

```
. twoway (line anti age if id<=10, sort), by(id)
```

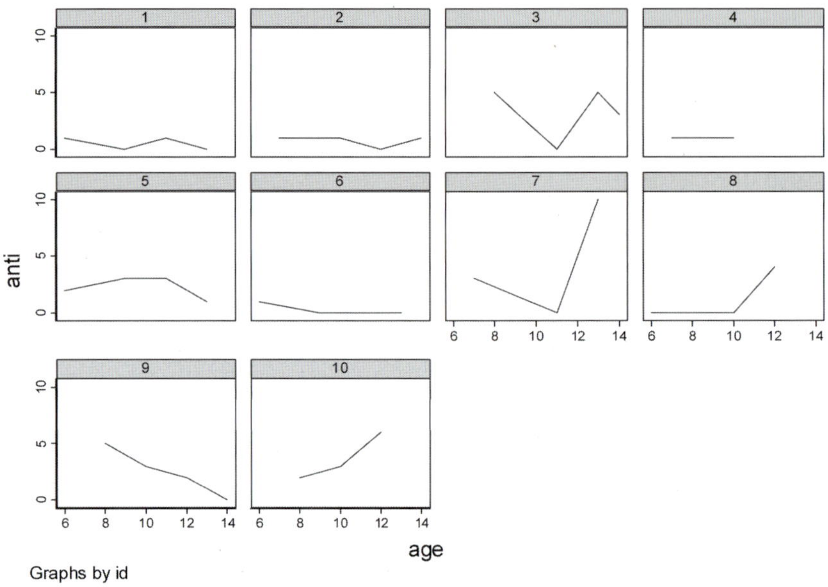


선형 성장(linear growth)을 가정한 잠재성장 모형을 멀티레벨 모형으로 추정하는 예는 그림 16.6에서 제시한다. 식 16.1에서 $\lambda_t$는 식 16.8에서 $age_{it}$에 해당한다. 개인 $i$ 별로 관찰된 $age$가 다르기 때문에 $age_t$ 대신 $age_{it}$라고 쓰고 있다.

$$anti_{it} = \alpha_{0i} + \alpha_{1i}\, age_{it} + \epsilon_{it} \tag{16.8}$$
$$\text{where} \quad \alpha_{0i} = \alpha_0 + u_{0i}$$
$$\alpha_{1i} = \alpha_1 + u_{1i}$$

먼저 $age$ 변수는 $age=6$이면 0으로 만들기 위해서 replace 명령문을 사용한다. 멀티레벨 모형을 추정하는 명령어는 Stata 14 버전 이후에는 mixed를 사용한다.* 명령문에서 || 다음에 상위레벨 변수 id를 입력하고 콜론(:) 다음에 시간에 해당하는 변수를 입력한다. reml

* Stata의 mixed 명령문에 대한 설명 및 예제는 민인식 · 최필선(2019d) 12장과 13장을 참고할 수 있다.

추정 대신 mle 추정결과를 얻기 위해서 mle 옵션을 지정한다. cov(un) 옵션은 식 16.8에서 $cov(u_{0i}, u_{1i}) = \sigma_{01} \neq 0$ 으로 가정한다.

**그림 16.6 잠재성장 모형: 선형성장 가정**

```
. replace age=age-6
(1,362 real changes made)

. mixed anti age ||id: age, nolog mle cov(un)

Mixed-effects ML regression                     Number of obs     =      1,362
Group variable: id                              Number of groups  =        405

                                                Obs per group:
                                                              min =          1
                                                              avg =        3.4
                                                              max =          4

                                                Wald chi2(1)      =      17.56
Log likelihood = -2640.4784                     Prob > chi2       =     0.0000

------------------------------------------------------------------------------
        anti |      Coef.   Std. Err.      z    P>|z|     [95% Conf. Interval]
-------------+----------------------------------------------------------------
         age |   .0742279   .0177136     4.19   0.000     .0395099     .108946
       _cons |   1.628912   .0856201    19.02   0.000     1.461099    1.796724
------------------------------------------------------------------------------

------------------------------------------------------------------------------
  Random-effects Parameters  |   Estimate   Std. Err.     [95% Conf. Interval]
-----------------------------+------------------------------------------------
id: Unstructured             |
                    var(age) |   .0225806   .0100493      .0094388    .0540203
                  var(_cons) |   1.005613   .2304774      .6417163    1.575863
              cov(age,_cons) |    .073874   .0381762      -.00095     .148698
-----------------------------+------------------------------------------------
               var(Residual) |   1.752169   .1016714      1.563811    1.963215
------------------------------------------------------------------------------
LR test vs. linear model: chi2(3) = 372.16                Prob > chi2 = 0.0000

. estat recovariance, corr

Random-effects correlation matrix for level id

             |       age      _cons
-------------+----------------------
         age |         1
       _cons |  .4902397          1
```

그림 16.6에서 $age = 0.0742$는 식 16.8에서 $\hat{\alpha}_1$에 해당하고, 모든 개인에 대해 평균적인 성장곡선 기울기에 해당한다. Random-effects Parameters에서 중요하게 해석하는 부분은 var(age)=0.0225이다. $var(u_{1i})$의 추정치로 이해할 수 있다. 분산이 0과 유의하게 다르기 때문에 개인별 성장 기울기에 차이가 있다고 이해할 수 있다. mixed 명령문을 실행한 후 estat recovariance, corr 명령문에 의해 $cov(u_{0i}, u_{1i})$ 대신 $corr(u_{0i}, u_{1i})$ 추정치를 제시한다. 상관계수 공식에 따라 다음과 같이 계산하면 동일한 값을 얻을 수 있다.

$$corr(age, cons) = \frac{cov(age, cons)}{\sqrt{var(age)var(cons)}} \tag{16.9}$$

상관계수가 0.49로 상위레벨 오차항 간 상관관계가 높다는 것을 확인할 수 있다.

그림 16.7에서는 비선형 성장곡선을 가정한 멀티레벨 모형을 추정한 결과를 보여준다. 식 16.10에서 $age^2$ 변수를 추가하고, 그 계수 역시 확률기울기(random slope)로 가정한다. 그림 16.7의 Stata 명령문에서 $age^2$은 c.age#c.age를 사용하지 않고, age2 변수를 새로 생성한 후 사용한다. 그 이유는 Stata 16버전에서는 || 이후 문법에서는 c. operator를 사용할 수 없기 때문이다.*

$$anti_{it} = \alpha_{0i} + \alpha_{1i}age_{it} + \alpha_{2i}age_{it}^2 + \epsilon_{it} \tag{16.10}$$

$$\text{where} \quad \alpha_{0i} = \alpha_0 + u_{0i}$$

$$\alpha_{1i} = \alpha_1 + u_{1i}$$

$$\alpha_{2i} = \alpha_2 + u_{2i}$$

**그림 16.7 잠재성장 모형: 비선형 성장 가정**

```
. gen age2=age^2
(258 missing values generated)

. mixed anti age age2 ||id: age age2, nolog mle cov(un) nofetable

Mixed-effects ML regression                     Number of obs     =      1,362
Group variable: id                              Number of groups  =        405

                                                Obs per group:
                                                              min =          1
                                                              avg =        3.4
```

* 그러나 Stata 17버전에서는 c. operator를 사용할 수 있다. 따라서 다음과 같이 명령문 작성이 가능하다.

```
. mixed anti age c.age#c.age ||id: age c.age#c.age , nolog mle cov(un) nofetable
```

```
                                                          max =          4

                                               Wald chi2(2)      =     19.46
Log likelihood = -2635.2969                    Prob > chi2       =    0.0001

------------------------------------------------------------------------------
  Random-effects Parameters  |   Estimate   Std. Err.     [95% Conf. Interval]
-----------------------------+------------------------------------------------
id: Unstructured             |
                   var(age)  |   .2503812   .1079144       .1075805   .5827335
                  var(age2)  |   .0028874   .0015716       .0009936   .0083907
                 var(_cons)  |   1.036589   .3038976       .5835244   1.841425
             cov(age,age2)   |  -.0256918    .012785       -.05075   -.0006337
            cov(age,_cons)   |  -.0611102   .1470207     -.3492654    .227045
           cov(age2,_cons)   |   .0125494   .0173032     -.0213642    .046463
-----------------------------+------------------------------------------------
              var(Residual)  |   1.620093    .109721       1.418705   1.850068
------------------------------------------------------------------------------
LR test vs. linear model: chi2(6) = 381.40              Prob > chi2 = 0.0000

. estat recovariance, corr

Random-effects correlation matrix for level id

             |        age        age2       _cons
-------------+---------------------------------
         age |          1
        age2 | -.9555168           1
       _cons | -.1199526    .2293841           1
```

그림 16.7 명령문에서 nofetable 옵션을 사용했기 때문에 고정부분(fixed portion)은 제시하지 않고 확률부분(random portion) 결과만 제시한다. cov(age, age2), cov(age, _cons), cov(age2, _cons)는 상위레벨 오차항 간 공분산을 추정한다. 그러나 cov(age, _cons)와 cov(age2, _cons)는 통계적으로 0이라고 판단할 수 있다.

다음 모형은 성별에 따라 성장곡선에 차이가 있고, 개인 $i$ 의 성장 기울기는 성별에 따라 확률기울기를 가지는 모형이다. 16.1절의 식 16.4에 해당한다.

$$
\begin{aligned}
& anti_{it} = \alpha_{0i} + \alpha_{1i}\, age_{it} + \epsilon_{it} \\
\text{where}\quad & \alpha_{0i} = \alpha_0 + \gamma_0\, male_i + u_{0i}\, male_i \\
& \alpha_{1i} = \alpha_1 + \gamma_1\, male_i + u_{1i}\, male_i
\end{aligned}
\qquad (16.11)
$$

그림 16.8에서는 식 16.11을 추정하기 위한 Stata 명령문을 제시한다. 먼저 $male$ 변수는 남자 변수이기 때문에 여자 변수인 $female$ 변수를 생성한다. 그런 다음 $male \times age$ (변

수: male_age)와 $female \times age$ (변수: female_age)를 생성한다. mixed 명령문에서 ||를 반복적으로 사용하고 있는 것에 유의한다. || 내에서 noconstant 옵션을 추가적으로 사용하여 확률절편과 확률기울기가 성별에 따라 차이가 있는지를 고려한다.

고정부분에서 male(1)#c.age=0.018이고 이는 식 16.11의 $\gamma_1$에 해당하는 추정계수이다. 평균적인 성장 기울기는 남자가 여자보다 더 크다는 것을 알 수 있다. 확률부분에서 중요하게 해석해야 할 추정치는 var(male_age)와 var(female_age)이다. 식 16.11에서 $var(u_{1i})$에 해당하는 추정치이다. var(male_age)가 var(female_age)보다 크기 때문에 남자의 성장 기울기 분산이 여자의 성장 기울기 분산보다 더 크다. 남자 그룹이 여자 그룹보다 성장곡선의 개인간 차이가 더 심한 것으로 이해할 수 있다. cov(ind) 옵션은 상위레벨 오차항이 서로 독립으로 제약한다.

### 그림 16.8 남녀별 이질적 확률 기울기를 갖는 모형

```
. gen female=1-male

. gen male_age=male*age
(258 missing values generated)

. gen female_age=female*age
(258 missing values generated)


. mixed anti i.male age i.male#c.age  ||id: male male_age  , noconstant || id: female
female_age,  noconstant nolog mle cov(ind)

Mixed-effects ML regression                     Number of obs     =      1,362
Group variable: id                              Number of groups  =        405
                                                Obs per group:
                                                              min =          1
                                                              avg =        3.4
                                                              max =          4
                                                Wald chi2(3)      =      47.78
Log likelihood = -2617.6169                     Prob > chi2       =     0.0000

------------------------------------------------------------------------------
        anti | Coefficient  Std. err.      z    P>|z|     [95% conf. interval]
-------------+----------------------------------------------------------------
      1.male |   .6769867   .3228706     2.10   0.036     .0441719    1.309801
         age |   .0643242   .0239787     2.68   0.007     .0173269    .1113215
             |
  male#c.age |
          1  |   .0184694   .0344117     0.54   0.591    -.0489763     .085915
             |
       _cons |   .8457794   .2304245     3.67   0.000     .3941556    1.297403
```

```
-----------------------------------------------------------------------------


-----------------------------------------------------------------------------
  Random-effects parameters  |   Estimate   Std. err.     [95% conf. interval]
-----------------------------+-----------------------------------------------
id: Independent              |
                   var(male) |   .2377645   .3624831      .0119798    4.718931
               var(male_age) |   .0213207   .0044059      .0142201    .0319669
-----------------------------+-----------------------------------------------
id: Independent              |
                 var(female) |    .195587   .3300357      .0071616    5.341546
             var(female_age) |   .0095255   .0035443      .0045937    .0197517
-----------------------------+-----------------------------------------------
               var(Residual) |   1.795712   .0843334      1.637801    1.968848
-----------------------------------------------------------------------------
LR test vs. linear model: chi2(4) = 353.26                Prob > chi2 = 0.0000
```

그림 16.9에서는 확률기울기가 남녀 간 차이가 있다는 모형(식 16.11)과 남녀 간 차이가 없다는 다음의 모형(식 16.12) 중 모형 선택을 위한 LR 검정을 보여준다.

$$anti_{it} = \alpha_{0i} + \alpha_{1i}\, age_{it} + \epsilon_{it} \qquad (16.12)$$

$$\text{where} \quad \alpha_{0i} = \alpha_0 + \gamma_0\, male_i + u_{0i}$$

$$\alpha_{1i} = \alpha_1 + \gamma_1\, male_i + u_{1i}$$

위 모형에서는 남녀 간 평균적 성장 기울기는 차이가 있지만, 확률적 기울기는 남녀 간 차이가 없다고 제약한다.

### 그림 16.9 LR 검정

```
. qui mixed anti i.male age i.male#c.age ||id: age,  nolog mle cov(ind)

. estimates store HOMO

.  qui  mixed  anti  i.male  age  i.male#c.age  ||id:  male  male_age  ,  noconstant  ||  id:
female female_age, noconstant nolog mle cov(ind)


. estimates store HETERO

. lrtest HOMO HETERO

Likelihood-ratio test                                 LR chi2(2)  =      13.66
(Assumption: HOMO nested in HETERO)                   Prob > chi2 =     0.0011
```

```
Note: The reported degrees of freedom assumes the null hypothesis is not on the
boundary of the parameter space.  If this is not
      true, then the reported test is conservative.
```

그림 16.9의 lrtest 명령어는 LR 검정 결과를 확인한다. 검정 결과 $p$-값이 0.05보다 작기 때문에 다음과 같은 귀무가설을 기각한다. 제약조건이 2개이기 때문에 카이제곱 검정의 자유도는 2가 된다.

$$H_0 : var(u_{0i})_{male} = var(u_{0i})_{female},\quad var(u_{1i})_{male} = var(u_{1i})_{female}$$

data file: S_data16_2.dta*

위 예제 데이터는 앞선 예제 데이터(S_data16_1.dta)와 같은 파일이다. 차이점은 S_data16_1은 long-type 구조인데 비해 S_data16_2.dta는 wide-type 구조라는 점이다. S_data16_1..dta은 reshape 명령어를 이용하면 S_data16_2.dta로 만들 수 있다. 그림 16.10의 명령문과 결과가 나와 있다. j( ) 옵션에 해당하는 $age$ 변수에 결측치가 있으면 reshape 명령어가 실행되지 않기 때문에 먼저 $age$가 결측인 관측치를 모두 삭제한다. wide-type 데이터의 일부분을 살펴보면 종속변수인 $anti$ 변수는 anti0~anti8까지 생성되고 각 id가 조사된 나이에서만 $anti$ 값이 존재하고 조사되지 않은 시점에서는 결측치가 주어진다.

**그림 16.10 long-type을 wide-type으로 변경**

```
. use S_data16_1, clear

. drop year

. drop if age==.
(258 observations deleted)

. replace age=age-6
(1,362 real changes made)

. reshape wide anti , i(id) j(age)
(note: j = 0 1 2 3 4 5 6 7 8)

Data                               long   ->   wide
-----------------------------------------------------------------------------
Number of obs.                     1362   ->    405
Number of variables                   5   ->     12
```

* 예제 데이터는 https://curranbauer.org에서 인용하였다.

```
j variable (9 values)                  age     ->   (dropped)
xij variables:
                                       anti    ->   anti0 anti1 ... anti8
-----------------------------------------------------------------------------

. save S_data16_2, replace
```

|  | id | anti0 | anti1 | anti2 | anti3 | anti4 | anti5 | anti6 | anti7 | anti8 |
|---|---|---|---|---|---|---|---|---|---|---|
| 1 | 1 | 1 | . | . | 0 | . | 1 | . | 0 | . |
| 2 | 2 | . | 1 | . | . | 1 | . | 0 | . | 1 |
| 3 | 3 | . | . | 5 | . | . | 0 | . | 5 | 3 |
| 4 | 4 | . | 1 | . | . | 1 | . | . | . | . |
| 5 | 5 | 2 | . | . | 3 | . | 3 | . | 1 | . |
| 6 | 6 | 1 | . | . | 0 | . | 0 | . | 0 | . |
| 7 | 7 | . | 3 | . | . | . | 0 | . | 10 | . |
| 8 | 8 | 0 | . | . | . | 0 | . | 4 | . | . |
| 9 | 9 | . | . | 5 | . | 3 | . | 2 | . | 0 |

그림 16.4에서 계산하였듯이 나이별 평균 *anti*는 다음과 같이 쉽게 계산할 수 있다. 그림 16.11의 결과는 그림 16.4와 정확히 일치함을 확인할 수 있다.*

### 그림 16.11 나이별 *anti* 변수 평균

```
. use S_data16_2, clear

. su anti*

    Variable |       Obs        Mean    Std. Dev.       Min        Max
-------------+--------------------------------------------------------
       anti0 |       122     1.57377    1.665985          0          9
       anti1 |       168    1.553571    1.554437          0          7
       anti2 |       146    1.965753    1.798138          0          7
       anti3 |       192    1.890625    1.953254          0          9
       anti4 |       151    2.139073     2.13554          0         10
-------------+--------------------------------------------------------
       anti5 |       174    1.793103    1.948101          0         10
       anti6 |       135    1.837037    1.779684          0          7
       anti7 |       173    2.236994     2.27126          0         10
       anti8 |       101    1.960396    2.087682          0         10
```

SEM으로 추정하고자 하는 첫 번째 잠재성장 모형은 그림 16.1과 유사하다. 확률절편과 확률기울기를 가지는 선형 성장모형이다. 멀티레벨 모형의 식 16.6에 해당한다. Stata에서 SEM 추정은 sem 명령어로 시작하는 명령문을 쓸 수도 있고, SEM Builder를 이용하

* 그림 16.4의 tabstat 명령문 결과와 일치한다. anti0은 age6, anti1은 age7로 간주한다.

여 경로도표를 그린 후 그려진 그림대로 추정하는 것도 가능하다.* 본 절의 실습에서는 sem 명령문을 사용하는 예제만 제시한다.

sem 명령어 다음에 anti0~anti8에 대한 추정 모형을 입력한다. *Int*와 *Slope*는 잠재변수(확률효과에 해당)이기 때문에 반드시 대문자로 시작해야 한다. mean(Int Slope) 옵션은 평균적인 상수항과 성장 기울기를 추정한다. method(mlmv)는 종속변수에 결측치가 있는 경우에 사용한다. satopts(iter(0)) 옵션은 saturated 모형을 추정하지 말고, 식 16.6의 잠재성장모형만 추정하라는 의미이다. 추정결과를 살펴보면, mean(Int)와 mean(Slope) 추정치는 앞의 그림 16.6과 정확히 일치한다. 그러나 확률부분을 비교하면 그림 16.6과 사소하게 차이가 있다. 그림 16.6(멀티레벨 모형)에서는 하위레벨 오차항 $\epsilon_{it=0} \sim \epsilon_{it=8}$ 분산이 모두 같다고 가정한다. 그러나 그림 16.12(구조방정식 모형)에서는 $\epsilon_{it=0} \sim \epsilon_{it=8}$ 분산이 서로 다르다고 가정하기 때문에 var(Int), var(Slope), cov(Int, Slope) 추정치가 약간 차이가 있다. 그러나 var(Slope)가 0과 유의하기 다르기 때문에 개인별 성장곡선에 변화(variability)가 있다는 결론은 멀티레벨 모형 결과와 일치한다.

#### 그림 16.12 SEM 추정: 선형 성장모형

```
. sem (anti0<-Int@1 Slope@0)   ///
  (anti1<-Int@1 Slope@1)   ///
  (anti2<-Int@1 Slope@2)   ///
  (anti3<-Int@1 Slope@3)   ///
  (anti4<-Int@1 Slope@4)   ///
  (anti5<-Int@1 Slope@5)   ///
  (anti6<-Int@1 Slope@6)   ///
  (anti7<-Int@1 Slope@7)   ///
  (anti8<-Int@1 Slope@8)   ///
  , noconstant mean(Int Slope) method(mlmv) nolog satopts(iter(0))

Endogenous variables

Measurement:  anti0 anti1 anti2 anti3 anti4 anti5 anti6 anti7 anti8

Exogenous variables

Latent:       Int Slope

Fitting saturated model:

Iteration 0:   log likelihood = -3678.0687  (not concave)
convergence not achieved
```

* SEM Builder를 사용하기 위해서는 Stata 명령어 창에서 db sem이라고 입력한다.

```
Fitting baseline model:

Structural equation model                       Number of obs     =        405
Estimation method  = mlmv
Log likelihood     = -2637.2227

================================ 결과 중략 =============================

------------------------------------------------------------------------------
             |                 OIM
             |      Coef.   Std. Err.      z    P>|z|     [95% Conf. Interval]
-------------+----------------------------------------------------------------
Measurement  |
  anti0      |
         Int |          1  (constrained)
       _cons |          0  (constrained)
  -----------+----------------------------------------------------------------
  anti1      |
         Int |          1  (constrained)
       Slope |          1  (constrained)
       _cons |          0  (constrained)

================================= 결과 중략 ==============================

   mean(Int)|   1.620927   .0858989    18.87   0.000     1.452568    1.789286
 mean(Slope)|   .0741684   .0179686     4.13   0.000     .0389507    .1093861
-------------+----------------------------------------------------------------
var(e.anti0)|   1.880947    .374604                      1.273074    2.779069
var(e.anti1)|   1.345478   .2644997                      .9152584    1.977923
var(e.anti2)|   1.685919   .2897722                      1.203744    2.361236
var(e.anti3)|   1.867414   .2513349                      1.434424    2.431104
var(e.anti4)|   2.181441   .3232814                      1.631543    2.916677
var(e.anti5)|   1.663634   .2486255                      1.241218    2.229808
var(e.anti6)|   1.458327   .2736743                      1.009521    2.106658
var(e.anti7)|   1.798967   .3372064                      1.245862    2.597623
var(e.anti8)|   1.726381   .4135783                      1.079492    2.760919
    var(Int)|   1.092526   .2919211                      .6471307    1.844469
  var(Slope)|    .026507   .0122341                      .0107274    .0654978
-------------+----------------------------------------------------------------
cov(Int,Slope)|  .0504048   .0523689     0.96   0.336    -.0522363     .153046
------------------------------------------------------------------------------
```

그림 16.13에서는 비선형 성장모형에 해당하는 그림 16.7을 sem 명령어로 추정하는 예제를 보여준다. 잠재 변수는 $Int$, $Slope$, 그리고 $Qslope$의 3개로 구성되어 있다. 여기에서 $Qslope$은 $Slope$의 제곱으로 제약한다. var(e.anti0@myb)~var(e.anti8@myb) 옵션을 이용하여 $var(\epsilon_{i0})\sim var(\epsilon_{i8})$이 모두 같다고 제약한다. 추정결과는 그림 16.7(멀티레벨 모형)과

정확히 일치한다.

**그림 16.13 SEM 추정: 비선형 성장모형**

```
. sem (anti0<-Int@1 Slope@0 Qslope@0 )   ///
 (anti1<-Int@1 Slope@1 Qslope@1 )   ///
 (anti2<-Int@1 Slope@2 Qslope@4 )   ///
 (anti3<-Int@1 Slope@3 Qslope@9 )   ///
 (anti4<-Int@1 Slope@4 Qslope@16 )   ///
 (anti5<-Int@1 Slope@5 Qslope@25 )   ///
 (anti6<-Int@1 Slope@6 Qslope@36 )   ///
 (anti7<-Int@1 Slope@7 Qslope@49 )   ///
 (anti8<-Int@1 Slope@8 Qslope@64 )   ///
 , noconstant mean(Int Slope Qslope) method(mlmv) nolog satopts(iter(0)) ///
var(e.anti0@myb) var(e.anti1@myb) var(e.anti2@myb) ///
var(e.anti3@myb) var(e.anti4@myb) ///
var(e.anti5@myb) var(e.anti6@myb) var(e.anti7@myb) var(e.anti8@myb)

Endogenous variables

Measurement:  anti0 anti1 anti2 anti3 anti4 anti5 anti6 anti7 anti8

Exogenous variables

Latent:       Int Slope Qslope

=============================== 결과 중략 ==========================================

       mean(Int)|  1.541558   .1067729    14.44   0.000     1.332286    1.750829
     mean(Slope)|  .1452803   .0604909     2.40   0.016     .0267203    .2638403
    mean(Qslope)| -.0088989   .0072684    -1.22   0.221    -.0231447     .005347
----------------+---------------------------------------------------------------
    var(e.anti0)|  1.620091   .1097203                      1.418705    1.850065
    var(e.anti1)|  1.620091   .1097203                      1.418705    1.850065

============================ 결과 중략 ==========================================

    var(Int)    |  1.036591   .3038837                      .5835414    1.841378
    var(Slope)  |  .2503823   .1079084                      .1075864    .5827063
    var(Qslope) |  .0028875   .0015715                      .0009937    .0083903

----------------+---------------------------------------------------------------
  cov(Int,Slope)| -.0611113   .1470063    -0.42   0.678    -.3492384    .2270157
 cov(Int,Qslope)|  .0125495   .0173014     0.73   0.468    -.0213606    .0464596
cov(Slope,Qslope)|  -.025692  .0127843    -2.01   0.044    -.0507488   -.0006352
--------------------------------------------------------------------------------
```

그림 16.14에서는 그림 16.2와 같이 시간불변 변수를 포함하는 SEM을 추정한다. 멀티레벨 모형 식 16.12를 추정하는 것과 같다. 가장 중요한 명령문은 (Int Slope <- male _cons)를

추가한 것이다. 이는 잠재변수 *Int*와 *Slope*가 관찰된 시간불변 변수인 *male*에 의해서 영향을 받는다는 의미이다. 그림 16.13과 마찬가지로 $var(\epsilon_{i0}) \sim var(\epsilon_{i8})$이 서로 같도록 제약하였다. 잠재변수가 관찰된 변수에 의해 화살표로 지정되면 mean(Int Slope) 옵션은 반드시 제외함에 유의해야 한다. 그림 16.2에서는 *Intercept*와 *Slope* 사이에 곡선 화살표가 존재한다. 상위레벨 오차항 간 공분산을 $cov(u_{0i}, u_{1i}) \neq 0$으로 가정한다는 뜻이다. 그러나 그림 16.14 예제에서는 논의의 편의상 $cov(u_{0i}, u_{1i}) = 0$으로 제약하고 있다. 만약 $cov(u_{0i}, u_{1i}) \neq 0$와 같이 가정한다면 그림 16.14 명령문에서 옵션으로 cov(e.Int*e.Slope)을 추가해야 한다.

### 그림 16.14 SEM 추정: 시간불변 변수(*male*) 포함

```
. sem (anti0<-Int@1 Slope@0)   ///
 (anti1<-Int@1 Slope@1)   ///
 (anti2<-Int@1 Slope@2)   ///
 (anti3<-Int@1 Slope@3)   ///
 (anti4<-Int@1 Slope@4)   ///
 (anti5<-Int@1 Slope@5)   ///
 (anti6<-Int@1 Slope@6)   ///
 (anti7<-Int@1 Slope@7)   ///
 (anti8<-Int@1 Slope@8)   ///
 (Int Slope<-male _cons) ///
 , noconstant method(mlmv) nolog satopts(iter(0)) ///
  var(e.anti0@myb) var(e.anti1@myb) var(e.anti2@myb) ///
  var(e.anti3@myb) var(e.anti4@myb) ///
 var(e.anti5@myb) var(e.anti6@myb) var(e.anti7@myb) var(e.anti8@myb)

Endogenous variables

Measurement:  anti0 anti1 anti2 anti3 anti4 anti5 anti6 anti7 anti8
Latent:       Int Slope

Exogenous variables

Observed:     male

=================================결과 중략=====================================

-------------------------------------------------------------------------------
             |                 OIM
             |      Coef.   Std. Err.      z    P>|z|     [95% Conf. Interval]
-------------+-----------------------------------------------------------------
Structural   |
  Int        |
        male |   .7996714   .1737795     4.60   0.000     .4590698    1.140273
       _cons |   1.229899   .1238503     9.93   0.000     .9871572    1.472641
```

```
------------+----------------------------------------------------------------
Slope       |
       male |  .0122964   .0370291     0.33   0.740    -.0602793    .0848722
      _cons |  .0671136   .0266923     2.51   0.012     .0147977    .1194295
------------+----------------------------------------------------------------
================================결과 중략=====================================
  var(e.Int)|  1.155852   .1585008                      .8834415     1.51226
var(e.Slope)|  .0362437   .0074286                      .0242531    .0541624
-----------------------------------------------------------------------------
```

그림 16.15에서는 식 16.12에 해당하는 멀티레벨 모형 추정결과를 제시한다. 그림 16.14와 그림 16.15는 정확히 동일한 결과임을 알 수 있다. $cov(u_{0i}, u_{1i}) = 0$ 으로 제약하기 위해 cov(ind) 옵션을 사용한다. var(age)는 그림 16.14의 var(e.Slope)와 같다는 것을 확인한다. 그림 16.14의 Structural 부분과 그림 16.15의 결과는 서로 차이가 있는 것으로 보인다. 그러나 표 16.1에서 확인할 수 있듯이 정확히 같은 추정치가 주어진다.

**그림 16.15 그림 16.14와 매칭되는 멀티레벨 모형 추정결과**

```
. use S_data16_1, clear

. replace age=age-6
(1,362 real changes made)

. mixed anti i.male i.male#c.age ||id: age,  nolog mle cov(ind)

Mixed-effects ML regression                     Number of obs     =      1,362
Group variable: id                              Number of groups  =        405

                                                Obs per group:
                                                              min =          1
                                                              avg =        3.4
                                                              max =          4

                                                Wald chi2(3)      =      49.74
Log likelihood = -2625.9078                     Prob > chi2       =     0.0000

-----------------------------------------------------------------------------
       anti |      Coef.   Std. Err.      z    P>|z|     [95% Conf. Interval]
------------+----------------------------------------------------------------
     1.male |   .7996713   .1737744     4.60   0.000     .4590798    1.140263
            |
 male#c.age |
          0 |   .0671136   .0266605     2.52   0.012       .01486    .1193671
          1 |   .0794099   .0256939     3.09   0.002     .0290508    .1297691
            |
      _cons |   1.229899   .1238251     9.93   0.000     .9872063    1.472592
```

```
------------------------------------------------------------------------------


------------------------------------------------------------------------------
  Random-effects Parameters  |   Estimate   Std. Err.     [95% Conf. Interval]
-----------------------------+------------------------------------------------
id: Independent              |
                    var(age) |   .0362439   .0074287      .0242532    .0541628
                  var(_cons) |   1.155857   .1585018      .8834452    1.512268
-----------------------------+------------------------------------------------
               var(Residual) |   1.674575   .0856384      1.514865    1.851123
------------------------------------------------------------------------------
LR test vs. linear model: chi2(2) = 336.68              Prob > chi2 = 0.0000
```

표 16.1 그림 16.14와 그림 16.15 결과 비교

| 그림 16.14 : SEM | 그림 16.15 : 멀티레벨 모형 |
|---|---|
| Int: male=0.799 | 1.male=0.799 |
| Int: _cons=1.229 | _cons=1.229 |
| Slope: male=0.0122 | 1.male#c.age − 0.male#c.age=0.079−0.067 =0.0122 |
| Slope: _cons=0.067 | 0.male#c.age=0.067 |

## 16.4 Stata do file

```
use S_data16_1, clear
tabstat anti, by(age) stat(mean) nototal

snapshot save
global snum=r(snapshot)

collapse (mean) anti, by (age)
twoway (connected anti age, msymbol(dh))

snapshot restore $snum
twoway (line anti age if id<=10, sort), by(id)

replace age=age-6
mixed anti age ||id: age, nolog mle cov(un)
estat recovariance, corr

gen age2=age^2
mixed anti age age2 ||id: age age2, nolog mle cov(un) nofetable
estat recovariance, corr

use S_data16_1, clear
```

```
gen age2=age^2
gen female=1-male
gen male_age=male*age
gen female_age=female*age

mixed anti i.male age i.male#c.age ||id: male male_age ///
 , noconstant || id: female female_age, ///
noconstant nolog mle cov(ind)

qui mixed anti i.male age i.male#c.age ||id: age,  nolog mle cov(ind)
estimates store HOMO

qui mixed anti i.male age i.male#c.age ||id: ///
male male_age , noconstant || id: female female_age, ///
noconstant nolog mle cov(ind)
estimates store HETERO

lrtest HOMO HETERO

use S_data16_1, clear
drop year
drop if age==.
replace age=age-6
reshape wide anti , i(id) j(age)
save S_data16_2, replace

use S_data16_2, clear
su anti*

sem (anti0<-Int@1 Slope@0)   ///
(anti1<-Int@1 Slope@1)   ///
(anti2<-Int@1 Slope@2)   ///
(anti3<-Int@1 Slope@3)   ///
(anti4<-Int@1 Slope@4)   ///
(anti5<-Int@1 Slope@5)   ///
(anti6<-Int@1 Slope@6)   ///
(anti7<-Int@1 Slope@7)   ///
(anti8<-Int@1 Slope@8)   ///
, noconstant mean(Int Slope) method(mlmv) nolog satopts(iter(0))

sem (anti0<-Int@1 Slope@0 Qslope@0 )   ///
(anti1<-Int@1 Slope@1 Qslope@1 )   ///
(anti2<-Int@1 Slope@2 Qslope@4 )   ///
(anti3<-Int@1 Slope@3 Qslope@9 )   ///
(anti4<-Int@1 Slope@4 Qslope@16 )   ///
(anti5<-Int@1 Slope@5 Qslope@25 )   ///
(anti6<-Int@1 Slope@6 Qslope@36 )   ///
(anti7<-Int@1 Slope@7 Qslope@49 )   ///
(anti8<-Int@1 Slope@8 Qslope@64 )   ///
```

```
, noconstant mean(Int Slope Qslope) ///
method(mlmv) nolog satopts(iter(0)) ///
var(e.anti0@myb) var(e.anti1@myb) ///
var(e.anti2@myb) var(e.anti3@myb) var(e.anti4@myb) ///
var(e.anti5@myb) var(e.anti6@myb) ///
var(e.anti7@myb) var(e.anti8@myb)

sem (anti0<-Int@1 Slope@0)   ///
(anti1<-Int@1 Slope@1)   ///
(anti2<-Int@1 Slope@2)   ///
(anti3<-Int@1 Slope@3)   ///
(anti4<-Int@1 Slope@4)   ///
(anti5<-Int@1 Slope@5)   ///
(anti6<-Int@1 Slope@6)   ///
(anti7<-Int@1 Slope@7)   ///
(anti8<-Int@1 Slope@8)   ///
(Int Slope<-male _cons) ///
, noconstant method(mlmv) nolog satopts(iter(0)) ///
var(e.anti0@myb) var(e.anti1@myb) ///
var(e.anti2@myb) var(e.anti3@myb) var(e.anti4@myb) ///
var(e.anti5@myb) var(e.anti6@myb) ///
var(e.anti7@myb) var(e.anti8@myb)

use S_data16_1, clear
replace age=age-6
mixed anti i.male i.male#c.age ||id: age,  nolog mle cov(ind)
```

# CHAPTER 17 잠재계층 분석

## 17.1 LCA 개념과 추정

모집단을 나이, 성별, 취업여부 등을 기준으로 구분한 후, 각 그룹의 의사결정이 어떻게 다른지 회귀분석을 통해 보여주는 것은 비교 분석의 전통적 접근 방법이다. 그러나 그룹 멤버십(membership)을 결정하는 관찰된 변수가 없는 경우도 있다. 소비취향이 다른 소비자 그룹, 비행(delinquency) 성향이 다른 청소년 그룹, 의학적 치료에 서로 다르게 반응하는 환자 그룹을 예시로 들 수 있다.

조사대상인 성인들을 음주성향에 따라 몇 개 그룹으로 나누고자 한다. 음주성향은 연속형 변수이지만 관찰되지 않기 때문에 그룹 멤버십은 범주형 변수로 주어질 것이다. 음주성향을 절제, 사교성 음주, 중독 그룹으로 구분한다고 가정하자. 개인 $i$가 어느 그룹인지 구분하는 관찰된 변수가 존재하지 않는다. 이런 경우 그룹 멤버십에 해당하는 잠재변수(latent variable)가 필요하다. 또한 잠재변수를 측정하는 서베이 질의응답 또는 관찰된 변수들(items or indicators)이 필요하다. 조사대상을 잠재변수에 따라 몇 개 그룹(가령 3개)으로 구분한 후 다음과 같은 질문에 답할 수 있어야 한다. 첫째, 3개 그룹으로 구분하는 것은 적절한가? 둘째, 잠재변수를 결정하는 측정변수는 제대로 사용하고 있는가? 셋째, 각 개인이 어느 그룹에 속하는지 예측할 수 있는가?

잠재변수를 이용한 그룹 멤버십 결정과정을 잠재계층 분석(latent class analysis: LCA)이라고 부른다. LCA는 심리학 연구에서는 대상자의 우울증 그룹을 구분하는 데 응용되었다. 교육학 연구에서는 학생들의 비행 정도를 구분하거나 선생님의 지도방식을 구분하는 데 사용되었다. 사회학 연구에서는 다차원적 관점에서 바라본 빈곤 그룹을 구분하는 데 사용되기도 한다.

그림 17.1에서는 관찰된 지표(indicators) 또는 항목(items)인 $X1$, $X2$, $X3$ 변수를 이용하여 잠재변수 $C$를 측정하는 모형이다. 구조방정식에 익숙한 연구자는 그림 17.1을 측정모형(measurement model)으로 이해할 수 있다. 잠재변수 $C$는 2개의 잠재계층(latent class)으로 구성되어 있다고 하자.

**그림 17.1** **LCA 이해를 위한 경로도표(path diagram)***

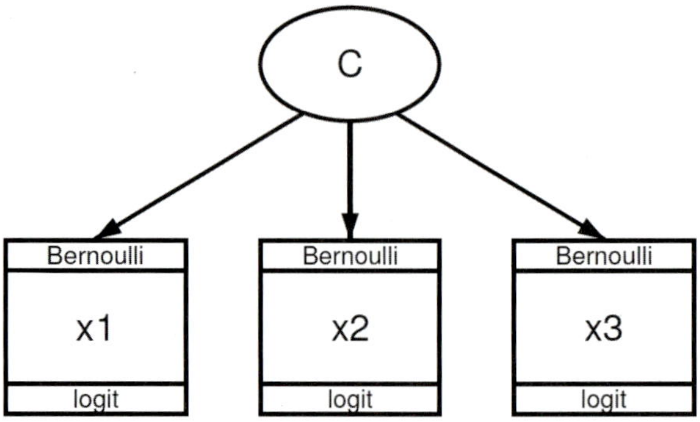


이와 같은 상황에서 $C=1$ 그룹 내에서 $X_1 \sim X_3$ 변수값이 1이 될 확률은 로지스틱 분포(logistic distribution)를 이용하면 다음과 같다.(상수항만 추정한다고 가정하자.)

$$\Pr(X_1=1|C=1)=\frac{\exp(\alpha_{11})}{1+\exp(\alpha_{11})} \tag{17.1}$$

$$\Pr(X_2=1|C=1)=\frac{\exp(\alpha_{21})}{1+\exp(\alpha_{21})} \tag{17.2}$$

$$\Pr(X_3=1|C=1)=\frac{\exp(\alpha_{31})}{1+\exp(\alpha_{31})} \tag{17.3}$$

$C=2$ 그룹에 대해서도 유사하게 계산할 수 있다.

$$\Pr(X_1=1|C=2)=\frac{\exp(\alpha_{12})}{1+\exp(\alpha_{12})} \tag{17.4}$$

$$\Pr(X_2=1|C=2)=\frac{\exp(\alpha_{22})}{1+\exp(\alpha_{22})} \tag{17.5}$$

$$\Pr(X_3=1|C=2)=\frac{\exp(\alpha_{32})}{1+\exp(\alpha_{32})} \tag{17.6}$$

식 17.1~17.6이 주어지면 멤버십 확률을 계산할 수 있다. 로지스틱 분포를 이용하면 다음 식을 도출할 수 있다.

$$\Pr(C=1)=\frac{\exp(\gamma_1)}{\exp(\gamma_1)+\exp(\gamma_2)}=\frac{1}{1+\exp(\gamma_2)} \tag{17.7}$$

* Stata 매뉴얼 [GSEM] Intro 2에서 인용하였다.

$$\Pr(C=2) = \frac{\exp(\gamma_2)}{\exp(\gamma_1)+\exp(\gamma_2)} = \frac{\exp(\gamma_2)}{1+\exp(\gamma_2)} \tag{17.8}$$

추정은 상수항만 있다고 가정한다. 기준 범주를 $C=1$로 설정하고 모수식별을 위해 $\gamma_1=0$으로 제약한다.

LCA에서 추정해야 할 모수는 다음 3가지 종류이다.

| 모수 | 내 용 |
|---|---|
| $\gamma$ | • 잠재계층 멤버십 확률을 결정하는 모수이다.<br>• 식 17.7과 식 17.8에 해당한다. |
| $\rho$ | • 멤버십이 주어지면 각 지표(항목)의 반응확률을 결정하는 모수이다.<br>• 식 17.1~17.6에 해당한다. |
| $\beta$ | • 식 17.7과 식 17.8에서 상수항만 가정했지만, 다른 공변량(covariates)이 있는 경우 계수에 해당하는 모수이다. |

일반적인 LCA 모형을 고려해 보자. 잠재계층의 수는 $n_c$이고, 개인 $i$는 $M$개의 지표(항목)를 가지고 있다. 개인 $i$는 $M$개 항목에 대해 $Y_i=(Y_{i1}, Y_{i2}, \cdots, Y_{iM})$의 응답을 가진다. 논의를 단순화 하기 위해서 지표 $m$은 2개의 범주(0과 1)만 가진다고 가정하자. 개인 $i$의 $M$개 항목이 $Y_i$로 나타날 확률은 다음과 같이 정의할 수 있다.

$$\Pr(Y_i = y) = \sum_{h=1}^{n_c} \gamma_h(\omega)\left[\prod_{m=1}^{M}\prod_{k=0}^{1} \rho_{mk|h}^{I(y_m=k)}\right] \tag{17.9}$$

여기에서 $I(y_m=k)$는 $m$번째 항목 변수가 $y_m=k$이면 1이고, 그렇지 않으면 0인 더미변수를 만드는 함수이다. 위 식은 개인 $i$가 $Y_i=(Y_{i1}, \cdots, Y_{iM})$를 가지는 결합확률은 조건부 확률(식 17.1~17.6)과 한계확률(식 17.7~17.8)을 곱해서 계산하는 아이디어를 표현한 것이다. $\omega$는 식 17.7과 식 17.8에서 공변량 $\omega$를 포함한 경우라고 이해할 수 있다.

공변량 $\omega$가 주어졌을 때 잠재그룹 $h$에 속할 확률을 일반적으로 표현하면 다음과 같이 쓸 수 있다.*

* 식 17.7과 식 17.8의 일반화 형태로 이해할 수 있다.

$$\gamma_j(\omega) = \Pr(C=j|\omega)$$
$$= \frac{\exp(\beta_{0j}+\beta_{1j}\omega)}{\sum_{h=1}^{n_c}\exp(\beta_{0h}+\beta_{1h}\omega)} = \frac{\exp(\beta_{0j}+\beta_{1j}\omega)}{1+\sum_{h=2}^{n_c}\exp(\beta_{0h}+\beta_{1h}\omega)} \tag{17.10}$$

여기에서 기준 계층(reference class)을 $C=1$로 간주하기 때문에 $\beta_{01}=\beta_{11}=0$이 된다. 또한 $\sum_{h=1}^{n_c}\gamma_h(\omega)=1$임을 쉽게 이해할 수 있다.

식 17.10을 이용하면 잠재계층 $C=1$과 $C=2$에 속할 승산(odds)은 다음과 같이 쓸 수 있다. 이는 일반적인 로지스틱 회귀모형에서와 같은 결과이다.

$$\ln\left(\frac{\gamma_2(\omega)}{\gamma_1(\omega)}\right) = \beta_{02}+\beta_{12}\omega \tag{17.11}$$

잠재계층모형 분석을 위해 식 17.9에 기초하여 최우추정량(MLE)을 얻을 수 있다. MLE 외에도 베이지안 MCMC(Bayesian Markov chain Monte Carlo) 방법론을 이용하여 추정할 수도 있다. 그러나 대부분 상업용 통계패키지(SAS, Stata, R, Mplus)는 MLE 결과만 제시한다. WinBUGS 통계패키지는 베이지안 추정결과를 얻을 수 있다.

## 17.2 LCA 사후 분석

LCA 추정결과를 얻은 후 적합도(goodness-of-fit) 검정을 사후분석 결과로 제시할 수 있다. LCA 추정 과정에서는 잠재계층 수($n_c$)를 미리 정하고 결과를 얻어야 하기 때문에 잠재계층 수가 적절하게 선택되었는지 가설검정할 수 있다. 완벽한 적합도에 해당하는 포화 모형(saturated model)과 잠재계층 수를 $n_c$로 정한 LCA의 로그 우도함수를 비교한다. LR 검정 통계량은 다음과 같다.

$$LR = -2\times(LR_{LCA} - LR_{Saturated}) \tag{17.12}$$

귀무가설은 다음과 같이 설정한다.

> $H_0$ : $n_c$개 잠재계층을 가진 LCA는 saturated 모형과 적합도 차이가 크지 않다.

식 17.12 검정통계량이 귀무가설을 기각하지 못한다면 연구자가 설정한 LCA의 적합도는 우수한 편이라고 판단할 수 있다.

연구자가 잠재계층 수를 2개와 3개로 정한 LCA를 추정한 후 어떤 모형을 선택할 것인지에 대한 가설검정 역시 위 적합도 검정을 이용할 수 있다. $n_c = 2$와 $n_c = 3$인 LCA 추정결과를 포화 모형과 비교하는 LR 검정결과를 얻는다. 귀무가설을 기각하지 못한다면 적합도 측면에서는 두 모형 모두 적절하다. 그런데 $n_c = 3$가 더 많은 모수를 사용하고 있기 때문에 AIC 또는 BIC 통계량을 이용하여 AIC 또는 BIC가 적은 모형을 선택하는 것이 일반적인 모형선택 절차이다.

LCA 추정 이후 각 항목(그림 17.1에서 $X1$, $X2$, $X3$)에 대해 계층별(class-specific) 평균을 계산할 수 있다. 개별 항목이 0과 1의 값(이항 변수)만 가진다면 "평균"은 "예측 확률"로 해석된다. 식 17.1~17.6의 로지스틱 회귀모형에서 도출한 값에 해당한다.

잠재계층 분석 결과를 이용하여 개인 $i$가 각 계층에 속할 사후적 확률을 식 17.7과 식 17.8로 계산할 수 있다. 멤버십 확률이 가장 높은 잠재계층을 개인 $i$의 멤버십으로 간주한다. 대상 표본에 대해 반복적으로 작업을 시행하면 각 잠재계층에 속한 개인이 몇 명인지 확인할 수 있다. 그런 다음 잠재계층 간 차이가 무엇인지 연구자가 판단할 수 있게 된다.

## 17.3 Stata 예제

data file: S_data17_1.dta*

예제 데이터의 항목(지표)은 모두 이항 변수로 구성되어 있다. x1~x9 변수는 yes=1이고 no=0이라는 응답이다. 표본 크기는 1,000명이다. 서베이 질문은 모두 음주성향을 측정하는 변수이다. 하나의 예로 "술 마시는 것을 좋아하는가"를 들 수 있다. 공변량 $\omega$는 없고 상수항만 있는 모형을 가정하자. Stata에서 gsem 명령어를 사용한다. gsem은 generalized SEM의 약어에 해당한다. 그림 17.2에서 추정결과를 제시한다. 그림 17.1에 해당하는 측정모형을 입력한다. ← 다음에 변수를 입력하지 않으면 상수항만 이용하여 측정모형을 추정한다. lclass(C 2)는 잠재계층을 2개로 설정한다는 의미이다. 주의할 점은 잠재계층 변수 이름은 꼭 "C"라고 쓸 필요는 없다. 다만 반드시 대문자로 써야 함에 유의해야 한다. 잠재계층을 3개로 설정하고 추정하는 경우, lclass(C 3)이라고 입력한다. logit은 로지스틱 회귀모형을 이용하여 식 17.1~17.6의 조건부 확률을 정의한다.

* 예제 데이터는 https://stats.idre.ucla.edu에서 인용하였다.

**그림 17.2 공변량 없는 LCA 추정**

```
. use S_data17_1, clear

. gsem (x1-x9 <- ), logit lclass(C 2) nolog

Generalized structural equation model           Number of obs     =      1,000
Log likelihood = -4251.2082

------------------------------------------------------------------------------
             |      Coef.   Std. Err.      z    P>|z|     [95% Conf. Interval]
-------------+----------------------------------------------------------------
1.C          |  (base outcome)
-------------+----------------------------------------------------------------
2.C          |
       _cons |  -1.590979   .2568841    -6.19   0.000    -2.094462   -1.087495
------------------------------------------------------------------------------

Class          : 1

============================== 결과 중략 ==================================

------------------------------------------------------------------------------
             |      Coef.   Std. Err.      z    P>|z|     [95% Conf. Interval]
-------------+----------------------------------------------------------------
x1           |
       _cons |   .5718358   .0919269     6.22   0.000     .3916624    .7520093
-------------+----------------------------------------------------------------
x2           |
       _cons |  -1.169469   .1023832   -11.42   0.000    -1.370137   -.9688019
-------------+----------------------------------------------------------------
============================== 결과 중략 ==================================

Class          : 2

============================== 결과 중략 ==================================

------------------------------------------------------------------------------
             |      Coef.   Std. Err.      z    P>|z|     [95% Conf. Interval]
-------------+----------------------------------------------------------------
x1           |
       _cons |   3.106143   .5575568     5.57   0.000     2.013352    4.198934
-------------+----------------------------------------------------------------
x2           |
       _cons |   .2261697   .2277391     0.99   0.321    -.2201908    .6725301
-------------+----------------------------------------------------------------
============================== 결과 생략 ==================================
```

그림 17.2의 첫 번째 결과는 식 17.7과 식 17.8에 있는 $\gamma$ 추정치이다. C=1을 기준 범주(reference class)로 설정하고 있다. 2.C[_cons]=-1.50는 음(-)으로 추정되었다. C=1에 비해 C=2를 선택할 확률이 줄어든다고 이해할 수 있다. 두 번째 결과는 C=1이 주어졌을 때, 조건부 확률을 계산하는 데 필요한 추정계수(식 17.1~17.3)이다. 세 번째 결과는 C=2가 주어졌을 때, 조건부 확률을 계산하는 데 필요한 추정계수(식 17.4~17.6)이다. 식 17.1~17.3에서 추정계수가 양(+)이면 C=1 계층에서 x1 평균은 큰 값이다. 음(-)의 추정치인 x2의 경우 평균은 작은 값이 된다. 추정계수가 클수록 평균이 커지고 작을수록 평균이 작아진다. C=2 계층의 추정치 역시 같은 방식으로 해석한다.

그림 17.3에서는 사후분석 명령어로 estat lcmean을 사용하고 있다. C=1에 x1=0.639는 식 17.1 공식을 이용하여 계산한다. 다음은 계산과정을 보여준다.

$$Pr(X_1 = 1|C = 1) = \frac{\exp(0.571)}{1 + \exp(0.571)} = 0.689 \quad (17.13)$$

항목 변수들이 모두 0과 1로 구성되어 있기 때문에 평균이라기보다는 "예측확률"로 이해한다. C=1에 속하면 x1 변수가 1의 값을 가질 확률은 68.9%이다.

### 그림 17.3 estat lcmean 명령어

```
. estat lcmean

Latent class marginal means                    Number of obs     =      1,000

--------------------------------------------------------------
             |            Delta-method
             |     Margin   Std. Err.     [95% Conf. Interval]
-------------+------------------------------------------------
1            |
          x1 |   .6391867    .0212008      .5966828    .6796164
          x2 |   .2369509    .0185114      .2025978    .2751194
          x3 |   .0451993    .0093841      .0299853    .0675948
          x4 |   .0515249    .0092787      .0360922    .0730564
          x5 |   .1137798    .0167867      .0847886    .1510477
          x6 |   .2451357    .0172338      .2129451    .2804585
          x7 |   .0950611    .0120289      .0739588    .1213952
          x8 |   .1134463    .0134782      .0895888    .1426614
          x9 |   .2594925    .0169601      .2276553    .2940868
-------------+------------------------------------------------
2            |
          x1 |   .9571454    .0228699      .8821918    .9852104
          x2 |   .5563026    .0562128      .4451736    .6620695
          x3 |    .274455    .0502917      .1873777    .3829296
```

```
          x4 |   .2788569   .0523928      .1883479    .3918609
          x5 |   .6173072   .0761782      .4616057    .7521568
          x6 |   .4629503   .0539189      .3604248    .5687073
          x7 |   .3546763    .057362       .251665    .4731904
          x8 |   .4298711   .0625885      .3136935    .5543233
          x9 |   .3629365   .0489177      .2734259     .463074
------------------------------------------------------------------
```

그림 17.4에서는 사후분석 명령어로 estat lcprob 실행 결과를 제시한다. 그림 17.2 추정 결과에서 2.C[_cons]=-1.59를 이용하여 다음 공식으로 계산한다.

$$Pr(C=2) = \frac{\exp(-1.59)}{1+\exp(-1.59)} = 0.169 \tag{17.14}$$

개인 $i$는 C=1에 속할 확률이 83%이고, C=2에 속할 확률은 17%이다.

### 그림 17.4 lcprob 명령어

```
. estat lcprob

Latent class marginal probabilities              Number of obs     =      1,000

--------------------------------------------------------------
             |            Delta-method
             |     Margin   Std. Err.     [95% Conf. Interval]
-------------+------------------------------------------------
           C |
           1 |   .8307537   .0361184      .7479097    .8903637
           2 |   .1692463   .0361184      .1096363    .2520903
--------------------------------------------------------------
```

그림 17.5에서는 적합도 검정 결과를 제시하고자 estat lcgof 명령어를 활용한다. 포화(saturated) 모형과 비교하여 귀무가설을 기각하지 못한다. 따라서 $n_c = 2$로 제약한 모형이 적합도가 높다고 말할 수 있다. $n_c = 3$으로 설정한 모형과 적합도를 비교한 결과 역시 그림 17.5에서 제시한다. 각 모형을 추정한 후 estimates stat 명령어를 이용하여 로그 우도함수, AIC, BIC 통계량을 비교한다. 우도함수 값과 AIC 기준에서는 LCA3이 더 적절하고 BIC 기준으로는 LCA2가 더 적절하다고 말할 수 있다.

**그림 17.5 estat lcgof 명령어**

```
. estat lcgof

----------------------------------------------------------------------------
Fit statistic        |      Value   Description
---------------------+------------------------------------------------------
Likelihood ratio     |
        chi2_ms(492) |    358.980   model vs. saturated
            p > chi2 |      1.000
---------------------+------------------------------------------------------
Information criteria |
                 AIC |   8540.416   Akaike's information criterion
                 BIC |   8633.664   Bayesian information criterion
----------------------------------------------------------------------------

. qui gsem (x1-x9 <- ), logit lclass(C 2) nolog

. estimates store LCA2

. qui gsem (x1-x9 <- ), logit lclass(C 3) nolog

. estimates store LCA3

. estimates stat LCA2 LCA3

Akaike's information criterion and Bayesian information criterion

-----------------------------------------------------------------------------
       Model |          N   ll(null)  ll(model)      df         AIC        BIC
-------------+---------------------------------------------------------------
        LCA2 |      1,000          .  -4251.208      19    8540.416   8633.664
        LCA3 |      1,000          .  -4231.696      29    8521.392   8663.716
-----------------------------------------------------------------------------
Note: BIC uses N = number of observations. See [R] BIC note.
```

공변량 $\omega$를 포함한 LCA 모형을 추정하는 Stata 명령문을 그림 17.6에서 보여준다. 예제 데이터(S_data17_1.dta)에 공변량에 해당하는 변수가 없기 때문에 저자가 임의로 w 변수를 생성하여 사용한다. 공변량에 해당하는 w 변수는 멤버십을 예측하는 데 사용되는 변수이기 때문에 (C <- w)와 같이 구조모형을 추가해야 한다. 잠재계층에 해당하는 변수 이름은 C를 사용하고 있다는 점에 유의해야 한다. w=-0.884는 w 변수가 증가할수록 C=1에 비해 C=2를 선택할 확률이 줄어든다고 해석한다.

**그림 17.6 공변량 $\omega$가 있는 LCA 모형 추정**

```
. set seed 1234

. gen w=runiform()

. gsem (x1-x3 <- ) (C <- w), logit lclass(C 2) nolog

Generalized structural equation model           Number of obs     =      1,000
Log likelihood = -1491.9051

------------------------------------------------------------------------------
             |      Coef.   Std. Err.      z    P>|z|     [95% Conf. Interval]
-------------+----------------------------------------------------------------
1.C          |  (base outcome)
-------------+----------------------------------------------------------------
2.C          |
           w |  -.8844468   .4517265    -1.96   0.050    -1.769814    .0009209
       _cons |  -.0090522   .8093247    -0.01   0.991      -1.5953    1.577195
------------------------------------------------------------------------------

Class            : 1

============================== 결과 중략 ==================================

Response         : x3
Family           : Bernoulli
Link             : logit

------------------------------------------------------------------------------
             |      Coef.   Std. Err.      z    P>|z|     [95% Conf. Interval]
-------------+----------------------------------------------------------------
x1           |
       _cons |   .3032223   .2617442     1.16   0.247    -.2097869    .8162315
-------------+----------------------------------------------------------------
x2           |
       _cons |  -1.783975   .4969881    -3.59   0.000    -2.758054   -.8098963
-------------+----------------------------------------------------------------
x3           |
       _cons |  -3.365202   .8318585    -4.05   0.000    -4.995614   -1.734789
------------------------------------------------------------------------------

Class            : 2
============================== 결과 중략 ==================================

------------------------------------------------------------------------------
             |      Coef.   Std. Err.      z    P>|z|     [95% Conf. Interval]
-------------+----------------------------------------------------------------
x1           |
       _cons |   1.946867   .7081396     2.75   0.006      .558939    3.334795
-------------+----------------------------------------------------------------
x2           |
       _cons |   .0744002   .4922012     0.15   0.880    -.8902964    1.039097
```

```
-------------+----------------------------------------------------------------
x3           |
       _cons |  -1.641654   .3013557    -5.45   0.000      -2.2323   -1.051008
------------------------------------------------------------------------------
```

그림 17.7에서는 항목(items)에 해당하는 변수로 이항 변수(binary variables)과 연속형 변수가 모두 있는 경우에 LCA 추정 명령어를 제시한다. 연속형 항목 변수에 해당하는 z 변수를 무작위로 생성하여 사용한다. 첫 번째 측정모형은 x1~x3이 이항변수이기 때문에 옵션으로 logit을 추가한다. 두 번째 측정모형에서 z는 연속형 변수이기 때문에 OLS로 추정한다고 이해한다. 옵션으로 family(gausssian) link(identity)를 사용한다.

**그림 17.7 이항형 및 연속형 항목 변수가 모두 있는 경우**

```
. set seed 1234

. gen z=rnormal()

. gsem (x1-x3 <- , logit ) (z <- , family(gaussian) link(identity)), lclass(C 2)
nolog

Generalized structural equation model           Number of obs     =      1,000
Log likelihood = -2929.8033

 ( 1)  [/]var(e.z)#1bn.C - [/]var(e.z)#2.C = 0

------------------------------------------------------------------------------
             |      Coef.   Std. Err.      z    P>|z|     [95% Conf. Interval]
-------------+----------------------------------------------------------------
1.C          |  (base outcome)
-------------+----------------------------------------------------------------
2.C          |
       _cons |  -.2716157   .9457963    -0.29   0.774    -2.125342    1.582111
------------------------------------------------------------------------------

Class            : 1

============================== 결과 중략 ==================================
------------------------------------------------------------------------------
             |      Coef.   Std. Err.      z    P>|z|     [95% Conf. Interval]
-------------+----------------------------------------------------------------
x1           |
       _cons |    .260601   .3189915     0.82   0.414    -.3646107    .8858128
-------------+----------------------------------------------------------------
x2           |
       _cons |  -1.906175   .7215439    -2.64   0.008    -3.320375   -.4919753
-------------+----------------------------------------------------------------
```

```
x3            |
        _cons |  -3.433517   .9065106    -3.79   0.000    -5.210245   -1.656788
--------------+----------------------------------------------------------------
z             |
        _cons |   .0440202   .0642597     0.69   0.493    -.0819266     .169967
--------------+----------------------------------------------------------------
     var(e.z)|   1.032391   .0465685                      .9450373     1.12782
-------------------------------------------------------------------------------

Class           : 2

============================== 결과 중략 ==================================

-------------------------------------------------------------------------------
              |      Coef.   Std. Err.      z    P>|z|     [95% Conf. Interval]
--------------+----------------------------------------------------------------
x1            |
        _cons |   1.825462   .6994204     2.61   0.009     .4546234    3.196301
--------------+----------------------------------------------------------------
x2            |
        _cons |   .0121222   .5033844     0.02   0.981    -.9744931    .9987375
--------------+----------------------------------------------------------------
x3            |
        _cons |  -1.709739   .3409542    -5.01   0.000    -2.377997   -1.041481
--------------+----------------------------------------------------------------
z             |
        _cons |  -.0594998   .0957312    -0.62   0.534    -.2471294    .1281298
--------------+----------------------------------------------------------------
     var(e.z)|   1.032391   .0465685                      .9450373     1.12782
-------------------------------------------------------------------------------
```

그림 17.7에 해당하는 명령문 실행 이후 estat lcmean 명령문을 실행한 결과는 그림 17.8에서 제시한다. x1~x3는 평균 확률에 해당하고 z 변수는 평균값에 해당한다. C=1 계층에 속하면 z의 평균은 0.044이고, C=2 계층에 속하면 z의 평균은 -0.059로 추정된다.

### 그림 17.8 estat lcmean: 그림 17.7 실행 이후

```
. estat lcmean

Latent class marginal means                     Number of obs     =      1,000

-------------------------------------------------------------------------------
              |            Delta-method
              |     Margin   Std. Err.      z    P>|z|     [95% Conf. Interval]
--------------+----------------------------------------------------------------
1             |
           x1 |    .564784   .0784091                      .4098439    .7080253
           x2 |   .1294111    .081292                      .0348788    .3794284
```

```
          x3 |   .0312643   .0274553                        .0054307    .1601936
           z |   .0440202   .0642597    0.69   0.493   -.0819266     .169967
-------------+----------------------------------------------------------------
2            |
          x1 |   .8612203   .0835947                        .6117379    .9606948
          x2 |   .5030305   .1258415                        .2739858    .7308103
          x3 |   .1531976   .0442313                         .084866    .2608644
           z |  -.0594998   .0957312   -0.62   0.534   -.2471294    .1281298
------------------------------------------------------------------------------
```

data file: S_data17_2.dta*

예제 데이터에서 종속변수는 $drvisits$(1년 동안 병원 방문횟수)이다. 0보다 크거나 같은 값을 갖기 때문에 전형적인 가산형(count) 변수에 해당하고 포아송 회귀모형으로 추정할 수 있다. 다음과 같은 포아송 모형을 설정한다.

$$\Pr(drvisits \mid x, \beta) = \frac{\exp(drvisits \times \beta x)\ \exp(-\exp(\beta x))}{drvisit\,!} \tag{17.15}$$

위 식에서 보듯이 종속변수인 $drvisits$을 결정하는 $x$ 변수가 주어진다. 주어진 개인들을 $n_c = 2$의 잠재계층으로 나눈 후, 두 계층에서 식 17.15의 포아송 회귀모형 추정계수가 서로 다르다고 가정하자. 잠재계층이기 때문에 명확하게 두 그룹으로 나눌 수는 없다. 따라서 LCA를 활용해야 하고 각 계층에서 포아송 회귀를 실행하여 $\beta_{C=1}$과 $\beta_{C=2}$를 각각 추정해야 한다.

그림 17.9에서 포아송 회귀분석과 LCA가 혼합된 추정결과를 제시한다. 그림 17.9 예제에서 항목 변수는 $drvisits$ 1개이다. 병원 방문 횟수에 따라 개인들을 2개 잠재계층으로 구분하고자 한다. 식 17.15의 $x$ 에 해당하는 변수는 ← (화살표) 오른쪽에 입력한다. 옵션으로 항목 변수가 가산형이기 때문에 poisson을 지정한다. lclass(C 2)는 이전과 마찬가지로 잠재계층 개수=2로 지정한다.

### 그림 17.9 포아송 회귀분석과 LCA

```
. use S_data17_2, clear
(U.S. Medical Expenditure Panel Survey (2003))

. gsem (drvisits <- private medicaid c.age##c.age educ actlim chronic),  poisson
lclass(C 2) nolog
```

* 예제 데이터는 Stata 매뉴얼 [GSEM] Example 53g에서 인용하였다.

```
Generalized structural equation model           Number of obs     =      3,677
Log likelihood = -12100.185

------------------------------------------------------------------------------
             |      Coef.   Std. Err.      z    P>|z|     [95% Conf. Interval]
-------------+----------------------------------------------------------------
1.C          |  (base outcome)
-------------+----------------------------------------------------------------
2.C          |
       _cons |  -.5980831    .050677   -11.80   0.000    -.6974083   -.4987579
------------------------------------------------------------------------------

Class             : 1
Response          : drvisits
Family            : Poisson
Link              : log

------------------------------------------------------------------------------
             |      Coef.   Std. Err.      z    P>|z|     [95% Conf. Interval]
-------------+----------------------------------------------------------------
drvisits     |
     private |   .2393558   .0312351     7.66   0.000     .1781361    .3005756
    medicaid |   .0463821    .040343     1.15   0.250    -.0326888     .125453
         age |  -.6233526   .0583698   -10.68   0.000    -.7377554   -.5089499
             |
 c.age#c.age |   .0045366   .0003904    11.62   0.000     .0037714    .0053019
             |
   ====================== 결과 중략================================

       _cons |   21.35464   2.164152     9.87   0.000     17.11298     25.5963
------------------------------------------------------------------------------

Class             : 2
Response          : drvisits
Family            : Poisson
Link              : log0.156dlek

------------------------------------------------------------------------------
             |      Coef.   Std. Err.      z    P>|z|     [95% Conf. Interval]
-------------+----------------------------------------------------------------
drvisits     |
     private |   .1566873   .0252956     6.19   0.000     .1071088    .2062658
    medicaid |   .1924436   .0337855     5.70   0.000     .1262252     .258662
         age |   1.232368   .0485717    25.37   0.000     1.137169    1.327567
             |
 c.age#c.age |  -.0085471   .0003268   -26.15   0.000    -.0091876   -.0079065
             |
    ======================== 결과 중략================================
       _cons |  -42.46506   1.795471   -23.65   0.000    -45.98412     -38.946
------------------------------------------------------------------------------
```

C=1 계층과 C=2 계층에 속한 표본을 이용하여 포아송 회귀모형 결과를 제시하고 있다. 두 잠재그룹에서 추정계수는 서로 다르다고 가정한다. C=1에서 private=0.239이고, C=2에서 private=0.156이다. C=1에서 *private* 변수가 *drvisits*에 미치는 효과가 더 크다는 것을 알 수 있다. 그러나 통계적으로 두 계수의 차이가 유의한지 검정하기 위해서는 그림 17.10과 같이 test 명령어를 활용한다. 추정계수 이름을 확인하기 위해서 먼저 gsem, coeflegend 명령어를 이용한다. 가설검정 결과 5% 유의수준에서 C=1에서 *private* 계수와 C=2에서 *private* 계수는 서로 다르다고 말할 수 있다.

### 그림 17.10 test 명령어

```
. gsem, coeflegend

. test _b[drvisits:1.C#c.private]=_b[drvisits:2.C#c.private]

 ( 1)  [drvisits]1bn.C#c.private - [drvisits]2.C#c.private = 0

           chi2(  1) =    4.59
         Prob > chi2 =    0.0322
```

개인 $i$ 의 항목 변수가 주어졌을 때 사후적(posterior) 멤버십 확률을 계산하고자 한다. 항목 변수가 $Y_{i1}, Y_{i2}, \cdots, Y_{iM}$ 와 같이 $M$개 변수로 구성되어 있다고 가정하자. $Y_i = [y_1, y_2, \cdots, y_M]$ 이 주어졌을 때 잠재계층 C=1에 속할 확률로 이해할 수 있다. 식 17.16의 풀이과정을 위해서 베이즈정리(Bayes theorem)와 항목 변수들이 서로 독립(class-conditional independence)이라는 가정을 사용한다.

$$\begin{aligned}
&\Pr(C=1 \mid Y_{1i}=y_1, Y_{2i}=y_2, \cdots, Y_{Mi}=y_M) \\
&\quad = \frac{\Pr(Y_{1i}=y_1, Y_{2i}=y_2, \cdots, Y_{Mi}=y_M \mid C=1)\Pr(C=1)}{\Pr(Y_{1i}=y_1, Y_{2i}=y_2, \cdots, Y_{Mi}=y_M)} \\
&\quad = \frac{\prod_{h=1}^{M}\Pr(Y_{hi}=y_h \mid C=1)\Pr(C=1)}{\prod_{h=1}^{M}\Pr(Y_{hi}=y_h \mid C=1)\Pr(C=1)+\prod_{h=1}^{M}\Pr(Y_{hi}=y_h \mid C=0)\Pr(C=0)} \qquad (17.16)
\end{aligned}$$

식 17.16의 마지막 라인에 있는 확률은 다음 표에 있는 공식 또는 확률을 이용하여 사후적 멤버십 확률을 계산한다.

- $\Pr(Y_{ih} = y_h | C=1)$ : 식 17.1 ~ 식 17.3 공식
- $\Pr(Y_{ih} = y_h | C=2)$ : 식 17.4 ~ 식 17.6 공식
- $\Pr(C=1)$: 식 17.7
- $\Pr(C=2) = 1 - \Pr(C=1)$: 식 17.8

그림 17.11에서는 predict 명령어를 이용하여 개인 $i$ 별로 사후적 멤버십 확률을 계산할 수 있음을 보여준다. 잠재계층 개수=2개로 가정하고 추정하였기 때문에 사후적 멤버십 확률 변수 역시 2개가 된다. 옵션으로 classposterior를 사용한다. postpr_dr1과 postpr_dr2 변수가 생성된다. 개인 $i$가 C=1인지 C=2인지는 사후적 확률이 더 높은 잠재계층을 선택하게 된다. egen 명령어의 rowmax 함수를 이용하여 predclass 변수를 만들 수 있다.* 3,677명의 개인 중에서 C=1에 속한 표본은 2,422명이고, C=2에 속한 개인은 1,255명이라는 것을 알 수 있다.

**그림 17.11 사후적 멤버십 확률**

```
. qui gsem (drvisits <- private medicaid c.age##c.age educ actlim chronic),  poisson
lclass(C 2) nolog

. predict postpr_dr*, classposteriorpr

. egen max = rowmax(postpr_dr*)

. generate predclass = 1 if postpr_dr1==max
(1,255 missing values generated)

. replace predclass = 2 if postpr_dr2==max
(1,255 real changes made)

.
. tab predclass

  predclass |      Freq.     Percent        Cum.
------------+-----------------------------------
          1 |      2,422       65.87       65.87
          2 |      1,255       34.13      100.00
------------+-----------------------------------
      Total |      3,677      100.00
```

* 잠재계층 개수=2인 경우에는 사후적 확률이 0.5보다 큰 멤버십을 선택하는 코드를 사용할 수도 있다. 그러나 잠재계층 수를 3개 이상으로 가정한 경우에는 그림 17.11의 Stata 코드가 유용할 것으로 예상된다.

다음으로 그림 17.11에서 생성한 predclass 변수를 이용하면, 그림 17.9의 포아송 회귀분석과 유사한 결과를 얻을 수 있음을 그림 17.12에서 보여준다.*

### 그림 17.12 그림 17.9의 포아송 회귀분석 결과 도출

```
. poisson drvisits private medicaid c.age##c.age educ actlim chronic if predclass==1 ,
nolog

Poisson regression                              Number of obs     =      2,422
                                                LR chi2(7)        =    5076.70
                                                Prob > chi2       =     0.0000
Log likelihood =  -5729.007                     Pseudo R2         =     0.3070

------------------------------------------------------------------------------
    drvisits |      Coef.   Std. Err.      z    P>|z|     [95% Conf. Interval]
-------------+----------------------------------------------------------------
     private |   .2351621   .0221245    10.63   0.000     .1917988    .2785254
    medicaid |   .0400506   .0288339     1.39   0.165    -.0164627    .0965639
         age |  -.6950589   .0399074   -17.42   0.000     -.773276   -.6168418
             |
 c.age#c.age |   .0050266   .0002639    19.05   0.000     .0045094    .0055437
             |
        educ |   .0289595   .0028733    10.08   0.000     .0233279    .0345911
      actlim |   .1722765   .0218874     7.87   0.000     .1293779     .215175
     chronic |   .3320118   .0070113    47.35   0.000     .3182699    .3457537
       _cons |   23.94204   1.499393    15.97   0.000     21.00328    26.88079
------------------------------------------------------------------------------
```

## 17.4 Stata do file

```
use S_data17_1, clear
gsem (x1-x9 <- ), logit lclass(C 2) nolog
estat lcmean
estat lcprob
estat lcgof

qui gsem (x1-x9 <- ), logit lclass(C 2) nolog
estimates store LCA2
qui gsem (x1-x9 <- ), logit lclass(C 3) nolog
estimates store LCA3
estimates stat LCA2 LCA3

* 공변량이 있는 경우
```

* 그림 17.9 추정 결과와 정확히 일치하지 않는 이유는 그림 17.9는 C=1과 C=2 그룹의 포아송 회귀모형을 동시에 추정하기 때문이다.

```
set seed 1234
gen w=runiform()
gsem (x1-x3 <- ) (C <- w), logit lclass(C 2) nolog

set seed 1234
gen z=rnormal()
gsem (x1-x3 <- , logit ) (z <- , family(gaussian) ///
link(identity)),  lclass(C 2) nolog
estat lcmean

use S_data17_2, clear

gsem (drvisits <- private medicaid c.age##c.age ///
educ actlim chronic), poisson lclass(C 2) nolog

test _b[drvisits:1.C#c.private]=_b[drvisits:2.C#c.private]

qui gsem (drvisits <- private medicaid c.age##c.age ///
educ actlim chronic), poisson lclass(C 2) nolog
predict postpr_dr*, classposteriorpr

egen max = rowmax(postpr_dr*)
generate predclass = 1 if postpr_dr1==max
replace predclass = 2 if postpr_dr2==max

tab predclass

poisson drvisits private medicaid c.age##c.age educ actlim chronic ///
if predclass==1 , nolog
```

# 참고문헌

민인식 (2018a), "Panel Linear Regression with Correlated Heterogeneity", *The Korean Journal of Stata*, 5(2), 39-50.

민인식 (2018b), "Crossed Random Effects 모형", *The Korean Journal of Stata*, 5(2), 17-27.

민인식 · 김경환 · 조만 (2012), 고정금리-변동금리 모기지 선택의 결정요인에 관한 미시적 실증분석, 주택연구, 20(4), 47-79.

민인식 · 최필선 (2017), 『Stata 시계열데이터 분석』, 지필미디어.

민인식 · 최필선 (2019b), 『STATA 기초통계와 회귀분석: 15버전』, 지필미디어.

민인식 · 최필선 (2019c), 『STATA 패널데이터 분석: 15버전』, 지필미디어.

민인식 · 최필선(2019d), 『STATA 고급 패널데이터 분석』, 지필미디어

최필선 · 민인식 (2015), "고령화가 투표의 보수지지 성향에 미치는 영향: 최근 전국단위 선거를 중심으로", 조사연구, 16(2), 89-115.

최필선 · 민인식(2012) "비정규분포를 이용한 표본선택 모형 추정 : 자동차 보유와 유지비용에 관한 실증분석", 한국통계학회 논문집, 19(3), 345-358.

Abrigo, M. R., and Love, I. (2016), "Estimation of Panel Vector Autoregression in Stata", *The Stata Journal*, 16(3), 778-804.

Allison, P. D. (2009), Fixed Effects Regression Models, SAGE publications.

Angrist, J. D., and Keueger, A. B. (1991), "Does Compulsory School Attendance Affect Schooling and Earnings?", *The Quarterly Journal of Economics*, 106(4), 979-1014.

Angrist, J. D., and Pischke, J. S. (2014), Mastering Metrics: The Path from Cause to Effect, Princeton University Press.

Autor, D. H. (2003), "Outsourcing at will: The Contribution of Unjust Dismissal Doctrine to the Growth of Employment Outsourcing", *Journal of Labor Economics*, 21(1), 1-42.

Baltagi, B. H., and Khanti Akom, S. (1990), "On efficient Estimation with Panel Data: An Empirical Comparison of Instrumental Variables Estimators", *Journal of Applied Econometrics*, 5(4), 401-406.

Beck, N., and Katz, J. N. (1995), "What to do (and not to do) with time-series cross-section data", *American Political Science Review*, 89(3), 634-647.

Belotti, F., Deb, P., Manning, W. G., and Norton, E. C. (2015), "twopm: Two-part Models", *The Stata Journal*, 15(1), 3-20.

Blackburne III, E. F., and Frank, M. W. (2007), "Estimation of Nonstationary Heterogeneous Panels", *The Stata Journal*, 7(2), 197-208.

Breusch, T., Ward, M. B., Nguyen, H. T. M., and Kompas, T. (2011), "On the fixed-effects vector decomposition", *Political Analysis*, 19(2), 123-134.

Calonico, S., Cattaneo, M. D., and Titiunik, R. (2014), "Robust Data-driven Inference in the Regression-Discontinuity Design", *The Stata Journal*, 14(4), 909-946.

Cameron, A. C., and Trivedi, P. K. (2005), Microeconometrics: Methods and Applications, New York: Cambridge University Press.

Card, D., and Krueger, A. (1994), "Minimum Wages and Employment: A Case Study of the Fast-Food Industry in New Jersey and Pennsylvania", *American Economic Review*, 84(4), 773-93.

Cerulli, G. (2015), Econometric Evaluation of Socio-Economic Programs, Advanced Studies in Theoretical and Applied Econometrics Series 49, Springer.

Chamberlain, G. (1980), "Analysis of Covariance with Qualitative data", *Review of Economic Studies*, 47, 225-238

Chiburis, R., and Lokshin, M. (2007), "Maximum Likelihood and Two-Step Estimation of an Ordered-Probit Selection Model", *The Stata Journal*, 7(2), 167-182.

Cole, J. A., and J. D. F. Sherriff. (1972), "Some Single- and Multi-site Models of Rainfall within Discrete Time Increments", *Journal of Hydrology*, 17(1-2), 97-113.

Cragg, J. G. (1971), "Some Statistical Models for Limited Dependent Variables with Application to the Demand for Durable Goods", *Econometrica*, 39(5), 829-844.

Dong, D., and H. M. Kaiser. (2008), "Studying Household Purchasing and Nonpurchasing Behaviour for a Frequently Consumed Commodity: Two models", *Applied Economics*, 40(15), 1941-1951.

Dumitrescu, E. I., and Hurlin, C. (2012), "Testing for Granger non-causality in heterogeneous panels", *Economic modelling*, 29(4), 1450-1460.

Engel, C., and Moffatt, P. G. (2014), "dhreg, xtdhreg, and bootdhreg: Commands to implement double-hurdle regression", *The Stata Journal*, 14(4), 778-797.

Fan, J., and Gijbels, I. (1996), Local Polynomial Modelling and Its Applications. London: Chapman & Hall.

Granger, C. W. (1969), "Investigating Causal Relations by Econometric Models and Cross-Spectral Methods", *Econometrica: Journal of the Econometric Society*, 424-438.

Greene, W. H. (2018), Econometric Analysis, 8th ed, New York: Pearson

Hahn, J., Todd, P., and Van der Klaauw, W. (2001), "Identification and Estimation of Treatment Effects with a Regression-Discontinuity Design", *Econometrica*, 69(1), 201-209.

Harris, M. N., and Zhao, X. (2007), "A Zero-Inflated Ordered Probit Model, with an Application to Modelling Tobacco Consumption", *Journal of Econometrics*, 141(2), 1073-1099.

Hausman, J. A. (1978), "Specification Tests in Econometrics", *Econometrica: Journal of the Econometric society*, 1251-1271.

Heckman, J. J. (1976), "The Common Structure of Statistical Models of Truncation, Sample Selection and Limited Dependent Variables and a Simple Estimator for Such Models", *In Annals of Economic and Social Measurement*, 5(4). 475-492

Heckman, J. J. (1979), "Sample Selection Bias as a Specification Error", Econometrica: *Journal of the Econometric Society*, 47(1). 153-161.

Heiss, F. (2002), "Structural Choice Analysis with Nested Logit Models", *The Stata Journal*, 2(3), 227-252.

Hensher, D. A., J. M. Rose, and W. H. Greene. (2005), Applied Choice Analysis: A Primer, New York: Cambridge University Press.

Hosmer Jr, D. W., Lemeshow, S., and Sturdivant, R. X. (2013), Applied Logistic Regression, 3rd ed, John Wiley & Sons.

Jones, A. M. (1989), "A Double-Hurdle Model of Cigarette Consumption", *Journal of Applied Econometrics*, 4(1), 23-39.

Jones, B. L., and Nagin, D. S. (2007), "Advances in Group-based Trajectory Modeling and an SAS Procedure for Estimating Them", *Sociological Methods & Research*, 35(4), 542-571.

Kao, C. (1999), "Spurious Regression and Residual-based Tests for Cointegration in Panel Data", *Journal of Econometrics*, 90(1), 1-44.

Kelley, M. E., and Anderson, S. J. (2008), "Zero inflation in ordinal data: incorporating susceptibility to response through the use of a mixture model", *Statistics in medicine*, 27(18), 3674-3688.

Lambert, D. (1992), "Zero-Inflated Poisson Regression, with an Application to Defects in Manufacturing", *Technometrics*, 34(1), 1-14.

Long, J. S. (1997), Regression Models for Categorical and Limited Dependent Variables, Thousand Oaks, CA: SAGE.

Maddala, G. S. (1983), Limited-Dependent and Qualitative Variables in Econometrics, Cambridge : Cambridge University Press.

McFadden, D. (1974). Analysis of Qualitative Choice Behavior. Zarembka, P.(ed.): Frontiers in Econometrics.

Pedroni, P. (1999), "Critical Values for Cointegration Tests in Heterogeneous Panels with Multiple Regressors" *Oxford Bulletin of Economics and Statistics*, 61(S1), 653-670.

Pedroni, P. (2001a), Panel cointegration: Asymptotic and Finite Sample Properties of Pooled Time Series Tests with an Application to the PPP Hypothesis, Indiana University Working Paper.

Pedroni, P. (2001b), "Purchasing Power Parity Tests in Cointegrated Panels", *Review of Economics and Statistics*, 83(4), 727-731.

Pedroni, P. (2004), "Panel cointegration: asymptotic and finite sample properties of pooled time series tests with an application to the PPP hypothesis", *Econometric Theory*, 20(3), 597-625.

Persyn, D., and Westerlund, J. (2008), "Error-correction-based Cointegration Tests for Panel Data", *The Stata journal*, 8(2), 232-241.

Pesaran, M. H., and Smith, R. (1995), "Estimating Long-run Relationships from Dynamic Heterogeneous Panels", *Journal of Econometrics*, 68(1), 79-113.

Pesaran, M. H., Shin, Y., and Smith, R. P. (1999), "Pooled mean group estimation of dynamic heterogeneous panels", *Journal of the American Statistical Association*, 94(446), 621-634.

Plumper T. and V. E. Troeger, (2007), "Efficient Estimation of Time-Invariant and Rarely Changing Variables in Finite Sample Panel Analyses with Unit Fixed Effects", *Political Analysis*, 15(2), 124-139.

Rosenbaum, P. R., and Rubin, D. B. (1983), "The Central Role of the Propensity Score in Observational Studies for Causal Effects", *Biometrika*, 70(1), 41 55.

Rubin, D. B. (1974), "Estimating Causal Effects of Treatments in Randomized and Non-randomized Studies", *Journal of Educational Psychology*, 66(5), 688-701.

Stock, J. H., and Watson, M. W. (1993), "A Simple Estimator of Cointegrating Vectors in Higher Order Integrated Systems", *Econometrica: Journal of the Econometric Society*, 783-820.

Todorovic, P., and D. A. Woolhiser. (1975), "A Stochastic Model of n-day Precipitation", *Journal of Applied Meteorology*, 14(1), 17-24.

Westerlund, J. (2005), "New Simple Tests for Panel Cointegration", *Econometric Reviews*, 24(3), 297-316.

Wooldridge, J. (2005), "Fixed-Effects and Related Estimators for Correlated Random-Coefficient and Treatment-Effect Panel Data Models", *Review of Economics and Statistics*, 87(2), 385-390

Wooldridge, J. (2013), Correlated Random Effects Panel Data Models, IZA Summer School in Labor Economics.

Wooldridge, J. M. (2008), Introduction to Econometrics : A Modern Approach, Cengage Learning.

Wooldridge, J. M. (2010), Econometric Analysis of Cross Section and Panel Data, 2nd ed, Cambridge, MA: MIT Press.

Stata 매뉴얼 [CM] : 16-17버전

Stata 매뉴얼 [CM] nlogit : 16-17버전

Stata 매뉴얼 [ME] mixed

Stata 매뉴얼 [R]

Stata 매뉴얼 [R] mprobit

Stata 매뉴얼 [R] nlogit : 15버전

Stata 매뉴얼 [SEM]

Stata 매뉴얼 [XT]

Curran-Bauer Analytics. https://curranbauer.org/

IDRE Stats. https://stats.idre.ucla.edu/

# 찾아보기

## 저자 약력

- 민인식
  - 서울대학교 사회과학대학 경제학부 졸업
  - Texas A&M University 경제학과 대학원 졸업 (경제학 박사)
  - 정보통신정책연구원 책임연구원
  - Adjunct Professor, School of Public Health, Texas A&M University
  - (현) 경희대학교 정경대학 경제학과 교수

- 최필선
  - 서울대학교 사회과학대학 국제경제학과 및 동 대학원 졸업
  - Texas A&M University 경제학과 대학원 졸업 (경제학 박사)
  - 예금보험공사 연구위원, 금융감독원 팀장
  - (현) 건국대학교 상경대학 국제무역학과 교수

# STATA 고급통계분석 Version16-17
# Advanced Statistical Analysis


발 행 일 2쇄 발행 2021년 11월 30일

저 자 민인식, 최필선
발 행 인 김성남
발 행 처 (주)지필미디어

주 소 경기도 파주시 문발로 115 세종밴처타운 404호
전 화 (031) 957-4504
팩 스 (031) 957-4503
이 메 일 book@jiphil.co.kr
홈페이지 www.jiphil.co.kr
등록번호 제 312-1997-000043호 (1997년 07월 16일)

I S B N 979-11-86674-88-8 (93310)
가 격 30,000원